三北精神研究

SANBEI JINGSHEN YANJIU

三北精神研究课题组/编著

中国林业出版社

图书在版编目（CIP）数据

三北精神研究 / 三北精神研究课题组编著. -- 北京:中国林业出版社, 2022.12（2023.7重印）
ISBN 978-7-5219-2008-6
Ⅰ. ①三… Ⅱ. ①三… Ⅲ. ①三北地区－防护林带－生态环境建设－文化研究 Ⅳ. ①S727.2

中国版本图书馆CIP数据核字(2022)第234588号

出 版 人：成　吉　李凤波
策划编辑：韩学文　何　蕊
责任编辑：许　凯　李　静
宣传营销：王思明　蔡波妮　刘冠群　李思尧
封面设计：北京鑫恒艺文化传播有限公司

出版发行：中国林业出版社
（100009，北京市西城区刘海胡同7号，电话010-83143666）
电子邮箱：cfphzbs@163.com
网址：www.forestry.gov.cn/lycb.html
印刷：北京中科印刷有限公司
版次：2022年12月第1版
印次：2023年7月第2次印刷
开本：787mm×1092mm 1/16
插页：16面
印张：19
字数：320千字
定价：80.00元

三北精神研究课题组

组　长： 贾治邦

副组长： 封加平　冯德乾　陈圣林　刘　冰　武爱民　岳太青　姚　源　程　伟　张　良　熊善松　罗新平

成　员：（以姓氏笔画为序）

王鸿猛　包　军　刘　政　安　琪　孙同洋　孙垂河　孙佰宏　杜承容　李　近　李　娟　李　静　李昌根　李鸿军　杨海江　张　蕾　张小刚　张云志　张仲举　张浩宇　陈政昊　周　仪　赵建渭　胡　莽　胡建军　袁向明　高　森　高扩江　黄　春　曹　苗　焦　钰　靳　诚　樊迪柯　魏永新

统　稿： 封加平　冯德乾　刘　冰　熊善松　罗新平　李昌根　张仲举

精神的力量是伟大的。习近平总书记指出：“人无精神则不立，国无精神则不强。”革命精神是中国共产党领导中国人民为了民族独立、人民解放、社会主义建设，在长期的革命和建设实践中形成的一笔宝贵精神财富。

如果时间可以倒流，我们身边将到处是茂密的原始大森林、经常能偶遇各种动物。但是这一切随着历史的流逝已离我们越来越远，那曾经森林茂密、绿浪滚滚的三北大地一步步退化为今天黄沙肆虐、黄土飞扬、黄河浑浊的模样，曾经美好的三北风光现在只停留在我们的梦想中。

长城是中华民族的伟大工程，自西周时期开始，延续不断修筑了2000多年，在积极防御的同时，也加强了沿线各民族间的经济、文化交流。不管长城有多么雄伟的气势和博大精深的文化内涵，不管它抵挡了多少次外敌入侵，它却不能抵御风沙、护农促牧、涵水护土，它见证了中国历代王朝的兴衰成败，更亲历了人类文明对生态环境的破坏。与长城同一走向的三北地区（西北、华北、东北地区），占据着祖国的半壁河山，这里有史前形成的八大沙漠，更有浑善达克沙地、毛乌素沙地、科尔沁沙地、呼伦贝尔沙地四大“人造”沙地，形成了一条横贯三北大地的万里风沙线，使6000多万各族人民生活在艰难困苦中。这里还流淌着中国的母亲河，却被称为“中国流血的大动脉”。

大自然一次又一次以不同的方式向人类发出警告，向人类的报复一次比一次强烈，终于，警钟敲醒了人类。人们认识到生态环境恶化成为三北地区经济社会发展的最大制约因素，要改变三北地区人民贫穷落后的面貌，就必须从改变生态环境开始。

1978年，是中国不平凡的一年，是注定要载入史册的一年。这一年，中国如

前言

同蹒跚学步的幼儿小心翼翼地迈开改革开放的脚步，同时，一个前所未有的伟大构想，一个改变人与自然关系的伟大壮举，一个彻底改变三北地区面貌的伟大决策，在三北上空吹响了前进的号角。

这一年，党中央、国务院从加快经济建设步伐和促进社会进步的总体目标出发，做出了在三北风沙危害和水土流失重点地区上马一项跨世纪生态建设工程的战略决策。决心用73年的时间，在我国的东北、华北、西北这一生态环境最为恶劣的地方，修筑一条绵延万里、规模空前、用绿色植物构筑的生态长城。

这就是举世瞩目的三北工程。

40多年来，三北地区广大人民在党和政府的坚强领导下，坚持党的优良传统，发扬党的革命精神，三北工程建设取得了巨大的生态、经济、社会效益，成为全球生态治理的成功典范。在祖国北疆筑起了一道乔灌草、带片网相结合的生态安全屏障，也铸就了伟大的三北精神。

不忘初心，牢记使命

“为中国人民谋幸福，为中华民族谋复兴”是中国共产党的初心和使命。三北工程启动实施正是为了改变三北地区生态脆弱、四料俱缺、“三刮四种”的现状，为了改善三北人民的生产生活条件。40多年来，三北工程始终将防沙治沙和水土流失治理作为工程建设重点，同时工程建设围绕人民生产生活需要，结合三北地区经济社会发展需要，不断调整工程建设思路，从农田防护林到生态经济型防护林，从区域型防护林到百万亩规模化防护林，从开展“四旁”植树到发展庭院经济，从远离人烟到城市周边，实现了护农促牧能力不断增强，水源涵养能力不断增强，防风固沙能力不断增强，人民群众增收致富的能力和获得感、幸福感、安全感不断增强。

不畏艰难，艰苦奋斗

1978年，三北地区经济社会发展十分落后，自然条件更为恶劣，三北工程的启动，实现了三北地区广大人民群众改造自然、改善生产生活条件的愿望，释放了他们固守家园、战胜自然灾害的内生动力。三北各地干部群众摸爬滚打在一起，一次次努力的成果，被风沙一次次毁掉，但铁了心的三北人民不灰心不丧气，想尽各种办法，脸被晒成黑铁色，脚上泛起血泡，双手磨出老茧，终于使一棵棵树屹立在三北大地上，像卫士一样守护着祖国的北疆。治沙英雄石光银几十年如一日，怀着锁住黄沙、拔除穷根的坚定信心和超常的毅力，带领村民三战狼窝沙，吃的是被风吹得又干又硬拌着沙子的干粮，喝的是沙坑里澄出的凉水，住的是柳条和塑料编织的庵子（小草屋），硬是在毛乌素沙地南缘建起了绿色屏障。永和县矢志不渝40年，全县人民搬石上山、运土上山、扛苗上山、拉水上山，将一座座和尚山头变成了绿色林海。

依靠群众，兴林富民

三北工程建设反映了三北人民的强烈愿望，得到了三北人民的热烈拥护和积极响应。工程建设初期，国家投入有限，广大人民群众踊跃投工投劳，从1978年到1988年年底，群众投工投劳达11亿个工日，极大地推动了三北工程建设。同时，工程建设也始终围绕百姓生产生活对林业建设的需要，从解决百姓的“四料”、粮食稳产，到发展经济林促进老百姓增收致富，从环境改善到身边增绿，从生态旅游到森林康养。森林面积累计增加2160万公顷，森林蓄积量达33.3亿立方米，营造各类经济林463万公顷，年产值达1200亿元，约1500万人依靠特色林果业实现了稳定脱贫。宁夏固原市是我国深度贫困县的集中分布区，工程建设以来，打生态牌，厚植“绿色底色”；绘山水画，提升“绿色颜值”；念草木经，做大“绿色银行”；传接力棒，弘扬“绿色精神”，当地森林覆盖率从20世纪70年代的1.4%增长到2019年的28.4%。2016年，习近平总书记实地视察固原扶贫情况，面对固原人民生活水平和生态环境发生的巨大变化，总书记深情地说：固原的发展脱胎换骨，增强了我们打赢脱贫攻坚战的信心。

锲而不舍，久久为功

三北工程是一项宏伟艰巨的长期工程，总体规划73年，分3个阶段8期工程进行。党中央、国务院始终以战略眼光重视工程建设，1988年，邓小平同志为三北工程题词“绿色长城”；特别是党的十八大以来，以习近平同志为核心的党中央把生态文明建设纳入“五位一体”总体布局和“四个全面”战略布局，习近平总书记对实施重大生态工程作出一系列重要指示，特别强调要坚持久久为功，持续不懈推进三北工程建设，要加强三北工程建设，筑牢祖国北疆绿色生态屏障。山西省右玉县自新中国成立后，为了彻底改变恶劣的自然环境，走上了植树造林、防风固沙的长征路，先后20任县委书记坚持换届不换方向，一任接着一任干，一张蓝图绘到底，坚持跑好为生存而奋斗的植树种草“接力赛”，持续不断地“烧旺旧任的火”，认真“接好前任的棒”，右玉县的森林覆盖率由过去的0.3%提高到现在的56%，由“最不适宜人类生存的地区”变成了“塞上绿洲”。

科学求实，改革创新

三北工程是史无前例的开创性工程，面对三北地区恶劣的自然条件，广大工程建设者从实际出发，不断探索经验，在实践中发明创造了杨树扦插育苗、麦草固沙法等一系列治沙、治山、治水简单而实用的技术。广大科技工作者围绕工程建设难点开展技术攻关，朱清科研究提出了微地形造林技术，姜凤岐总结了农田防护林建设模式，刘庭铭坚持宣讲固沙造林技术等，不断丰富和发展了防护林建设理论。各级工程管理部门不断改革创新、完善政策，先后出台了承包造林、股份制造林、专业队造林、购买式造林、家庭林场等政策，极大地提高了人民群众从事生态建设的积极性，为社会各界参与三北工程建设增加了活力和动力。

惠及子孙，造福人类

经过40多年的不懈奋斗，三北工程建设取得了巨大的生态、经济和社会效益。三北地区的森林资源总量得到极大提升，东北地区从“三刮四种”成为祖国的大粮仓，成为木材生产基地，华北和西北地区建成了以山西、陕西、甘肃为主的优质苹果基地和黄河沿岸的红枣基地及新疆的香梨、宁夏的枸杞、河北的板栗等一大批特色突出、布局合理、具有较强竞争优势的产业带和产业集群，过去的不毛之地如今已成为世界上最大的果园。同时，三北工程建设中不断形成和发展的生态建设理念，正不断影响着全球的生态治理。三北工程先后荣获“全球500佳”、联合国森林战略规划优秀实践奖等国际荣誉奖项，被称为“世界生态工程之最”“全球生态治理的成功典范”。2005年，20多个非洲国家吸取三北工程探索的生态建设经验，正在努力栽植一条长约7000千米、宽约15千米的“绿色长城”，以解决非洲各国的土地退化和沙漠化对社会、经济和环境的不利影响。“穷则独善其身，达则兼济天下”，中国的防沙治沙技术和模式伴随着“一带一路”建设，开始走出国门，辐射推广到中亚、非洲及世界其他地区。

伟大人民铸就伟大精神，伟大精神成就伟大事业。2023年6月，在加强荒漠化综合防治和推进“三北”等重点生态工程建设座谈会上，习近平总书记强调：经过40多年不懈努力，我国防沙治沙工作取得举世瞩目的巨大成就，重点治理区实现从“沙进人退”到“绿进沙退”的历史性转变，保护生态与改善民生步入良性循环，荒漠化区域经济社会发展和生态面貌发生了翻天覆地的变化。荒漠化和土地沙化实现“双缩减”，风沙危害和水土流失得到有效抑制，防沙治沙法律法规体系日益健全，绿色惠民成效显著，铸就了“三北精神”，树立了生态治理的国际典范。为了深入学习贯彻习近平总书记的重要讲话精神，我们适时修订重印《三北精神研究》一书，旨在让更多的人了解三北精神产生的背景、形成和发展、科学内涵、地位作用以及时代价值，凝聚更广泛的力量投身建设人与自然和谐共生的社会主义现代化国家。

目前，三北地区仍然是我国生态最脆弱，风沙危害、水土流失依然严重的地区，全国沙化土地的83.7%、水土流失面积的67%分布于此。三北工程建设也面临着诸多困难和挑战，工程建设任重道远。三北地区林业和草原部门将认真贯彻落实习近平生态文明思想，进一步增强紧迫感和责任感，坚持山水林田湖草沙系统治理，大力弘扬三北精神，推动三北工程建设高质量发展，不断提高三北地区林草资源总量和质量，为构筑祖国北疆绿色生态屏障、建设美丽中国继续奋斗。

三北精神研究课题组

2023年7月

目录

第一章　三北精神产生的背景

日月更替，斗转星移，几千年来，人类走过了一条条坎坷的道路：兴盛与衰微，辉煌与悲怆，和风丽日与腥风血雨，多少往事如烟而散，多少故事流传百代……

风沙的呼啸，像大自然吹响的警报，回荡在东北、华北和西北的旷野。三北生态告急，三北人民生存环境恶化，生活极度贫困，震撼和牵动着党中央领导的心。1978年11月，这项被称为“世界生态工程之最”的三北防护林体系建设工程启动了。这项工程，国人瞩目，世界关注。英国《泰晤士报》称赞这一规划构想宏伟，将成为人类历史上征服自然的壮举！

为了完成这项人类历史上最雄伟的生态工程，中国政府倾注了巨大的物力和财力。为了追逐美好生活的梦想，三北地区的人民不甘命运，奋力拼搏，坚韧不拔，百折不挠，贡献心血和汗水、青春乃至生命，探索生态文明建设的中国道路，谱写感天动地的壮丽史诗。

第一节　严重的生态危机制约着中华民族的生存和发展

勤劳勇敢的亿万人民在我国三北地区这片广袤的土地上生息繁衍，创造了辉煌灿烂的中华文明，为人类文明的发展作出了重大贡献。然而，从生态的角度看，对大自然的过度索取，逐渐破坏了人类赖以生存的生态环境。5000多年的中华文明史，伴随着“黄色”与“绿色”的争夺史，“绿色”文明往往遭到“黄色”的威胁，甚至终止于“黄色”。到20世纪70年代，三北大地已是穷山恶水、沙逼人退、食不果腹的境地，人们的生存空间越来越小，生产生活难以为继，生态危机已成了影响中华民族生存与发展的重要因素。

一、生态兴则文明兴，生态衰则文明衰

在人类历史上，古埃及文明、古巴比伦文明、古印度文明、中华文明、古玛雅文明曾经辉煌过很长时期，他们像一颗颗璀璨的明珠，使人感叹、激动、骄傲。但是后来这些文明有的衰落了，有的在近代落后了，我们不禁要探寻其中的原因。悠久的中华文明虽然不曾中断过，但千百年的开垦使得中华大地满目疮痍，许多繁华的城市被黄沙淹没，像流星一样消失了。

（一）森林是人类的摇篮

自古以来森林和人类息息相关，是人类的亲密伙伴，是全球生态系统的重要组成部分。森林是人类的诞生地和最初的居住地，在人类出现以后，绝大部分时间是在森林中生活的。人类走出森林环境，至今不到1万年，如果与在森林中生活的时间相比，只是短暂的一瞬。森林不仅能够提供丰富多彩的可物化产品，而且能够营造优美的环境，发挥强大的生态功能，维持着地球上的生态平衡，构成人类生存与发展的基本支撑。然而随着人类文明的发展，从早期的农业耕种到近现代对木材及林产品的消耗猛增，全球森林面积急剧减少，森林品质不断下降，生态环境逐渐恶化。

纵览古今中外，社会的进步与发展无不与森林的消长、林业的兴衰息息相关，森林与林业是社会文明的重要标志。历史上盛极一时的古巴比伦、哈拉巴、玛雅文明都因森林消失而毁灭。孕育华夏文明的黄河流域、辽河流域也曾变得草木稀疏、童山濯濯、风沙弥漫、沟壑纵横。三北地区曾经拥有的茂密森林、肥美草原也渐渐远去，消失在岁月的长河之中。

进入20世纪，毁林的情况日趋严重，至今全球仅存40多亿公顷森林，而且正

以每分钟38公顷的速度在消失！每年有1546万公顷森林从地球上消失，全球荒漠化土地已达3600万平方千米，占整个陆地面积的1/4，并以每年500万～700万公顷的速度扩张着，仅荒漠化一项，全球每年就损失430亿美元。破坏森林就是破坏人类赖以生存的自然环境，破坏全球的生态平衡，一位著名的生物学家说："人类给地球造成的任何一种深重灾难，莫过于如今对森林的滥伐破坏！"

（二）三北地区曾经的繁荣

我国的西北、华北和东北地区，是中华民族的重要发祥地。历史上这里曾有茂密的森林、肥美的草原、富饶的良田，多个民族在这片辽阔的土地上生息繁衍。五六十万年前蓝田猿人生活的渭河之滨，北京猿人活动的北京地区，都曾有苍翠的莽莽林海。

这里曾经是历代政治、经济、文化的重点活跃区，万里长城、丝绸之路、敦煌石窟、黄帝陵寝、古楼兰国……黄帝轩辕氏在这里崛起，唐尧虞舜在这里开基创业，华夏民族最伟大的都城在这里建造，古代中国最巍峨的帝陵绝大多数都在这里选址，万里长城在这里雄踞，丝绸之路在这里蜿蜒……所有这些辉煌文明、旷世伟业，都依靠三北的茂密森林、肥美草原、沃田厚土、长河大湖来滋养。

（三）失落的文明

由于人口增加、刀耕火种、战争及统治者大兴土木，人类活动对生态环境的破坏不断加剧。人类将森林作为取之不尽、用之不竭的无价之宝，甚至不惜"杀鸡取卵""竭泽而渔"，致使三北地区森林越来越小，植被越来越少，大面积的森林与草原沦为裸地，黄土高原的"民以板为室"也变成了"民以窑而居"。

我国西北是黄河和长江的发源地，两河文化从源头开始，顺水流向中原，流向沿海。这一带是水的上游，也是中国文化的上游、中国人智慧的上游。上游衰落了，与文化和智慧同步衰落的，是森林。现在我们引以为豪的汉唐魏晋文明，无不以陕西甘肃为中心，当初的丝绸之路绝不像今天这样荒凉，当我们观赏敦煌石窟艺术和秦陵出土的铜车兵马俑时，无不拜服在古代人高超的艺术创造力面前。我们可以说，正是森林的衰落致使文化和智慧衰落，没有森林就没有人类，人类的智慧最早就是在森林里产生和发展的。

从汉唐到明清时期，官垦、军垦、商垦和民垦都很盛行，长期过度的屯垦和放牧，导致严重的生态失衡，一个个美丽的绿洲消失了。塔克拉玛干沙漠边缘那片枯死的胡杨林，吸引了无数人前去追寻古丝绸之路的辉煌历史。如果时光倒流上千年，这些倒下的胡杨树曾经是那样的生机勃勃。它们曾经支撑起的一个个美丽富饶的绿洲，如今早已被黄沙封存在历史的记忆之中。

统万城，曾经是古代匈奴大夏王国的政治经济中心，大夏开国皇帝赫连勃勃将其命名为“统万城”，希望以此城为中心，统一天下，君临万邦。如今，毛乌素沙地早已把它掩埋在风沙中，人们只能通过这些断垣残壁想象它昔日的辉煌。

现在，人们凝望着这一个个文明的废墟时，不得不感叹人类的自大和无知。一个个文明的衰落和消亡启示我们：生态环境的退化会削弱文明赖以生存的基础，演变为人类生存地的消失、文化的衰败。

（四）大自然的报复

森林破坏给我们带来了严重的恶果。据史料记载，盛唐以后的西部地区，至少有1万多个村庄先后被风沙淹没，多数的居民由于风沙危害而背井离乡。水土流失、风沙肆虐、气候失调、旱涝成灾，都同大规模的森林破坏有关。人们毁林开荒的目的是为了多得耕地，多产粮食，可是结果适得其反，农作物反而减产，挨饿的人越来越多。人们滥伐森林的目的是为了多得木材，获取燃料，可结果却事与愿违，木材越伐越少，某些森林资源本来很丰富的国家现在成了木材进口国。

放眼20世纪70年代之前的中国版图，横贯北方万里疆土的是漫漫黄沙、沟壑纵横、风沙肆虐、水土流失，沙漠化土地面积以每年15.6万公顷的速度扩张。如果按照这样的速度发展下去，几十年后，中国将净增3000万～4000万公顷的荒漠化土地，相当于10个海南省的面积，成千上万的农牧民将成为“生态难民”。

伴随着森林的消失、牧场的减少和沙化的扩大，由于三北地区生态脆弱导致的特大沙尘暴不断发生，20世纪60年代发生过8次，70年代发生过13次，80年代发生过14次，而且波及的范围越来越广，造成的损失愈来愈大。荒漠化已成为当今全球最为严重的生态环境问题之一，根据联合国环境规划署推断，世界约1/4的陆地、2/3的国家和地区受到荒漠化的威胁。

因为失去了绿色，三北大地也失去了生机和活力。到20世纪70年代末，三北地区森林覆盖率已下降到5%。恶劣的生态环境使三北地区普遍存在缺燃料、缺饲料、缺木料、缺肥料的民生难题，粮食产量低且不稳，百姓吃粮靠返销、生活靠救济，三北风沙带也成了中国的贫困带，贫穷落后成了“三北”地区的一个代名词。

“以史为鉴，可以知兴替”。人类要感谢森林、感恩森林、敬畏森林，生态兴则文明兴，生态衰则文明衰，千古不易之理。历史在绿色的变奏中起伏延伸，改变三北大地，只能从增加绿色开始。

二、漫卷狂风蚀春色，迷蒙黄沙掩繁华

分布在我国三北地区的八大沙漠、四大沙地以及广袤无垠的戈壁，形成我国北方的万里风沙带，总面积149万平方千米，占三北地区总面积的31.5%。三北地区风蚀沙埋严重，沙尘暴频繁，是全国、亚洲乃至全球的重要沙尘源区。

（一）从“沃野千里、仓稼殷积”到“四望黄沙、不产五谷”

三北地区受蒙古高压的影响，冬季和春季盛行西风和西北风，冬季大风尤其普遍，且持续时间较长，寒冷而干燥的西北风吹蚀表土，引起沙化，推动沙漠向东南方向移动，形成了从东北黑龙江到西北新疆的万里风沙线，危及当地绿洲、农田、交通和建筑。特别是在中国西北荒漠地区，风速大（春季风速最大，白天瞬时风速＞10米/秒）、沙尘暴频繁（全年沙尘暴日可达30天以上），给当地的人民生活带来了极大危害。

据史料记载，除地质时期形成的沙漠、戈壁外，历史上的三北大部分地区曾经水草丰盛，林木葱茂，经济文化繁荣。历史上，除了西北地区和内蒙古西部地区分布有史前沙漠以外，华北和东北等沙化地区都曾分布大面积的森林和疏林草原。据《明成祖北征纪行初编》记载，在东北西部，“伏骑士数百于河曲柳林中，马陷入淖泥”，说明科尔沁沙地当时有森林、草原和沼泽。今日的陕西、甘肃一带，曾是周天子的养马场。“周原膴膴，堇荼如饴”。《诗经》以简练的诗句，为我们勾勒出昔日陕西渭北一带植物繁茂、土地丰腴的美好景观。“美哉斯阜，临广泽而带清流，吾行地多矣，未有若斯之美”，公元413年，匈奴首领赫

连勃勃勒马鄂尔多斯高原无定河畔时，曾发出如此感叹。由于自然因素和历代战乱，以及农牧业生产经营方式的变革、不合理开发利用等，森林草原遭到破坏，土地退化，生态恶化，昔日“沃野千里、仓稼殷积”“水草丰美、群羊塞道”的富庶之地变成了如今“四望黄沙、不产五谷”的不毛之地。

（二）万里风沙线

这条绵延万里的风沙线，构成了中华民族生息繁衍的生命线。在漫长的历史进程中，由于人口剧增、过度垦殖、超载过牧、战火频发、乱砍滥伐等多种因素的影响，这一地区的林草植被惨遭毁灭性破坏，生态平衡严重失调，以风沙和水土流失为主的生态性灾难接踵而来，愈演愈烈。生态与经济相互交织，双重影响，使各族人民长期处于贫穷落后的境地。

20世纪中叶以后，三北地区的土地沙化呈现出扩展加速的态势。据统计，在20世纪50—60年代，三北地区沙化土地扩展速度为年均1560平方千米，而到了70—80年代，年均扩展速度为2100平方千米。仅60—70年代，三北地区约有667万公顷土地沙化，据不完全统计，三北地区直接受沙害影响的人口约5000万人，有1300多万公顷农田遭受风沙危害，粮食产量低且不稳，有1000多万公顷草场由于沙化、盐渍化、牧草严重退化，有数以百计的水库变成沙库。严重的土地沙漠化无情地吞噬着宝贵的土地资源，构成了对中华民族生存与发展的严峻挑战。

这条万里风沙线年大风日数为20～100天，狂风流沙肆虐，风蚀沙埋严重，沙尘暴频频发生，流沙掩埋农田、牧场、村镇，威胁公路、铁路、水利设施的安全，严重制约着区域经济和社会的可持续发展。每年因风沙危害造成的直接经济损失高达540多亿元。内蒙古乌达至吉兰泰的铁路，仅1977年就因流沙阻塞造成脱轨或被迫停车797次，平均每天2.16次。

沙尘暴危害方式主要有四种。一是强风。携带细沙粉尘的强风摧毁建筑物及公用设施，造成人畜死亡。二是沙埋。以风沙流的方式造成农田、渠道、村舍、铁路、草场等被大量流沙掩埋，尤其是对交通运输造成严重威胁。三是土壤风蚀。每次沙尘暴的沙尘源和影响区都会受到不同程度的风蚀危害，风蚀深度可达1～10厘米。据估计，我国每年由沙尘暴产生的土壤细粒物质流失高达107吨，其中绝大部分粒径在10微米以下，对沙源区农田和草场的土地生产力造成严重破坏。四是大气污染。在沙尘暴源地和影响区，大气中的可吸入颗粒物（TSP）增加，大气污染加剧。地处河西走廊的甘肃省武威地区，1973年有1.4万公顷耕地因沙害而影响出苗；1953—1977年，武威区出现干热风29次；1977年4月22日的沙尘暴在金塔县持续5个小时，死亡10人、失踪1人，毁坏房屋117间，羊只死亡1182只、失踪4934只，毁坏棚圈242间，损失饲草5.2万千克，受灾作物0.77万公顷。

土地沙化造成农业和畜牧业生产长期停滞不前，农村经济发展缓慢，人民生活极端贫困。据统计，在20世纪60—70年代，三北地区的风沙区集中了全国60%以上的贫困县。1950—1977年，陕、甘、宁、青4个省（自治区）净调入粮食37亿千克。1976年，黄河中游115个县年人均纯收入仅39元。风沙危害导致的生态灾难，严重制约着三北地区的经济和社会发展。

（三）风沙紧逼北京城

1979年3月6日，《人民日报》发表了由新华社记者穆青策划，黄正根、李忠诚、傅上伦、李一功撰写的记者来信《风沙紧逼北京城》，当时曾引起国内外广泛关注。

文中写到，1971—1978年，北京平均每年的大风日数和扬沙日数，分别为36.6天和20.5天。“漫卷狂风蚀春色，迷蒙黄沙掩繁华”是当时中国北方生态环境恶劣的真实写照。其实，早在1977年联合国内罗毕防治荒漠化会议就把北京列为荒漠化边缘城市之一。风沙的呼啸，像大自然吹响的警报，回荡在东北、华北和西北的旷野。

20世纪北京风沙的厉害，并不是突然形成的。历史上的北京也曾一片青翠，八达岭上松林茂密。但是兵荒战乱的年代后，林木凋敝，绿色消退。到1949年，北京城区仅剩行道树87千米，公共绿地476公顷，6.41万株树木，八达岭成了荒山秃岭。北京市气象台提供的资料证实：20世纪60年代，北京平均每年八级以上的大风日数为26.9天，扬沙日数为17.2天。

内蒙古高原和西北黄土高原的下风口、河北境内的狼山风口和古北口风口沿着永定河和潮白河一路而过，形成3个巨大的风廊，从东、西、北三面紧锁北京城。北京境内的潮白河、永定河、温榆河等主要河流，在历史上曾多次漫道决堤和洪水冲刷，在北京平原上形成大面积的荒滩沙丘，不能耕种的风沙区超过16万公顷，上千个流动沙丘，随风移动。每到大风季节，风沙弥漫，同样的景象出现在京郊9个区县。每到干旱的春季，来自西伯利亚和蒙古高原的沙尘，沿着山脉和干涸的河床，迅猛围攻北京，形成康庄、南口、永定河、潮白河和大沙河五大风沙危害区，沙土覆盖16万公顷土地，康庄风沙区最大风速达24米/秒。

据黄正根回忆，1979年年初，新华社社长穆青把他找过去，说道，你看看，北京刮这么大的风，不知你有没有注意到北京这样的一个现象，女同志头上都戴两条头巾，南方人看起来很奇怪。那两块头巾一条是围在脖子上的，一条是用来抵挡风沙的。之后，他又说，风沙一起来，西山都看不见，整个北京像盖了个锅盖似的黑乎乎的，公园里的人跟煮饺子似的，绿地太少；另外，过去我们除四害把草当作一害，都除了，现在党和国家正在考虑治理风沙的问题，现在正好刮风呢，你们赶紧跟林业部联系，组织一个记者组，从北京写起，从风沙写起。

20世纪70年代后期，当时北京的绿化遭受了10年的破坏，黄土大面积裸露，加上到处堆放的沙堆，风沙危害十分严重。记者组去中央气象台查阅了气象记录，证实当时的扬沙浮尘天气比前10年严重得多。又决定到一处位于北京上风向的地区进行采访，最终选定了地处半干旱地区的张家口坝上的张北、康保、沽源3县。

到达后，采访组先听取有关方面的情况介绍，后又到实地采访。不仅采访林业部门，也采访农、牧部门，又分别到当时的公社、村庄现场调查。对坝上的情况，上上下下，异口同声，看法非常相似，就是风沙危害比过去加剧，年沙暴日数由60年代的13.6天增加到70年代的16.2天。

春天刮出山药籽，秋天刮出犁底层，年均刮走一寸土。春天播种后，有时会毁种1～3次。开垦的农田由于表土风蚀，种植一两年后，农民就弃耕撂荒，向新的草原进发开垦，如此恶性循环。大片的耕地、撂荒地沙化、碱化，草原面积急剧缩小。在畜牧业方面，人们看重增加牲畜头数，超载过牧。过去有长到 1米高的草、“风吹草低见牛羊”的景象不见了，大多草原变得连老鼠跑都能看清。可以说，大地植被的破坏，是造成大面积土地沙化、碱化的根源！

在王家营等多处村庄看到，营造的农田防护林网已经5米多高。当地群众说，防护林网生长起来后，农田表土刮不走了。王家营村播种小麦313公顷，都能保苗，产量也有所提高，1976年曾卖给国家小麦30万千克。有林网的地方，过去沙埋水井的现象也不再发生了。村民有句顺口溜："树是一种宝，栽到哪儿哪儿好。"

借用林业部一位工作人员的话说，内蒙古的草场沙化了，风起来之后就带过来了。现在看，沙源不光是内蒙古那边，恐怕还更远，它起来以后，不光影响咱们这儿，还影响四川等地，日本、韩国都受影响，不光是北京的问题。

就北京来说，分为本地沙和外地沙。现在本地沙有好多是由建筑工地引起的，一些房地产商为了经济利益，拼命盖楼，把绿地都挤没了。这也是一个小的原因，但这还不是主要原因，外地刮来的沙是主要的。最根本的措施还是造林种草，必须造林种草，当然其他的各种措施也要有。

北京的沙尘，除城郊区就地起沙外，有很大一部分是来自西北各省份及坝上地区。要控制外地沙，还是片林太少，绿地太少。《风沙紧逼北京城》的原意是为"三北"防护林体系建设宣传，侧重点是在西北大地，也涉及了北京绿地不足、就地起沙等问题。这一报道当时在社会各阶层引起了震动，它促使人们对防沙治沙开始探讨，它的重大意义也就在此。

记者组先找了林业部宣传司的同志谈了，又找北京市林业局的同志谈，他们讲北京的风沙有两个原因，一个是从外边刮来的风沙，再一个是就地起沙，两个配合在一起就厉害了。这之后，记者组又在北京找了一些专家，专家们提供了一些数字，另外记者组又到现场去看，到北京的"大门口"张家口坝上去采访，又根据林业部、中国林业科学研究院等专家的数据写就了这篇《风沙紧逼北京城》。在回北京的路上记者们从题目到结构都一一商量，写完以后，拿到北京给穆青同志看，当时文章的题目叫《风沙逼近北京城》，后来改成了《风沙紧逼北京城》。

正如李忠诚所说："从这个稿子来讲，是采访了一大批专家，有气象专家、有关的科学家、当地群众，还采访了坝上的老林业局局长，最后成了这个稿子。好像还让王任重看了看，还有当时的林业部部长罗玉川吧，他也看过。"

他们通过新闻机构的大声疾呼以及社会各界的共同呼吁，让国人知道我们赖以生存的家园已经变得如此糟糕，必须重视生态恶化所带来的威胁。这篇文章让很多人对北京周边以及三北地区生态严重恶化、沙漠化危害有了清醒的认识，知道生态环境发生了变化，国家在承受着重大的损失，千万亩良田将会被风沙淹埋，水土流失每年给国家造成数十亿元的损失，起到了很好的警示作用，推动了我国生态保护意识的提高和生态建设的进程。正是这样实事求是的报道，才能客观反映国家实行三北防护林工程的英明决策，才能确保伟大工程行稳致远。

李忠诚说："这个稿件发表以后，影响挺大，林业部把它评为好新闻，社会上也开始重视生态保护了。我不是专家，但我觉得三北防护林是一个重要的角色，应该大搞特搞，这几年我在考察中也发现，有树的地方和没树的地方不一样。有树的地方，庄稼都长得好，有林子挡着；没树的地方，原来长草的地方现在草都不长了，土都让风刮走了。植树造林是很重要的一个手段，种树本身也起到调节气候的作用，形成一个小气候。树多的地方，下雨时候水可以保存起来，你要没树，雨落到地表上很快就流走了。总的来讲，植树造林，改善生态环境，怎么讲也不过分。"

（四）策勒县城三次搬家

策勒县隶属新疆维吾尔自治区和田地区，位于新疆维吾尔自治区最南部、昆仑山北麓、塔克拉玛干沙漠南缘，南越昆仑山与西藏自治区交界，西南跨沙漠戈壁与和田县接壤，北部浩瀚沙漠与阿克苏地区沙雅县相连。策勒是依靠从昆仑山发源的策勒河养育的一片绿洲，是历史上著名的"丝绸之路"南道上的重镇。然而，由于紧靠世界第二大沙漠——塔克拉玛干沙漠，在强劲的西北风肆虐下，漫漫黄沙随风流动，吞噬着沿途的文明痕迹和绿色生命。汉唐以来，策勒绿洲就不停地向南边的昆仑山退缩了100多千米，后面是寸草不生的生命禁区昆仑山，前面是黄沙弥漫的塔克拉玛干沙漠，曾经的策勒县是"一年一场风，从春刮到冬，大风埋村屯，小风石头滚"。

历史上，策勒人深受"沙苦"。塔克拉玛干沙漠面积达34万平方千米，相当于3～4个浙江省的面积，其中85%是流动沙丘。每年，干燥的漠风无情地抽打、驱赶着绿色的生命，将策勒绿洲西北边缘扯成了无数块，黄沙漫过，绿色消失。策勒县西北方向的一个巨大的沙舌以每年6～7米的速度直逼策勒城。沙丘所到之处良田被毁，家园沦为沙漠，农民四散流浪。

策勒县城曾因为风沙肆虐而3次被迫搬迁，第一次搬迁是在2000年前，第二次搬迁是在620年前，第三次搬迁是近100年内策勒人居住中心从旧县址热瓦克到今天的策勒县城。20世纪30—40年代曾经一度繁华的老县城热瓦克，已经变成威胁新县城的沙源地。搬迁的原因就是风沙的侵蚀，在过去数百年历史中，与风沙较量的策勒县城节节败退，曾向南面昆仑山方向后撤。

如今的策勒县城就是第三次搬迁的位置。然而，20世纪80年代初，风沙的肆虐并没有停止，流动沙丘仍以每年10～15米的速度前移，直抵县城1.5千米处，严重威胁当地人民的生产和生活安全。

几乎每个黄昏，策勒的天空都会变成恐怖的赭红色，细如流水的沙子便在红色的天幕下扑簌簌地落下来。每当这时，街上蒙面纱的妇女、戴黑羔皮帽的男人，以及玩耍的孩子都转身向家里跑去。影影绰绰的人和驴车悄无声息地走着，扬起的高高沙尘，很快就消失了，只留下灰蒙蒙的天空、满街满巷的沙尘和一种令人不安的空寂。当沙雨从天而降的时候，策勒就变成了一座死城。

策勒乡托巴村村民买买提明·肉孜牙孜的妻子掩面哭起来，他们把20世纪80年代那场风称作“杀人风”，他们的长子是被那场风刮死的。那是个星期天，风是突然刮起来的，中午明晃晃的太阳一下子就黑了，这就是塔克拉玛干沙漠最恐怖的“黑太阳”。塔克拉玛干的所有沙丘都像黄色狂魔一样站立起来，披头散发地扑向绿洲。风沙一直刮了两天两夜，天黑得对面不见人，风凄厉地哀号着，巨大的沙团在人群中旋转撞击，像是一群魔鬼在狂欢。人喘不上气，睁不开眼，街上的喇叭在大叫：黑风暴来了！“那时正在巴扎上，黑风一来，市场一下就炸了，东西吹得满天飞，有的人扔下东西就跑，风沙太大，人根本无法行走”。买买提明·肉孜牙孜回忆着。

阿拉玛斯·阿洪一生中多次被风沙赶得四处流浪。“其实这里以前也不是沙漠，是我爷爷、父亲的家，当时这里绿洲很好，有一个地主的大庄园。后来风沙越来越大，这里就变成沙漠，我们家就去流浪了。”后来，阿拉玛斯作为拓荒者又回到了爷爷、父亲待过的托盘艾尔克村，盖起了用红柳枝条做墙和屋顶的“房子”。

“有一年我们一家正在地里种地，突然就起了大风。天一下子就黑了，太阳变成了暗红色的火球，我们怎么也找不到自己家的方向了。我们抱着头趴在地上，动也不敢动，每当抬起头来就觉得有千千万万条鞭子在抽打着脸。我们就这样趴了一天一夜，沙子把我们埋了一半。”

“回到家房顶刮没了，羊四散了。我们把羊找回来，人和羊挤在一起，过了几夜。”这一场风，村里14户人家逃走了12户。房屋不是被沙埋了就是被风吹跑了，田园里生长绿苗的地方都堆起了高高的沙丘。一个欣欣向荣的绿洲在一夜之间便沦为一片沙漠。

阿拉玛斯是没搬走的两户中的一家，但接下来的6年都颗粒无收，每年都重复着同样的光景，就是种子下地后一出苗就刮大风，苗不是被沙埋就是被刮走。屋顶一次次被掀走，栽的树被连根拔起，一连几个月不下一滴雨。全家到几千米外的山上去背水，然后到巴扎上卖，赚了钱买苞谷回来糊口。最后实在熬不住了，阿拉玛斯哭着带着家人和羊群远走他乡。

策勒绿洲人均耕地不足2亩，全县33147平方千米的土地面积，只有1.6%的绿洲，就是这一点点适合人类居住的绿色也是北、东、西三面被沙漠包围，像沙海中的孤岛，而这1.6%绿色中只有一半左右可以耕种。沙漠边缘的人永远也不可能再找到一块熟地，失去家园的人很难再找到家园，只要开始了流浪就难以摆脱流浪的命运。策勒县像阿拉玛斯一样因房屋农田被沙埋而到处流浪的人有很多，策勒县最大的策勒乡从20世纪70年代起被沙漠吞掉的土地占全乡土地的1/4。

新疆是我国风沙灾害最严重的省份，中国四大沙尘暴发源地之一的塔克拉玛干沙漠就位于新疆南部。每到春天，一场场铺天盖地的黄沙从这些发源地腾空而起，从西北到东南，席卷大半个中国，新疆自身也成为沙漠化最大的受害者。全国1/5土地沙化，而新疆占了约一半。俗话说：“全国沙漠化看新疆，新疆沙漠化看和田”，新疆沙漠化最严重的地方在南部的和田地区，这里三面被塔克拉玛干沙漠包围，一面背抵昆仑山，自然环境相当恶劣，年浮尘天气达263天。

和田地区四季多风沙，春季最甚。这里的沙尘天气分“黄风”和“黑风”两种，前者指浮尘天气，后者指沙尘暴天气。每年浮尘天气200多天，每年浓浮尘（沙尘暴）天气60天左右。和田月均降尘100多吨/平方千米。而大风天气更是给新疆人出行带来严重不便。南疆地区8级以上大风每年最多达9次，历史上已发生多起大风引起的因火车脱轨和颠覆而造成人员伤亡的事件。

处在和田地区南部的策勒县所受沙漠化危害最为严重，经过40多年的努力，曾经逼近县城的沙丘后退了7.8千米。直面塔克拉玛干沙漠的县城西北、西南方向的沙丘被人工种植的红柳、梭梭等沙生植物有效“箍住”，已经历3次搬迁的策勒县城终于化解了再次搬迁之急。截至2013年，策勒县有林地面积10.7万公顷，绿洲森林覆盖率达49.22%，初步形成了带、片、网结构，乔、灌、草相结合的绿洲综合防护林体系，大大削弱了流沙对人的威胁。

有意思的是，在热瓦克废墟旁，策勒人特意保留了约百亩的一片沙丘，它是策勒人降服沙魔的标志。保留它，意在警示后人，我们一定要保护生态环境，人退沙进的悲剧绝不能重演了。

策勒县三次搬家，风沙紧逼北京城，风沙灾害危及国家粮食安全，黄土高原水土流失严重……三北地区的生态状况已经严重恶化，已然危及三北地区人民群众的生存发展。

（五）我国三北地区八大沙漠、四大沙地简介

专栏1-1　三北地区八大沙漠
1. 塔克拉玛干沙漠，位于新疆南部塔里木盆地中心，面积35.73万平方千米，是我国面积最大的沙漠，也是世界上面积第二大的流动沙漠。行政范围包括阿克苏、喀什、和田、巴州的部分地区。“塔克拉玛干”一种说法是维吾尔语，其义是死亡之海；另一种说法是波斯语，是“就连无叶小树也不能生长”的意思。
2. 古尔班通古特沙漠，位于新疆北部准噶尔盆地中央，面积5.68万平方千米，是我国面积最大的固定、半固定沙漠。行政范围包括昌吉和阿勒泰。“古尔班通古特”的语意为“野猪出没的地方”，海拔300～600米。
3. 巴丹吉林沙漠，在内蒙古西部阿拉善高原，原来面积为4.43万平方千米，如今面积约5.50万平方千米。“巴丹吉林”旧作“巴丹扎兰格”，为蒙语。巴丹吉林沙漠几乎全是流动沙丘，一般高200～300米，最高近500米，有着我国最高大的流动沙丘。
4. 腾格里沙漠，位于内蒙古阿拉善盟的东南部，总面积为4.19万平方千米。涉及甘肃、内蒙古、宁夏3个省份。腾格里在民间宗教里腾格里神（天神）是最高的神，被认为是世界与人类的主宰。
5. 柴达木盆地沙漠，位于青海省柴达木盆地、青藏高原东北部，面积为3.49万平方千米，是我国海拔最高的沙漠。青海柴达木盆地沙漠，以流动沙丘为主，其分布比较零散，多与戈壁相间，多新月沙丘，高5～10米，少数高20～50米。
6. 库姆塔格沙漠，位于新疆南部东端，罗布泊以南、以东，面积为2.28万平方千米。在新疆东部、甘肃西部、罗布泊以南，阿尔金山以北。“库姆塔格”为维吾尔语，意为沙山。库姆塔格沙漠多流动沙丘，快速向西南移动，有与塔克拉玛干沙漠会合的趋势。

7. 库布其沙漠，位于内蒙古鄂尔多斯高原北部，面积约1.39万平方千米。长400千米，宽50千米，沙丘高10～60米，像一条黄龙横卧在鄂尔多斯高原北部，横跨内蒙古杭锦旗等3个旗。库布其沙漠是中国第七大沙漠，也是距北京最近的沙漠，令北京人谈之色变的沙尘暴源头之一就是库布其沙漠。

8. 乌兰布和沙漠，乌兰布和沙漠位于内蒙古巴彦淖尔市和阿拉善盟东北部，河套平原的西南部，面积近0.91万平方千米，历史上曾是“人民炽盛、牛马布野”“将军塞外游，杏花撒满头”的富庶草原。现在由沙丘、沙荒地、耕地和小片草原组成。

专栏1-2　三北地区四大沙地

1. 科尔沁沙地，位于西辽河中下游，行政区域涉及内蒙古赤峰和通辽、吉林西部、辽宁西北部，面积6.36万平方千米，是我国面积最大的沙地。库伦旗流动沙丘特别高大，蒙古族称作“塔敏查干”，意为魔鬼居住的地方。

2. 毛乌素沙地，位于鄂尔多斯高原东南部，行政区域涉及内蒙古鄂尔多斯市，陕西榆林市，宁夏银川市（兴庆区）、石嘴山市和吴忠市，面积5.55万平方千米。

3. 浑善达克沙地，位于内蒙古锡林郭勒高原中部，主要涉及内蒙古锡林郭勒盟、赤峰市克什克腾旗和河北承德市围场满族蒙古族自治县的一部分，面积3.96万平方千米。

4. 呼伦贝尔沙地，位于呼伦贝尔高原上，主要分布在呼伦贝尔市的鄂温克族自治旗、新巴尔虎左旗、新巴尔虎右旗、陈巴尔虎旗、海拉尔区境内，面积约0.74万平方千米。

三、土之不存，人将焉附

黄河是中华民族的母亲河。千百年来，奔腾不息的黄河同长江一起，哺育着中华民族，孕育了中华文明。早在上古时期，炎黄二帝的传说就产生于此。在我国5000多年文明史上，黄河流域有3000多年是全国政治、经济、文化中心，孕育了河湟文化、河洛文化、关中文化、齐鲁文化等，分布有郑州、西安、洛阳、开封等古都，诞生了“四大发明”和《诗经》《老子》《史记》等经典著作。九曲黄河，奔腾向前，以百折不挠的磅礴气势塑造了中华民族自强不息的民族品格，是中华民族坚定文化自信的重要根基。

然而，经过人类千百年无休止的索取和掠夺式的开发、大自然的气候变迁，黄土高原变得千沟万壑、土地贫瘠、广种薄收，人民生活贫困落后。20世纪60年代至70年代末的近二十年间，黄土高原丘陵沟壑区每年每平方千米侵蚀模数达万吨以上，每年冲走氮磷钾肥2800万吨。每年流入黄河的泥沙达16亿吨，每年有3.2亿吨泥沙淤积在下游河道，使下游河床每年以5～10厘米速度上升。《公元2000年全球情况调查报告》的主编美国人巴尔尼博士曾大声呼吁："黄河流走的不是泥沙，而是中华民族的血液，不是微血管出血，而是主动脉破裂。"

（一）"百年一改道，三年两决口"

黄河水患由来已久，《后汉书·明帝纪》中载有"兖豫之人，多被水患"，《元史·地理志五》中载有"海宁东南皆滨巨海，自唐宋常有水患"。黄河流经黄土高原，携带大量泥沙到达下游，在下游河道流速降低，泥沙沉积，抬高了黄河河床。人们为了防止水患，被动地在黄河两岸加宽加高河堤，形成中国的"第二条万里长城"。"百年一改道，三年两决口"是黄河水患史的真实写照。

史料记载以来到1938年花园口扒口的2500多年间，黄河共决堤1500多次，主河道经历了26次大改道。"黄河泛滥两千载，淹没开封几座城。"如今的河南开封低于黄河河床13米，历史上，已先后有6座开封城被黄河泛滥所携带的泥沙掩埋。考古发现在现今开封城地下3～12米的地方，共叠压着魏、唐、北宋、金、明和清代的6座城池，这种"城摞城"的景象是历史上黄河多次泛滥、泥沙严重淤积的最好见证。

水土流失吞噬了大量的土地资源。有"陇东粮仓"之称的董志塬，自唐代后期至今，历经1300多年，损失了580平方千米的土地。20世纪50年代以来，黄土高原地区人口迅速增长，粮食短缺，广大农民被迫上山开荒。开荒虽然暂时解决了粮食供给不足的矛盾，但却加剧了当地的水土流失，贫穷落后的现状也没有得到改善，黄河下游干流的泥沙淤积也更严重了，黄土高原地区长期陷入"越垦越穷，越穷越垦"的恶性循环，黄河下游的防洪处于被动局面。水土流失与贫困互为因果，黄土丘陵区属国家级贫困地区，大多数水土流失地区都是贫困地区，这里年降水量少且集中，多暴雨，缺少适时适量的水分供应，加重了干旱程度，春季降水不足，春旱连伏旱频率高，形成"三年一小旱，五年一大旱"和"大旱大减产，小旱小减产"的局面。年复一年的水土流失使土层变薄，土地日渐贫瘠，土地生产力大大下降，生存之本受到极大威胁。

（二）“跳进黄河洗不清”

中国还有一句老话，叫作“跳进黄河洗不清”，这个说法就是从黄河泥沙多而来的。正是因为泥沙多，中华民族这条母亲河得了三个特殊的名称。

“黄”河。黄土高原曾经郁郁葱葱，黄河的水也曾经清澈碧绿。随着“坎坎”的伐木声，河畔的森林植被越来越少，河水由清变浊，由浊变黄，“一石水而六斗泥”，河改名叫黄河。黄土高原被人们无情地剥去外衣，裸露在风雨之中。长期水土流失，使黄土高原支离破碎、沟壑纵横。20世纪70年代，黄土高原近58万平方千米，每年流失的表层土有0.2～0.7厘米厚，若筑起高和宽均为1米的土堤，至少可以从地球到月球一个来回。沟壑密度达到每平方千米2～4千米，丘陵沟壑区的侵蚀模数在1万～2万吨，最严重的达3万吨。

“沙”河。“九曲黄河万里沙，浪淘风簸自天涯。”黄河的年径流量为423亿立方米，远比世界上的一些大河少，但平均含沙量为每立方米38千克，每年输沙量达16.4亿吨，两项指标均高居世界各大河之首。黄河的流域面积不及密西西比河的1/4，但年输沙量却是密西西比河的5倍。

“悬”河。注入黄河的泥沙使黄河的河床每年增高5～10厘米。在黄河下流的一些地区，河床已高出两岸十多米，成为一条空中“悬河”，真的如李白所说的那样，“黄河之水天上来”。多少年来，这条悬河成为架在人们头上的长剑，历史上曾发生过1500多次大决口。孕育了华夏文明的母亲河成了一条害河，人们望黄兴叹，谈黄色变。奔流不息的黄河水，留给两岸人民的是不尽的干旱和贫瘠，部分地区甚至连人畜饮水都解决不了。

（三）“土之不存，人将焉附”

不断恶化的生态环境，使黄土高原生态系统功能衰减，耕地资源减少，土地生产力降低，自然灾害频发，大量入黄泥沙增加了维护黄河防洪安全难度，威胁人民群众的生命财产安全，压缩人们的生存与发展空间，制约了黄土高原地区的经济发展和社会进步。每年随水土流失而去的2800万吨氮、磷、钾，相当于100座年产28万吨化肥厂产量的总和。在宁夏南部黄土高原区，每个劳动力耕种着比全国平均水平高出七倍以上的农田，尽管他们早出晚归，累死累活，即便是苍天保佑，风调雨顺，一亩地才打三四十千克粮，收二三十千克油籽。

三北地区大部分地方年降水量不足400毫米。但是其中60%的降水集中在7—9月，且多以暴雨形式出现，形成“十年九旱，旱中有涝”的自然灾害。暴雨是我国黄土高原主要气象灾害之一，长时间的暴雨容易产生积水或径流淹没低洼地段，造成洪涝灾害。1971年7月23—25日，陕西省府谷县突降暴雨，暴雨中心24小时降水达400毫米，造成山洪暴发、交通中断，冲垮榆府公路71千米，摧毁农田2.7万公顷。20世纪70年代，山西省每年损失库容约5000万立方米，陕西省约7000万立方米。黄河下游河床平均每年淤沙4亿立方米，母亲河成了中华民族的心腹之患。

（四）“黄河宁，天下平”

让黄土高原变绿，让黄河水变清，让黄沙后退，是黄土高原生态建设的三大目标，这项建设也被称之为“治黄工程”。新中国成立后，黄土高原生态治理掀开了新的一页。毛泽东主席曾指示“要把黄河的事情办好”“有了这样一个典型例子，整个华北、西北以及一切有水土流失问题的地方，都可以照样去解决自己的问题了。要全面规划，要加强领导。我们要求每个县委书记都学阳高县委书记那样，用心寻找当地群众中的先进经验，加以总结，使之推广”。

从某种意义上讲，中华民族治理黄河的历史也是一部治国史。自古以来，从大禹治水到潘季驯“束水攻沙”，从汉武帝“瓠子堵口”到康熙帝把“河务、漕运”刻在宫廷的柱子上，中华民族始终在同黄河水旱灾害作斗争。但是，长期以来，受生产力水平和社会制度的制约，再加上人为破坏，黄河屡治屡决的局面始终没有根本改观，黄河沿岸人民的美好愿望一直难以实现。历史和现实的经验教训使人们认识到，因生态环境恶化所带来的自然灾害和由此而导致的贫穷和落后，必须用以生物措施为主的办法来治理和恢复，正是在这样的认识下，党中央、国务院决定上马三北工程。

四、农田不防沙，种子难安家

20世纪70年代，三北地区有1300多万公顷农田、牧场遭受风沙危害，粮食产量低且不稳，牧草严重退化。“三刮四种”是常态，“三刮四种”通俗说法就是农田、林场、村屯周边“刮三场风，种四次籽儿”，主要原因是三北地区风沙太大，下籽就会被刮飞，收成的多少，要看风的大小。

在严酷的自然条件下，农业生产一直处于开垦、广种薄收，再开垦、再广种薄收的恶性循环之中，畜牧业生产长期停滞不前，农村经济发展缓慢，人民生活极端贫困。这些地区的农民不仅温饱没有得到很好解决，连获取薪材都十分困难，需要靠秸秆、牛粪、羊粪、草皮、草根来维持。

（一）东北地区——“三刮四种，逼人太甚”

大风、风沙危害是主要农业灾害。20世纪70年代以前，东北地区春季经常出现7～8级西南大风，局部地区最大风力甚至可达10级以上，多年平均最大风速在20米/秒左右。年平均大风日数（≥8级）多在20天以上，双辽县气象站1961—1970年的10年平均竟达98.6天。大风日数以3～5月最多，可占全年大风总日数的60%以上。在这一地区广泛分布着结构松散、黏结力差的沙土、沙壤土，极易引起风蚀和积沙，经常出现浮尘、扬沙和沙暴，形成风沙灾害。由于风沙危害，有的地区一年多次毁种，以致贻误农时，造成减产甚至颗粒无收。

“一天二两土，白天不够晚上补”和“沙进人退，三刮四种”是20世纪60—70年代科尔沁沙地的真实写照。据记载，内蒙古通辽市（原哲里木盟）每年播种农作物80万公顷，有1/3的耕地由于刮走表土、粪肥、种子，经常需要重播两三遍。科左后旗地处科尔沁沙地腹地，20世纪70年代末，全旗80%的沙地牧场沙化，草甸地盐碱化。每公顷农田粮食产量远低于全国平均水平，农牧业人均纯收入仅83元，不仅大大低于当时全国人均463元的水平，也低于三北地区人均334元的水平。“一年一场风，从春刮到冬；十山九秃头，风起黄沙飞。”这是生活在科尔沁沙地边缘老人们的共同记忆，但对现在生活在当地的年轻人来说，简直不可思议。

黑龙江省齐齐哈尔市拜泉县位于“北大荒”的腹地，地处世界三大黑土带之一，曾是水草丰美之地，“棒打狍子瓢舀鱼，野鸡飞到饭锅里”“捏把黑土冒油花，插双筷子也发芽”是这里曾经的写照。“但随着人口增加，掠夺式开发、毁林毁草开荒加剧，全县黑土层厚度由垦殖初期的1米锐减到30厘米，许多土地已经是‘破皮黄’。”拜泉县林业局局长李英歌回忆，三北防护林工程实施初期，当时坡地年跑土1400万吨，相当于流失了一个村的耕地，全县2.7万条侵蚀沟每年侵蚀土地面积让人触目惊心。“那时风灾、水灾特别多，往往头一天种的种子，第二天一场雨就冲走了，种了毁、毁了种，春天更是‘三刮四种’，实在头疼。”见不着树，水土流失严重，成活率低，一块地反复耕种几次才能有点收成。过来人都说，栽活庄稼比养活一个娃还难。“照那样下去，拜泉终有无地可耕、无地可种的一天。”

（二）华北地区——“风雪交加，黑白双煞”

据伊克昭盟治沙造林研究所1974年的调查显示，全盟每年因风沙毁种的农田平均有15万公顷，其中有9万公顷几乎颗粒无收。秋季大风常常使即将成熟的作物摇摆捋粒，甚至倒伏，造成减产。据乌兰察布盟农林局调查，1974年秋，由于一场大风仅化德县就损失粮食50万千克。据河北省张家口林业局的调查显示，尚义县七甲公社二道洼大队1970年种的3亩谷子试验田，播种后一场大风，种子全被刮走，并刮走10厘米厚表土。

高原亚区的北部牧区还经常出现所谓黄毛风（即沙暴）、白毛风（即雪暴）等灾害，尤以锡林郭勒盟（简称“锡盟”）最为严重，锡盟是全国最大风害区之一。如1966年3月17日锡盟西部地区出现8级大风，瞬时风速11～12级，沙暴使天色转黄红，白天看报也要点灯，入夜降雪转为暴雪，持续一天一夜，各种牲畜死亡达23万多头，给农牧业生产带来严重损失。

低温冷害和早晚霜冻也时有发生，据乌兰察布盟农林局的调查显示，凉城六苏木公社1974年玉米生长良好，原来估产400千克/亩，后因早霜危害，籽粒未成熟被冻后干瘪，单产只有12.5千克/亩。

白灾和黑灾如同黑白双煞威胁着华北地区牧民的生存。1977年锡盟连降大雪，“白灾”（因积雪覆盖草场难以放牧，且因雪面强烈的长波辐射，气温很低等造成的灾害）持续的时间很长，牲畜损失严重，阿纳旗冻死的牲畜占总头数的90%左右。牧区经常出现的“黑灾”，就是由于干旱缺少雨雪，草牧场干枯，放牧和牲畜饮水都发生困难，造成牲畜大量死亡，“黑灾”也是草原上常见的重要灾害之一。

（三）西北地区——“见风沙子跑，沙跑打死苗”

处于沙漠边缘的新疆绿洲由于受到沙漠的影响，土壤沙性大，连年遭受风沙的危害。特别是新开垦荒地及沙漠边缘耕地由于四周林网未建成或不健全，在风沙活动最强烈的春季种子常被吹露地表而“吊死”。在积沙部位，种子常因埋压太深而难以出苗。出苗后如遇风沙流，幼苗极易被沙打死亡，造成大面积棉田受灾。常有“见风沙子跑，沙跑打死苗”的现象发生，特别是沙斑地棉田受灾更为惨重。

据新疆林业科学研究所1960年和1975年的调查显示，精河县沙泉子沙区的沙丘，每年向前移动10多米。1961年5月31日，吐鲁番出现12级大风，全县受灾面积达总播种面积的65%，十几万亩小麦单产只有4.5千克，5万亩棉花几乎没有收成，2万亩耕地风蚀表土20多厘米深，127道坎儿井被埋断流。据新疆农科院林科所等1975年的调查显示，北疆准噶尔盆地库尔班通古特大沙漠边缘150团农场1961年5月31日持续10小时的8～10级大风，吹毁房屋，刮倒电杆，34000多亩作物受害，2万亩棉花被吹毁一大半，损失十分严重。南疆莎车县1966年5月10日的一次大风，11个公社棉花受害面积达12000亩，翻种9700亩，占播种面积的49%。

手中有粮，心里不慌。我国人口众多，只有把饭碗牢牢端在自己手中才能保持社会大局稳定。建设农田防护林能有效根除“三刮四种”现象，减轻干热风、霜冻等灾害性气候对农业生产的危害。这也是为什么三北防护林体系一期工程就将农田防护林作为重点来建设。

五、人不负青山，青山定不负人

根据三北工程总体规划，三北工程区东起黑龙江省的宾县，西至新疆维吾尔自治区的乌孜别里山口，北抵国界线，南沿天津、汾河、渭河、洮河下游、布尔汗达山、喀喇昆仑山，东西长4480千米，南北宽560～1460千米。地跨东北西部、华北北部和西北大部地区。包括陕、甘、宁、青、新、晋、冀、京、津、内蒙古、辽、吉、黑13个省（自治区、直辖市）的551个县（市、区、旗）。土地总面积406.9万平方千米，占全国陆地总面积的42.4%，接近祖国的半壁河山。

三北地区多数地方地广人稀，大多数地方是老少边穷地区，经济基础薄弱，交通不便，许多地方交通运输网络闭塞限制了商业经济的发展和流通。科学文化落后，商品经济不发达，建设资金短缺，自然资源优势还没有被充分合理发挥，人民生活还比较贫困。自然条件严酷，灾害频繁，生态环境遭受严重破坏、群众生活贫困。造林条件差，难度大，收益慢，林业科技人员偏少，推广技术和新技术应用不力，缺少引导、激发和保护林业职工和广大群众从事生态效益为主的防护林体系建设的特殊政策和优惠政策。

三北地区自然条件差，种植业仍占主导地位，经营粗放，广种薄收，畜牧业基本是靠天养畜，抵御自然灾害的能力很低，加之农林牧比例失调，1977年三北工程开始之前，农、林、牧（草）和其他用地比例大体上是0.8:0.6:4.4:4.2的结构，从总体上来看草地和其他用地比例偏大，农林用地比例偏小，跟三北地区的实际情况不符合。蒙新地区分布着大面积不便利用的沙漠、戈壁、冰川、水域、重盐碱地，人口密集的东部地区过度垦殖，黄土高原更甚，大部分长期粗放经营，广种薄收，灾害频繁，西部地区虽有部分可垦资源，由于受水资源限制，可垦地很少，林地与农牧业之间比例关系很不协调。

同时，三北地区发展潜力很大，光照充足，零副特产品资源种类较多，资源丰富，已经发现的有100多种，约占全国70%左右，其中煤、石油、天然气、金、铜、石棉和玉石等，在全国具有明显优势。

（一）干旱少雨

按中国气候区划，三北地区绝大部分属于中温带，小部分为南温带，只是西部高山属高原气候区域，年降水量由东向西，从南到北递减，水平分布大体是：海拉尔—乌兰浩特—通辽—赤峰—张家口—呼和浩特—兰州一线以东，以南地区和新疆伊犁河、青海大通河一带，大于400毫米；二连浩特—乌拉特前旗—贺兰山—祁连山以西以北地区低于200毫米；从腾格里、巴丹吉林沙漠到南疆和柴达木盆地西部的广大地区，年降水量低于100毫米，而且大部分在20～50毫米，是我国最干燥的地方之一。以干燥度4作为干旱与半干旱的分界值，年降水量在200毫米以下的地区均大于4，沙漠分布区干燥度4～27，南疆一般大于20，吐鲁番一带高达70。但是，山区的年降水量，高于临近的平原。例如阿尔泰山和准噶尔西部山区最高可超800毫米，天山和祁连山可超400毫米以上，昆仑山可超200毫米，正是依靠山区的这些降水和冰川融水、加上山地森林涵养水源的功能，才有西北干旱荒漠地区的绿洲灌溉农林业。

（二）光热充沛

三北地区全年日照总时数多在2400～3400小时，西北干旱地区在3000小时以上，青海省冷湖近3600小时。日照时数大致由东南向西北增加。太阳总辐射量的分布和日照时数的分布有相似的趋势。沿林西—呼和浩特—兰州—玉树一线以西以北的干旱区域，海拔较高，空气干燥，云量少、日照长，年太阳总辐射量在140～160千卡/平方厘米，其他一些地区和阿尔泰、天山山地为130千卡/平方厘米。

各地气温差异较大。年平均温度由东北角－2℃到南端的14℃，大部分地区在2～8℃。≥10℃的积温，除高寒山区外，基本上在2500～4500℃，吐鲁番盆地最高可超5300℃。≥10℃积温口数分布趋势大多在150～200天，南疆200天以上。光热资源丰富，而且是雨热同季，有利于植物的生长发育。但是，由于大部分地区干旱少雨，丰富的光能无法得到充分利用，有时雨量过分集中，加剧水土流失甚至暴雨成灾。

（三）水资源匮乏

水资源匮乏是三北地区经济发展的主要限制因素。三北地区年均降水总量约10772亿立方米，不足全国的1/6。其中以200毫米等雨线为界的干旱地区，面积约占三北地区的40.7%。大部分属于待补水地区，而400毫米等雨线以上的地区分布在东部、南部和西部高山地带，面积只有全区的26.6%。

年径流量的分布趋势与年降水量同步，也是由东南向西北递减。外流区的水系流域主要有黄河、海河、滦河、松花江、辽河、额尔齐斯河。内流区水系流域主要有内蒙古北部、鄂尔多斯、河西走廊、阿拉善、塔里木、柴达木、准噶尔、伊犁等。年平均地表水径流量约2240亿立方米，占全国8%。其中内流区面积占全区的67.7%。而径流量只占37%，年平均径流深只有31毫米，大部分靠高山降水和冰川融水补给。

除部分荒漠和沙漠腹地以及山地丘陵地区外，在大部分地区的山前倾斜平原、山间盆地、河谷，低平洼地及沙漠边缘地带均分布有地下水，约1440亿立方米，占全国地下水总量的18%。在降水稀少、地表水缺乏的三北地区，地下水的存在，对发展农、林、收业生产具有重要意义。

水资源匮乏，分布不均，充足的土地和光热资源不能被充分利用，成为三北地区尤其是西北干旱地区发展工、农、牧业生产的主要限制因素。

（四）灾害频发

风沙危害，水土流失严重，给三北地区的工农业生产带来极大的生态性灾难，阻碍了国民经济的发展。山西有979座水库，总库容42亿多立方米，已经淤积25.5%；陕西省有498座水库，总库容44亿立方米，每年淤积约1亿立方米。此外，人口增长过猛，垦荒种植，广种薄收的面积日益扩大，草原超载过收，林草植被不断遭到破坏，不仅加剧了风沙和水土流失，而且土地生产力也每况愈下，形成了“越穷越垦”“越垦越穷”的恶性循环，自20世纪50年代以来，农田扩大了2～3倍，1960—1962年，仅陕、甘、宁、晋4个省份就开荒60多万公顷，新疆开荒300多万公顷，大部分为草原。1977—1985年，三北地区耕地面积净增158万公顷，平均每年增加近20万公顷。其中垦殖率高的黄土高原，8年间开荒189万公顷，平均每年开荒23.6万公顷。草原退化面积每年以60万～130万公顷的速度扩展。草质变劣，产草量下降，近20年来单位面积产草量降低1/3～1/2。因此，控制风沙危害治理水土流失，乃是改善生态环境，提高土地生产力，促进农牧业生产发展的当务之急。

（五）社会经济基础薄弱

三北地区从整体看地广人稀，是多民族聚居地区。据1985年统计，在1.47亿总人口中，农牧业人口1.18亿，占80%。人口密度平均为35.7人/平方千米，是全国平均人口密度的1/3。但分布极不均衡，一般是东多西少，主要集中在气候和生产条件较好的平原区。除东部地区以外，交通运输网络闭塞，限制了商品经济的发展和流通，是我国经济不发达的贫困落后地区。三北地区铁路通车里程为9400千米（包括交通比较便利的京津和东北地区），占全国18%，其中穿越三北地区的京包—包兰—兰新线，大部分受到风沙威胁。三北地区公路15万千米，占全国16%，而蒙新地区国土面积占全国1/4，公路里程只占全国1/20。因此，有不少地区仍处于产品经济落后的状态。1985年，三北地区工农业总产值1170亿元，占全国7.2%。经济结构比较单一，从农、林、牧、副、渔业生产比值上看，种植业仍占主导地位，经营粗放，广种薄收。畜牧业基本是靠天养畜，抵御自然灾害的能力很低。三北地区农牧业人口平均收入334元，低于全国人均纯收入463元水平。其中1/3县收入不足200元，1/10农民温饱问题尚未解快。

第二节　三北地区人民同恶劣的自然环境进行着不屈不挠的斗争

三北地区各族人民长期与风沙搏斗，特别是新中国成立以来，各地区人民群众面对恶劣的自然条件，不等不靠，顽强拼搏，通过不懈努力，初步改善了三北地区的生态状况，涌现出一批批感人至深的先进典型。他们在中国共产党的领导下，充分发挥了人民群众的首创精神，敢于斗争、敢于胜利，从组织领导、科技进步、机制创新等方面，都取得了不可磨灭的历史功绩，增强了我们改造自然的信念与决心，为我国生态建设探索积累了宝贵的经验和精神财富。

一、红色延安的绿色追求

“巍巍宝塔山，滚滚延河水”，延安是一块红色土地。红色，是延安的精神气质。这里是举世闻名的中国革命圣地、历史文化名城，这里诞生了光照千秋的毛泽东思想，这里孕育了伟大的延安精神，这里散发的革命光辉至今仍照耀着中国前进的道路。

延安又是一块贫瘠的土地。黄色，是延安的自然之色。全境是典型的黄土高原丘陵沟壑地貌。由于战乱的破坏，人口的急剧增加，开荒种地，传统的“散牧”放羊等，延安境内的植被覆盖情况每况愈下，满目苍黄，境内难觅绿色。头裹羊肚子手巾的放羊老汉和漫天黄土似乎已固化成人们心中的“陕北印象”。

（一）大生产运动

1939年，为解决革命圣地延安的口粮问题，毛泽东同志及时提出了“发展经济，保障供给”的总方针，发出了“自己动手，丰衣足食”的伟大号召，动员广大军民开展大生产运动。

1941年春，王震旅长响应党中央开展大生产运动的号召，率领三五九旅，奉命开进南泥湾，既守卫延安南大门，又开荒生产。

大生产运动的第一年，全旅战士就解决了吃穿问题，第二年起，实现了“耕一余二”。“好地方来好风光，到处是庄稼，遍地是牛羊……”经过3年的时间，三五九旅使昔日荒无人烟的南泥湾，变成了丰衣足食的陕北好江南。正是在大生产运动中，培育和形成了以艰苦奋斗、自力更生为核心的南泥湾精神。

随着时间的流逝，南泥湾“陕北好江南”的光景早已不在。20世纪60年代，部队已经离开，村里的百姓为了多些收成，一哄而上到山顶挖地，在黄土坡上不断开垦，土地越来越贫瘠，水土流失日趋严重。

（二）由黄转绿的不懈追求

延安曾经是黄河流域水土流失最为严重的地区之一，“山秃穷而陡，水恶虎狼吼，四月柳絮稠，山花无锦绣，狂风阵起哪辨昏与昼”是这片红色热土历史上的真实写照。20世纪60年代，延安市水土流失面积2.88万平方千米，占其总面积的77.8%，年平均土壤侵蚀模数9000吨/平方千米，每年流入黄河的泥沙达2.58亿吨。面对恶劣的生存环境，延安人民从未屈服，在中国共产党的领导下，发扬“艰苦奋斗”的延安精神，以“敢叫日月换新天”的气魄，在这片红色的热土上奋力谱写绿色华章。

早在陕甘宁边区政府时期，便成立林务局，动员边区军民开展植树造林。

新中国成立后，党和政府对延安老区的林业恢复建设工作十分重视和关心，在陕北开展了以“普遍护林、大力造林”为方针的战后林业恢复建设工作，组织延安人民迅速医治战争创伤，为延安生态环境的恢复与重建展开了艰苦卓绝的努力。

1956年以来，共青团中央、林业部先后两次在延安联合召开全国青年造林大会，延安人民积极响应毛泽东主席“绿化祖国”“实现大地园林化”的伟大号召，奋力开展大规模、群众性造林会战，延安的生态环境逐步得到改善。

1969年1月，年仅15岁的北京知青习近平响应国家号召来到延安市延川县梁家河大队插队，他带领着乡亲们和知青战友打淤地坝、造知青林，改天换地。

1970年，延安人民再次学习贯彻毛主席给延安人民的“复电”精神，把延安革命老区的植树造林一浪一浪地推向高潮。随着延安群众性植树活动蓬勃开展，各项林业事业也得到快速发展，森林植被得到初步恢复。

二、科技先锋——将论文写在大地上

新中国成立初期，北方地区的风沙危害已严重影响了人民的生产生活条件，自然灾害频发，生态严重失调，为了从根本上改变风沙地区的自然面貌，各地掀起了植树造林热潮。同时，相继建立了一些治沙研究试验站，位于科尔沁沙地南缘的辽宁省固沙造林研究所就是其中之一。

1952年4月，辽西省人民政府决定在沙荒集中的彰武县章古台开展固沙造林试验研究，成立了辽西省林业试验站，即现在辽宁省固沙造林研究所的前身，这是我国成立最早的以防沙治沙为主要任务的研究单位。

据《辽宁省固沙造林研究所志》记载，在组建试验站时，出生于1898年的农林专家韩树堂带着5名工作人员来到彰武县章古台，住在农民家里，自己挑水、做饭，开始了艰苦的创业。白天要组织人员盖房搭屋，平整土地，又要冒着风沙，忍受饥渴，踏查当地沙丘，观察了解沙漠情况，摸索沙丘变化规律。晚上坐在煤油灯下，查阅书籍资料，琢磨使用什么方法才能把沙子治住。“锯响就有沫”，韩树堂他们对风沙有了一定的认识，决定先搞人工固沙。他们披星戴月，迎风沙，战严寒，到5千米以外的沙漠上，用“立杆穿草把”“横编柳条、花编柳条”“秫秸夹障子”“立埋草把”等办法开展固沙试验，辛辛苦苦干了几个月，但后来一场大风，把这一切夷为平地。实践证明，修建这些沙障顶多能起些辅助作用，不能从根本上固沙，人工固沙试验失败了。

总结经验教训后，韩树堂和同事们决定用植物固沙。首先是种草，他们在当地收购了大量草籽并种入沙里，下雨后，果然长出很多小草。但到第二年春天，几场大风一吹，把草连根拔起，种草固沙试验又失败了。

用什么植物固沙好呢？经过大量观察思考，韩树堂发现胡枝子（一种灌木）被砍后，根茎还能发芽、生长、根系牢固，大风刮不出来。这个发现给他们很大启发，种草不能固沙，但栽种灌木或许可以固沙，于是他们决定寻找理想的固沙灌木。冒着酷暑，他们沿着章古台到通辽的铁路线，仔细观察、记录铁路两侧沙丘上生长的各种植物，发现长在一座沙丘上的一株锦鸡儿，根系虽然被风刮得裸露出一米多长，但还照样活着，并长出许多枝叶。韩树堂意识到，这是一种有顽强抗旱抗风蚀能力的灌木，用它固沙一定能成功！通过认真研究成功筛选出适宜沙地生长的差巴嘎蒿、胡枝子、锦鸡儿、黄柳和紫穗槐5种灌木树种，栽植后果然成功地固定住了流沙。

固沙成功后，还要造林。在沙地造林用什么树种，又是一个需要探索的难题。韩树堂决定先栽2000棵油松试验，结果只活了两棵，成活率极低。怎么办？1953年又进行了樟子松引种育苗试验，虽然也不是十分成功，但还是将樟子松列为造林的首选树种。1955年，他们远赴呼伦贝尔河地中的原始森林，找到了我国仅存的原始沙地樟子松林，与中国科学院林土所分别引进樟子松苗，并栽植在章古台，现在这片最早的樟子松生长健壮、林分稳定，个别微地形已生长出自然更新的第二代樟子松，这片林被誉为“中国第一片樟子松引种固沙林。”据固沙所建所60周年时的不完全统计，樟子松已在三北地区推广了60多万公顷。

韩树堂是辽宁省固沙造林研究所众多科研人员扎根荒漠、潜心研究的代表，据不完全统计，从1952年建所到2012年的60年，在固沙所工作15年以上的职工近120人，但不幸的是有近30人在还没有充分享受多年辛勤付出带来的“红利”时，就离我们远去了。1990年3月，固沙造林研究所第一任所长（主任）刘斌因病去世，根据他生前的愿望，将他的骨灰安葬在他当年挥洒汗水的地方——章古台林海深处。老人家一直在守望着这一片绿色。

一代代固沙所人不忘潜心研究防沙治沙的初心，牢记“好栽树、栽好树”的使命，接力前行。他们中有“三年困难”时期“挑着小挑”到固沙所的大学生朱德华，有20世纪踏着开始“建设有中国特色社会主义”的脚步到固沙所报到并会“给树看病的医生”宋晓东……通过几代人的不懈努力，研究出的“以灌木固沙为主，人工沙障为辅，四面包围，顺风推进，前挡后拉，分批治理”的整套综合固沙方法，被誉为中国三大治沙方法之一，筛选出黄柳、胡枝子、锦鸡儿、差巴嘎蒿、紫穗槐等固沙灌木，填补了中国灌木治沙史的空白。“樟子松沙荒造林技术”获1978年全国科学大会奖、“章古台固沙造林”获1986年辽宁省政府科技进步一等奖等省部级奖180项。先后有马里共和国总统等40多个国家（地区）的400多名外宾前来参观考察。

为铭记辽宁省固沙造林研究所对彰武县生态建设的贡献，1988年彰武县38万人民在章古台镇为固沙造林研究所树立了“大漠风流”碑。

三、茫茫沙海变桑田——陕西榆林生态治理的中国奇迹

公元413年，大夏王朝曾在今榆林靖边县红墩界乡的白城子建都，时称统万城。当时，这里“临广泽而带清流”。后因历代战争破坏，垦荒农作，乱砍滥伐，剧烈的风蚀沙化，严重的水土流失，生态环境不断恶化。到公元822年，统万城已“堆沙高及城堞”。到公元10世纪末，这座历史名城被沙漠吞没。

（一）九边重镇黄风起，沙进榆林城三迁

在榆林城头北望，“茫茫沙漠广，渐远赫连城”，历史上的要塞、长城、关隘被毛乌素沙地包围、淹没。

唐代以前，毛乌素沙地曾是茫茫草原，绿树成荫，水草丰美。由于战乱频繁、过度垦殖、气候变化等原因，毛乌素植被被毁、生态恶化，榆林成了“广长几千里，皆流沙”，从草原变成了沙地。“塞上明珠”榆林城，被漫及城头的黄沙包围成一座“孤岛”。风沙不断逼近榆林城，被毛乌素沙地强行“三迁”。

仅清末到新中国成立的100年间，榆林北部沙区被风沙吞没的农田、牧场达14万公顷，仅存的11万公顷农田也处于沙丘包围之中。26万公顷牧场因沙化、盐渍化退化严重，载畜量很低。6个城镇和412个村庄被风沙侵袭、压埋，形成了“沙进人退”的凄惨局面。

1949年榆林全面解放时，全地区森林草原几乎破坏殆尽，林木覆盖率只有0.9%。榆林的东城墙被流沙压塌，沙漠侵袭到城南50多千米的鱼河峁镇。治沙这道历史难题，再一次摆在榆林人面前。

（二）实事求是，不尚空谈

面对“风刮黄沙眼难睁，庄稼苗苗出不全。黄沙压田又埋房，沙进人退走他乡”“黄沙滚滚流，十耕九不收”的生态窘境，榆林人并不服输。

1940年，惠中权任陕甘宁边区中共靖边县委书记，当时靖边土地贫瘠，黄沙漫漫，十年九旱，民不聊生。为发展当地经济，他进行了深入细致的调查研究，提出“栽活一棵树、养活一只羊”“少烧一升粪、多打一斤粮”的口号，发动群众大量栽种柳树、沙柳、柠条，既解决了牲畜的饲草困难，又起到了防风固沙的作用，保障了全县农业生产发展。1942年，毛泽东同志在陕甘宁边区高级干部会议上表扬了时任靖边县委书记的惠中权，1943年在劳模大会上毛泽东同志特别向受奖的惠中权赠送八个大字“实事求是，不尚空谈”，以表彰他植树种草、防风治沙的卓越成绩。

（三）治沙造林，开拓创新

“北治沙、南治土”的治沙造林运动在榆林大地全面展开。

20世纪50年代开始，榆林开展大规模的生态治理，成立陕北防沙造林局、国营林场，广泛发动群众治沙造林，数十万群众扛起镐头、背起树苗，挺进毛乌素沙漠。

20世纪60年代起，榆林大规模集体治沙造林大会战相继上演。榆林在全国首创飞播技术，40多公顷沙地通过飞播技术得到治理。

20世纪70年代，榆林飞播造林技术成功，三北工程启动后，开始面向全国推广飞播造林技术。

20世纪80年代推行承包治沙造林，涌现出石光银、牛玉琴等造林大户和造林先锋，榆林治沙成为三北工程治沙的一面旗帜。

（四）英雄的故乡

在榆林，种树成为一种信仰、一种理想。几十年来，榆林人民凭借坚强毅力、超常的干劲儿与浩瀚无垠的荒漠和肆虐无情的风沙进行抗争，付出了常人难以想象的艰辛和心血，谱写了一曲曲感天动地的人生乐章。在与风沙抗争的过程中，榆林涌现出了女子民兵治沙连、石光银、牛玉琴等一大批全国治沙造林英模代表。

1974年，为响应党的号召，女子民兵治沙突击队成立。54名平均年龄只有18岁的女民兵响应“植树造林，绿化祖国”的号召，打起背包，扛着红旗，义无反顾地向着风沙肆虐的大水湾挺进。

来到大水湾，姑娘们面朝漫天黄沙。夏天沙窝里气温高达40多摄氏度，姑娘们踩着滚烫的沙子担水，为新栽的树苗浇水；寒冬，姑娘们顶着刺骨寒风，为树苗搭设障蔽。

白天遇上大风，张嘴说话就满口是沙，夜里一场“老黄风”，刚栽下的苗树全被埋进沙里。

治沙连第二任指导员席永翠说：“我们那时候都顶着一口气，立誓不治好这沙不出嫁！”她26岁才成家，是治沙连里最晚嫁人的姑娘。婚后，她的丈夫也到了治沙连，开拖拉机。

40年来，女子民兵治沙连先后换了16任连长、指导员，不变的是她们始终如一的信念——“志在荒漠创新业，定叫沙海披绿装”。这些女民兵，一任接着一任干、一代跟着一代学，用青春和血汗筑成绿色屏障百余里，用柔嫩的双手，硬是将昔日一块块寸草不生、荒无人烟的荒漠沙滩变成了林茂粮丰、渠系配套的绿色田野，将曾经人迹罕至的毛乌素“黑风口”变成了生命的绿洲。

在榆林，无论是治沙英雄牛玉琴、石光银还是补浪河乡女子民兵治沙连，他们都是普普通通的平民百姓，都是一代代共产党人中的典型代表，都是为战一片黄沙，盼一片绿荫，苦苦坚守数十年，为绿色而奋斗，为绿色白了头，他们用心血和汗水在毛乌素沙漠上筑起了一道绿色长城。

（五）引种樟子松

在榆林城区北郊的红石峡沙地植物园里，有一片特殊的樟子松林。1964年，榆林从樟子松原产地内蒙古自治区呼伦贝尔市红花尔基引进栽植了1.3亩200多株樟子松，现存活77株，长势良好，树体最高的达15.1米、胸径最大的为33.5厘米。

“别小看这片樟子松林，面积不大却意义非凡。这是西北地区引种最早并获得成功的樟子松林，结束了榆林沙区没有常绿乔木的历史，成为榆林防沙治沙的‘功勋树种’。”陕西省治沙研究所高级工程师史社强介绍道。

说起榆林的樟子松，就不得不提起被誉为“榆林樟子松之父”的孙帧元。他是河北石家庄人，1962年从北京林学院（现北京林业大学）林业系毕业后来到榆林研究林业治沙，先后在地区林业局、省治沙研究所工作。为搞好治沙植物引种工作，他的足迹曾踏遍三北地区11个省（自治区），刻苦钻研、大胆创新，将大兴安岭的樟子松引入毛乌素沙漠，并试验造林成功。

随着辽宁省固沙造林研究所、陕西省治沙研究所等一代又一代研究所内治沙造林人的艰辛努力，樟子松已在我国三北地区推广，相关研究成果广泛应用于三北地区防沙治沙生产实践中，被推广到内蒙古、宁夏、甘肃、青海、西藏等省份，成为这些地区治沙造林的首选树种之一。

（六）飞播治沙

飞播治沙始于中国，始于榆林。1958年，榆林地区首次在沙区开展飞播造林试验，由于收效甚微，试验被迫停止。

1974年，农林部、水电部下达“榆林流动沙地飞机播种造林试验”，由全国11个单位29名科技人员组成协作组进行攻关，这个团队带着任务重新来到榆林，开展了长达11年的飞播试验，榆林飞播造林在经历了“试验—失败—再试验”的迂回曲折之路后，取得成功。

1978年，飞播治沙技术获得科学大会奖。飞播造林治沙在榆林毛乌素沙地正式投入生产，完成了“试验—中试—生产”的全过程。

榆林流动沙地飞播治沙成功后，内蒙古、宁夏、辽宁等地的沙区纷纷派人前来学习或邀请治沙所科技组派人前往指导，飞播造林治沙技术推广到宁夏、内蒙古、甘肃等地。当时，林业部在榆林举办了沙区飞播造林种草学习班。如今，榆林有40万公顷远沙和大沙通过飞播得到治理。它把榆林的治沙向前推进了20年，20年就是一代人，这项技术节省了一代人的治沙过程。

四、一片麦草方格，一条沙漠铁路——一个人类治沙史上的世界奇迹

这是一个与1988年一项国家科技进步奖特等奖相关联的故事，故事发生在一个受到世界关注的地方。

（一）“中国第一条沙漠铁路”

20世纪50年代初，国家决定修建包兰铁路干线，加强首都北京及华北与西北地区的联系。勘测设计之初，经过专家们反复权衡，为避开海原地震断裂带等原因，包兰铁路干线建设需要直接“穿”过腾格里，“闯”过沙坡头。

中卫市沙坡头正处于腾格里沙漠南缘、黄河北岸，包兰铁路从沙坡头上穿过。向北望，腾格里浩瀚如海、沙滔起伏，西北风推波助澜催赶着流沙向南迁移，在沙海的东南前沿，被奔腾而来的黄河劈头截住，形成越积越高的陡峭沙坡，已有180多米高的大沙岭与一河之隔的香山遥遥相对，两岸壁立，一水中流。由于大沙坡位于腾格里的东南最前沿，所以得名“沙坡头”。

沙坡头地区地表植被稀少，又有大面积的流动沙丘，它们在风力作用下顺风向移动，不仅会阻碍铁路运行，更会导致沙尘暴的发生，一刮沙尘，一米外就看不见路，公路铁路都会被沙埋。

现实没有给人们留有选择的余地，沙坡头迎水桥至甘塘50千米的沙漠，成为包兰铁路绕不开的“禁区”。

1955年，包兰铁路铺下第一根钢轨。

1957年年初，包兰铁路开始建设腾格里沙漠内的线路，沙坡头段开始施工。

1958年，包兰铁路建成。

包兰铁路建设在沙漠中铺轨不是最难的，难的是路轨常常受到流沙侵袭，无法正常行车。因为风沙掩埋铁轨，刚开通的包兰线，平均每年发生沙害断道300余次，全线严重沙尘破坏率超过85%。特别是当火车开到宁夏中卫段，在55千米的长度内，6次穿越腾格里沙漠，流动沙丘风沙最猛烈，火车经常因风沙掩盖路轨而被迫停车，需要大量的铁路工上轨道清沙。

曾有国外专家预言：包兰铁路“存活”不了30年就会被沙漠淹没。

这一难题，也曾困扰着中卫固沙林场的干部职工和沙坡头沙漠研究试验站的科研人员。为了破解这一世界难题，来自五湖四海的科研人员和中卫人民开始了与沙漠的抗衡。铁道部科学研究院建立起了“沙坡头沙漠研究试验站”。这是一个以防沙治沙为主题的专业科研单位，收集气象资料、摸清沙丘类型和活动规律、进行沙漠路基试验和植物固沙研究……

随着沙漠铁路的修建完成，面对严酷的现实自然环境，面对风沙危害带来的挑战和考验，中卫人民迎难而上，一场旷日持久的生态战在无垠的瀚海戈壁蔓延开来。

（二）神奇的“草方格”

治沙工程是艰巨的、长期的。今天中卫的治沙成绩浸透着中卫固沙林场几代人的心血和汗水。在包兰铁路沿线治理初期，因自然环境异常恶劣，植物固沙无法进行，先后试验的高立式栅栏、沥青加水玻璃、片石、黏土和水泥等固沙手段都未能奏效。

中卫治沙人和科研人员经过艰苦的探索、试验，最终通过就地取材，以当地丰富的麦秸为材料，创造出了“麦草方格”固沙法，用铁锨将麦草对折扎进沙里，半埋半露，扎成正方形的格子，连成片，这就是我国的治沙法宝“草方格”。

治沙人用麦草在活动沙丘上扎设方格固定流沙的办法，使肆虐的沙丘穿上了“天衣”，沙丘破天荒地被固定住，并通过在麦草方格里播种草籽、树籽，让绿色生命扎根沙漠。经年累月间，扎下草方格的沙地上长满了植被，用绿色堤坝挡住了金色沙海。

1956年3月，中卫固沙林场成立，他们从零经验开始，从实际出发，研究流沙规律，摸索自然，技术攻关，闯过沙坡头。从1958年开始，固沙林场每年组织数千名农民群众进行大规模固沙施工，他们冒着严寒、酷暑和风沙扎设棋盘式麦草方格，栽植各种耐旱植物。

靠着小小的麦草方格，中卫人制服了流沙，在横穿腾格里沙漠的包兰铁路两侧构筑了60千米的防风固沙带，保障了包兰铁路60多年畅通无阻。

到了20世纪70年代初期，中卫固沙林场又修建了4级电力扬水工程，把黄河水引上了100多米高的流动沙岭；用机械和人力移走了数千座沙丘；在铁路两侧修建水平畦田2000多公顷；把杨树、柳树、槐树和东北地区的樟子松等乔木引上了沙丘。

在与风沙搏斗的过程中，中卫人创造了“平铺式沙障”“黏土沙障”“风墙”等有效固沙方式，扎设麦草方格，还在方格中种植沙蒿、柠条等适宜固沙树种，阻挡了常年“肆意妄为”的流沙，让滚滚流沙服服帖帖，成功地击败了这只“拦路虎”，让它“老实”地趴在铁路线外。

到20世纪90年代初，中卫人在腾格里沙漠前沿建起了卵石防火带、灌溉造林带、草障植物带、前沿阻沙带、风沙育草带，创造了“五带一体”的科学治沙防护体系，这也得到了国际社会的一致赞赏。美国《地理》杂志还选用一帧沙坡头的彩照作为封面，向全世界介绍中国治沙勇士的惊人业绩。麦草方格治沙的“土办法”被推广开来，在甘肃、新疆、青海、内蒙古及东北地区广泛地应用于沙地、戈壁和沙漠的治理。因为解决了改造沙漠的全球性难题，1988年“麦草方格治沙技术”荣获国家科技进步奖特等奖。

今天，当你乘上西行包兰铁路的列车穿越腾格里沙漠的时候，车窗外是一条宽宽的绿色林带，树林外是随沙丘起伏、高低错落的一片片麦草方格沙障，各种灌木和草本植物在老旧的黑色草方格中坚韧地生长着，新的草方格正向着连绵不断的沙漠深处延伸。

五、“一部民勤志，半部治沙史”

“天下有民勤人，民勤无天下人”。因“俗朴风醇，人民勤劳”而得名的民勤县流传着这句名言。为什么会有如此一说？明、清之后，由于人为破坏、水源干涸，民勤县风沙肆虐、绿洲消亡，沙漠不断扩大，生态环境日趋恶劣。民勤人只能在漠风的肆虐与流沙的声响里，远走天涯，故乡因此成了一个荒芜的村庄。“天下有民勤人，民勤无天下人”道尽了民勤人的辛酸。据《民勤县志》记载，新中国成立前，约有26万亩农田受风沙灾害，60多个村庄被流沙侵袭，每年约2.3万人迁徙他乡。

从浩瀚星空上俯瞰地球，腾格里沙漠和巴丹吉林沙漠如两条黄龙，一东一西，虎视眈眈看着1.6万平方千米的民勤绿洲，这片绿洲像楔子一般牢牢扼守在两大沙漠之间，把将要“握手”的两大沙漠阻挡开。这样特殊的地理和生态环境，决定了民勤的发展史注定是一部与风沙抗争的征战史。

据史料记载，民勤曾“飞沙拥城。参将杨钧率军民五百人搬沙，以柴草插风墙一百二十丈”，“思患预防，治河培柳，林密沟坚，不敢停沙”。清嘉庆十一年（公元1806年），县令“齐正训率民工七百人治沙植树五百多株，柳条一万三千多株”。长期的治沙实践中，民勤人在实践中总结出了“土埋沙丘”“插风墙”“营造柴湾”等治沙方法。

柴湾是民勤人独具特色的治沙方法的代表。在绿洲农业区与流沙交界处，沙地由于铺压流沙，浸水后长起红柳、白刺等灌木、蒿草，随着灌木的不断增多、长大，阻截了流沙，久而久之形成一个个长满植被的固定沙丘，这些固定沙丘经人工长期封护培育，便形成了柴湾。

民国初年，民勤的沙漠化不断加重，风沙沿线的村民为了保卫农田家园不受风沙危害，自发组织起“柳会”“柴会”“风沙会”等管护组织，严格禁止任何人在柴湾内打柴、铲草、放牧。“营造柴湾”这样的治沙方法和后来三北工程中封山（沙）育林的治理思路不谋而合。

防沙治沙是一个长期坚持、艰苦奋斗的过程，新中国成立后，在党和政府的关怀下，民勤人更是踊跃参与治沙，投身治理风沙保卫家园的战斗中。自此，民勤县拉开了70年全民抗击风沙的帷幕……

1950年春天，民勤县召开了第一次全民防沙治沙万人誓师动员大会，民勤人再次向沙漠进军。

1951年，甘肃省农业厅在民勤北园子成立防沙林场。

1953年，民勤防沙林试验站沙枣种子育苗成功，结束了长期插杆造林的历史，为大面积育苗和造林创造了条件。

1955年，民勤治沙站从新疆引进梭梭试种成功，其后梭梭成为民勤固沙的首选树种，一直沿用至今。

1956年，林业部营林调查队、甘肃省林业勘察队多次深入民勤实地考察，初步拟定营造一条长350千米、宽300米、总面积14.26万亩的环县基干林带。

新中国的防沙工作者在总结民勤群众“土埋沙丘”“插风墙”“营造柴湾”经验的基础上，不断推动科学治沙，创造了沙丘上设置黏土沙障的治理模式。有了科学的方法，民勤人不缺“苦干”的韧劲，不断创新治沙思路，“苦干加巧干”，牢牢守住民勤绿洲的最后一道防线。

翻阅民勤治沙的历史，有无数默默无闻的治沙英雄坚守在防沙治沙一线，从“豁出一辈子，做好一件事”的石述柱，到大炕沿农业合作社、红柳园铁姑娘治沙队，再到薛万祥、杨可畅，他们在民勤大地上谱写了一曲曲战天斗地、守卫家园、绿色发展的时代壮歌，在浩瀚的大漠里播下一株株绿色的树苗，而这一株株树苗，随着时间流逝已成长为参天大树，成为守护民勤的“绿色卫士”……

六、“人要在右玉生存，树就要在右玉扎根”

《朔平府志》中这样记载右玉：“每遇大风，昼晦如夜，人物咫尺不辨。”“荒山不长草，风吹石头跑”就是右玉昔日生态环境的写照。地处毛乌素沙漠边缘的右玉，属晋西北高寒冷凉干旱区。

“一年一场风，从春刮到冬”“白天点油灯，黑夜土堵门”。在上了些年岁的右玉人记忆里，狂风肆虐、黄沙漫卷，是常事。

右玉土地贫瘠，树苗成活率低。树，栽上死了，再栽，一块地要反复栽上好几年。在右玉种树，太难，太苦！当地人说，“在右玉，栽活一棵树，比养活一个娃还难哩！”

面对如此恶劣的自然环境，右玉人民没有妥协，毅然踏上防沙治沙、改善生态的漫漫征程。

（一）“要想风沙住，就得多栽树”

新中国成立之初，这里的绿化率不足0.3%，沙化面积占全县的76.4%。有专家考察后断言：这里不适合人类居住，建议全县搬离。

走还是留？留下来，又该如何战胜黄沙？1949年10月，这个问题摆在右玉县第一任县委书记张荣怀面前。

“人要在右玉生存，树就要在右玉扎根。”结束为期4个月的全县徒步考察后，张荣怀下定决心，向黄沙“宣战”。“右玉要想富，就得风沙住；要想风沙住，就得多栽树。”张荣怀提出了这样的发展思路。

在右玉苍头河边，他亲手挥锹挖坑种下第一棵“小老杨”，开启了坚持不懈植树治沙的序章。

此后，右玉历任领导班子都把治沙当作头等大事来抓。“换领导不换蓝图，换班子不减干劲”，成为全县领导干部的共识。每一任县委书记背后，都有一段感人的种树故事。地图、铁锹和水壶，曾是他们必备的“三件套”。

第五任右玉县委书记庞汉杰患有严重胃病，体重不足50千克，上级原本打算将他调到其他富裕的县，但他却坚持留在右玉种树，一干就是7年。在庞汉杰的带领下，右玉干部群众摸索出了“穿靴”“戴帽”“扎腰带”“贴封条”等种树方法，实现大片造林14万亩。

“‘飞鸽牌’干部要做‘永久牌’的事。”这是第十一任右玉县委书记常禄的名言。在右玉工作8年，常禄每到植树季节都坚持带着一家6口和群众一起上山种树，右玉也一跃成为山西省人工造林最多的县。由于积劳成疾，常禄去世时年仅59岁。临终前，他没立遗嘱，没安排子女的事，而是把右玉几位干部叫到病床前，叮嘱他们：“树是右玉的命根子，要保护好。”

（二）右玉的一抹巾帼红

与新中国同龄的王明花，出生在右玉县头水泉村，这里是靠近风沙最严重的黄沙洼。她回忆道，打小记忆中的家乡经常黄沙漫天。家旁边的黄沙洼，大家都称它是一个“大狼嘴”，长20千米、宽4千米的移动沙丘随时可能吞噬了她的家。

从7岁上小学开始，她就已经踏上了治理风沙、植树造林的漫漫长路。因为能吃苦、干活快，17岁那年，王明花被任命为头水泉村妇联主任，成为妇女的带头人，植树便成了她的义务。

王明花说：“嫁了人，生了娃，干劲却一点儿没减。”每年的春秋两季是植树造林的黄金季节，她埋头种树，却苦了孩子。王明花想出办法：找来一根绳子，一头拦腰拴住孩子，一头拴在窗棂档上。“孩子哭累了，就趴在炕上睡着了。有时候回来，孩子屎尿裹上一身，我心里头那个难受啊。”

持续8年的“三战黄沙洼”是右玉县治沙史上最为艰苦的一场大战，王明花与姐妹们组成突击队，一直战斗在最前线。王明花老人至今仍记得“三战黄沙洼”的场景。从县委书记到普通群众，从老人到娃娃，全县人民齐上阵。可大风过去，遍地是干枯的树苗。有一股“拧劲儿”的右玉人用了整整8年，先后展开三次“大会战”，终于把树“钉”在了黄沙洼，把这片4千米宽、20千米长的沙丘变成了绿树岗。

“第一年种下了9万多棵树苗，可到了第二年春，树苗就被一场持续9天9夜的大风连根拔起。”王明花是当时参与植树造林的两万人之一，她告诉记者，“现在看到的每一棵树，至少都是经过五六次补栽才种成的。”

除了坚持不懈，还要与黄沙斗智斗勇。在这场治沙战役中，人们逐渐摸索出了适合半沙化土壤的科学营林方法——“穿靴、戴帽、贴封条、扎腰带”。“穿靴”，就是在河岸边，营造雁翅形护岸林；“戴帽”，就是在流动的沙丘上网状开沟，秧苗结绳压条固定沙丘；“扎腰带”就是在半坡环造防风林带；“贴封条”就是在侵蚀沟沿和风蚀残堆上密植造林、种草，以后再不断补植。

经过8年“三战黄沙洼”，右玉种活了270万棵树。树的成活率升高了，沙丘的移动速度降下来了，“吃人”的黄沙，终于被绿意击退。看着亲手栽种下的树一天天长高、长壮，王明花和村民们笑了，“这苦、这累，值了”。如今，那个“吞天吃人”的黄沙洼，早已变成绿树岗。

（三）铁锹伴随了很多右玉人一生

在这里，从县到村，每一个干部身后都有着一段感人的种树故事。在威远村的一座坟茔里，沉睡着28岁的村支书毛永宽。没有人会想到，陪伴毛永宽的竟是一把纸糊的“铁锹”。

1966年，毛永宽回到村里务农，由于思想超前，敢想敢干，几年后他被任命为村支书，他也是当时最年轻的村支书。三年时间，毛永宽带领群众，把威远堡东门外267公顷丘陵收拾平整，并沿西北方向，打造三道防风林带，分层阻挡风沙。

由于积劳成疾，年仅28岁的毛永宽走完了短暂的一生。送葬时，他的妻子亲手为他糊了一把“纸锹”，放进棺木。那一刻她泣不成声。“永宽活着的时候，天天都和铁锹在一起，铁锹陪伴他的时间，比我陪他的时间长。永宽已经离不开它了，这锹就是他的念想啊……”

在这片贫瘠的土地上，第一年栽好的树，可能立马会被狂风黄沙吹走。但右玉人有着一股子韧劲，一次不行就再种一次，一年不行就来年再种。高家堡乡一位名叫曹国权的老汉，新中国成立后就一直在自家房前院后栽树，年复一年，一共栽种各类树木7300多株。1976年，当时的县委书记来到村里拜访他，问他有没有困难需要帮助，他笑着说："我粮够吃，钱够花，没啥困难。我倒是想，集体再给我划点地，我再多种点树。"

20世纪50—60年代，村里劳动力每个春天最少要做30个义务工；包产到户后，每人种 30 棵树苗。一把铁锹两只手，干罢春夏干冬秋。矗立在小南山上的绿化丰碑，似人字形的大树合抱而成。正是千千万万右玉干部和群众同心协力，才铸就了这座绿色丰碑。

防沙治沙是右玉精神的载体。从20世纪50年代的"哪里能栽哪里栽，先让局部绿起来"，到20世纪60年代的"哪里有风哪里栽，再把风沙锁起来"；从20世纪70年代的"哪里有空哪里栽，再把窟窿补起来"，到20世纪80年代的"适地适树合理栽，再把三松引进来"……在防沙治沙实践中，右玉县准确把握塞北高寒风沙地区植树造林的特点和规律，不断完善绿色发展战略。

七、甘肃泾川——黄土高原的治理典范

新中国成立初期，泾川县土地贫瘠，水土流失严重，森林覆盖率不到1%，水土流失面积占全县总面积的98%，每年有1250万吨泥沙随雨水冲刷流失，绝大多数耕地是"跑土、跑水、跑肥"的"三跑田"，粮食产量低，人民饱受苦难。传唱的民谣这样形容当时的情景，"山是和尚头，地是滚牛坡，十年九干旱，百姓泪涟涟"。

新中国成立以来，泾川县各级党政组织十分重视林业建设，取得了可喜成果，据统计，截至1979年年底，全县历年造林保存面积为2.2万公顷，加上四旁树，林木覆盖率达17.8%。

（一）栽出一个官山林场

"官山林场不是天然林，每一棵树都是我们职工栽下的。"官山林场副场长

宋文元指着郁郁葱葱、一眼望不到边际的林区自豪地说。官山林场是泾川县唯一的一处国有林场。

多年前，这里还是一片光山秃岭。1974年，官山林场响应党的号召，植树造林。从一棵刺槐栽起，经过多年绿化护林，昔日荒山秃岭、满目凄凉的千沟万壑，如今披上了绿装，绿树成荫，山川秀美。

官山原来住着百十户人家，饱受水土流失和克山病、大骨节病的折磨，几百口人中竟挑不出一个适合当村干部的人。1976年，时任县委书记的宋拴民下决心把乡亲们搬到了塬上，又组织3000多名群众，大干10多天，种下了满山刺槐。如今，这1000多公顷的沟坡上，已是绿树成荫、鸟语花香，官山林场也成了甘肃省第一个青少年生态环境教育基地。那时候，宋拴民背着干馍，领着两个技术员一条沟一条沟地跑，一座山一座山地查。人们都说，是干部的汗水浇绿了这一片荒山。

林场办公楼前，矗立着一块写有“甘肃省实现绿化第一县”的巨碑，记录着泾川人民几十年来用汗水浇灌林区，染绿沟沟坎坎，美化环境、改善生态的历程。

泾川官山，十万洋槐。初夏时节，走进官山，槐花香令人闻之欲醉。汽车在宽阔的马路上行驶，越是靠近林场，树木便越是茂密。进入林区，不时出现雉鸡、中华麻头鸭的身影。宋文元说，林子里的野生动物很多，还有野兔、豹猫、果子狸、獾、野猪等。

（二）泾川的树种到了人民的心中

原梁村可以说是泾川生态建设的一个缩影。20世纪60年代末，刚刚脱下绿军装的梁买子当上了村支书。当他满怀热忱地带领大家种树时，乡亲们却说，人是吃粮哩，还是吃树哩？那时全村900多口人，箍在1.9万亩瘦地上，一年下来，人均分不到100千克口粮，一个劳动日值不了3角钱。

不信邪的梁买子硬是带领大伙开始了植树造林的长征。先是刺槐填沟，固土保水；后是泡桐造林，桐粮间作；再是种植果树；现在是生态林、经济林、苜蓿草齐上。

阎志钦老人是飞云乡南峪村农民，几十年前他就联合乡亲们平整土地，栽种树木。树长起来了，他便自告奋勇当上了护林员。一年四季，松土、剪枝、灭虫，忙个不停，有时带几个干馍上山进沟，晚上就睡在小树下。“天作帐，地当床，绿树就是他的小儿郎。”小树悄悄地长大了，老人悄悄地离去了。他的生命长进了树木的绿叶和年轮里。

泾川人用爱和生命改变了家乡的面貌。实践证明，发展林业是泾川县的一大优势，它不仅符合黄土高原沟壑区的自然规律，而且对控制水土流失、改变农业生产条件和提高农民生活水平有着巨大作用。大力发展农田林网、塬边防护林、护岸林和沟坡、沟底水保林，能够保塬固沟，整治水土流失。位于泾川县南塬东部的“一个流域”，面积40.5平方千米，通过改土治水，植树造林综合治理，初步控制水土流失面积30.3平方千米，占流域总面积的77.3%，同当地群众座谈后了解到，这个流域的大北沟，从1960年到1970年，沟头延伸在百米以上。1971年以来，经过综合治理，近十年时间，沟头延伸不到十米，一些造林较好的塬边、沟坡水土流失显著减轻。植树造林，加速绿化，既能以林养农，又能促进水分循环，增加雨量，对开发塬区农业生产条件好转起了积极的作用。1970年以后，飞云公社大搞改土、造林、种草，截至1980年年底，林木覆盖率达26.43%。林业的发展促进了粮食产量不断上升，全社总产量由60年代的300多万千克提高到现在的500万千克以上，增长40%，亩产超过百斤。随着林业的发展，集体经济收入不断增加，“四料”俱缺的困难逐步解决，人民的生活有了改善。

泾川人民就像舍弃生命追逐太阳的巨人夸父一样，用自己的汗水和生命与荒漠化较量，追求生机勃勃的绿色，改变了荒原的命运，也改变了自己的命运。他们穷则思变，经历了从农业林业到市场林业，再到生态林业的艰苦长征，不断改善了生态环境、生产环境和生活环境，形成了自然、社会、人的和谐统一。

泾川人民值得自豪。他们有一个值得信赖和尊敬的县委、县政府领导班子。每届领导班子，都坚持全心全意为人民服务的宗旨，把自己的精力专注到绿化荒山、造福人民的千秋事业中。泾川人民的做法不仅造福当代，而且造福后人；不仅惠及当地，而且为下游的人们挡住了扬尘和泥沙。

八、沙珠玉人民与风沙的抗争

沙珠玉乡位于青海省海南藏族自治州共和县中部，塔拉滩沙漠边缘，沙珠玉河下游。共和盆地处于季风气候边缘地区，而沙珠玉处在中心，气候干旱多风，沙漠化威胁日渐严重。

20世纪50—60年代，沙珠玉的风沙很大，每年春秋两季，一场风一刮就是两三天，一觉醒来，人被流沙困在屋子里的事情时有发生，屋里的人只好从窗户爬出来。肆虐的风沙，曾困扰着沙珠玉人的生活。每年春天，地里的种子要播两三遍，播一次被风刮走一次，播一次被黄沙盖上一次，老百姓苦不堪言。

（一）沙珠玉的治沙往事

新中国成立后，沙珠玉的沙患治理工作引起青海省委省政府的高度重视。

1956年，共和县塔拉滩地区的防沙治沙工作，成为青海省委省政府的重点工作之一。被沙患蹂躏了百余年的沙珠玉人，开始了防沙治沙的漫漫征程。

1958年，青海省农林厅委派孙世杰在沙珠玉乡成立防风治沙林场，开展防沙治沙工作；1959年5月，中国科学院领导、青海治沙队、北京大学、北京林学院联合对沙珠玉地区的沙漠分布情况做了调查，并对沙珠玉地区防沙治沙的可能性做出了评估。

也就是在这一年，以赵文轩为代表的第一代治沙人，响应党的号召，从祖国的大江南北来到青海支援西部建设，在沙珠玉开展了人工固沙、沙地育苗等九大重点工作。他们在场长孙世杰的带领下，开始技术攻坚，将改变沙珠玉人命运的誓言，写在了漫漫黄沙之上。

林场成立之初，条件十分艰苦，风小的时候，林场的工作人员还能紧挨着住在帐篷里，风大的时候，他们就只能搬进冰冷的“地窝子”。

黄沙在沙珠玉几乎无处不在，甚至就连吃的饭里都是扑簌簌的黄土面和硌牙的黄沙粒，可就是这样，第一代治沙人在沙珠玉的沙梁沙岗上扎下了根。

（二）沙珠玉每天都在上演群众与风沙斗争的场景

1962年，青海省农林厅在沙珠玉成立了首个治沙试验站，并开始向沙珠玉人推广种树治沙技术，从那一年开始，一代又一代的村民与治沙专家在沙漠里，书写出一段段感人的治沙故事。

沙珠玉乡9个村庄被沙漠围困，不得不整体搬迁。风沙催逼下，交通中断、沙进人退、耕地掩埋的情况时有发生。村民每年反复播种两三遍庄稼，到了秋天才能有一点收获。因此，大家用“风沙埋农田，种籽露地面，沙丘压庄园，风过苗枯干”来形容生产生活的现实景象。

在退休老干部杨兴林的记忆中，沙珠玉每天都在上演群众与风沙斗争的场景。有一次，沙珠玉乡政府的职工们去食堂吃午饭，吃完饭返回的路上听到一声巨响，跑回去一看，原来是屋顶的沙子压断烟囱后房梁掉了下来。如果大家伙儿稍微晚一点出来，后果不堪设想。

后来，治沙专家和村民一起探索“绿色之路”。他们将天然黑刺的种子收集起来，用麦草做沙障，撒上黑刺种子，再从家里一桶一桶地运水浇灌。经过多年细心呵护，大部分黑刺成活了，荒漠中渐渐出现了一丝丝绿意。

从1966年开始，各村的农牧民都加入到了治沙队伍中，大家一起栽种防风林、种植树木。据有关部门统计，当时沙珠玉已经初步建立起一个总面积43公顷的治沙式样板地。但是，由于缺乏统一规划，村民种树效率不高，也没有形成防风林。

段庆光说，受到技术水平制约，那时候沙珠玉种树的成活率很低，“年年植树不见林”的现象很严重，群众的热情并不高。即便如此，一年又一年，在科技人员的努力下，人们终于消除了沙珠玉种不活树的认知，这为日后的治沙造林工作在沙珠玉全面展开奠定了基础。

1972年，沙珠玉公社动员群众在风沙危害最大的地区，开展植树造林和设置防沙障两项工作。沙珠玉人希望通过这两项措施，减少风沙的侵害。

贯穿耐塔海大队的一条全长3千米的干渠就是在这一年修建的。新修建的干渠有效缓解了风沙淤堵河道的现象，这让沙珠玉人看到人工治沙的成效。群众植树治沙的热情被重新点燃，沙珠玉公社迅速成立造林治沙指挥部，一场声势浩大的全民造林治沙大会战，在沙珠玉贫瘠的土地上打响。

1973年10月，王占德被任命为沙珠玉公社书记。他总结前人的治沙经验，实地勘查了沙珠玉的沙源，广泛动员群众，在短短两年时间内种植树苗22万株，取得了显著的治沙效果。

1975年8月，王占德在参加西北8个省份农田林网化科技会议期间，赴新疆参观造林先进单位，这次参观坚定了王占德种树治沙的信心。

回到沙珠玉，王占德立刻召开党委扩大会议，提出“大干苦干七六年，造林株达五十万，人均达到一百株”的目标，并吸取以往“造林无规划，有林不挡沙，农田被沙压”的教训，由公社党委班子成员、治沙站科技工作者、生产队干部组成的造林规划小组，对沙珠玉一万多亩耕地，十多个村庄仔细勘查，并按照“农、林、牧统一安排，渠、路、林、田合理布局”的全面规划，绘就了沙珠玉植树治沙的蓝图。一场由党委领导、群众参与的植树治沙大会战在沙珠玉轰轰烈烈地打响。

1975年，青海省农林厅在沙珠玉成立专门的治沙队，建立林场种植苹果园，还专门从湟源县购买树苗，先抓好选苗育苗的工作，提出科学栽种法，每行栽种6棵树，每两棵树间隔1.5米，树坑深度为80厘米，并挖好斗渠引水浇灌，使防沙治沙工作进入了科学治理的阶段。

1976年，沙珠玉乡动员全体干部群众全面推开植树治沙工作，形成了“一户一人一车，干部群众齐上阵”的局面，场面十分感人。各大队还自办苗圃、统筹分工，全乡7个农业大队中有5位党支部书记担任队办林场的负责人，成为群众造林运动的带头人。

扎布达大队是沙珠玉公社1976年3月成立的。大队刚成立时，既要兴修水利，确保春播，又要安置群众，解决队员的住房问题。即便如此，大队党支部书记任国寿依旧接受了公社下达的植树任务，带领队员顶着七八级大风，白天黑夜地奋战在黄沙梁上，硬生生地将11万株树苗，种在了沙珠玉的大地上。

“那时候条件很艰苦，我们先是在村子附近种树，后来树越种越远，最远的地方离村子有十几千米，我们就以大队为单位，带着干粮，背着帐篷，到野外种树，一出去就是好几天。”豆格才让说，“我们吃的只有干馍馍，条件好的还能喝上一口茶，条件不好的地方，连茶都喝不上。”

当年，豆格才让所在的沙珠玉上村，大约有七八十名劳动力和半劳动力，他们全部参与到了种树造林的会战中，仅1976年一年，沙珠玉上村平均每人种树都在300株以上。

据当年的《青海日报》报道，沙珠玉1976—1977年连续奋战了两个春天，全公社新造了181条8米宽的农田护林带，造林面积达93公顷，同时还加宽了十余条原有的护林带，沙珠玉的环境条件得到有效改善。

九、赤峰市人民向沙魔宣战

内蒙古赤峰市属典型的干旱半干旱荒漠化地区，境内分布着浑善达克和科尔沁两大沙地，是我国受荒漠化影响最严重的地区之一，历史沙化土地总面积高达267万公顷，占全市总土地面积的32%。同时，赤峰市又位于燕山北麓，滦河、辽河的上游，是京津、辽沈地区的重要生态屏障，生态建设与保护工作不仅关系赤峰地区生态安全和可持续发展，更对建设我国北方生态安全屏障具有重要意义。

赤峰市松山区当铺地满族乡当铺地村东方红精神教育展馆始建于1972年，现在是松山区党员教育培训基地、赤峰市爱国主义教育基地。当铺地村的前身是东方红大队。

20世纪50年代，东方红大队生态脆弱，风卷黄沙铺天盖地。东方红大队干部群众在全国劳动模范、党支部书记陈洪恩的带领下，战天地、斗风沙，植树造林、改善生态，在彻底改变家乡面貌的同时，培育和锻造了“艰苦奋斗、再造山河”的“东方红精神”，成为鼓舞和激励几代松山人乃至赤峰人全力以赴、众志成城打造生态绿化工程的旗帜和火炬。

（一）在别无选择的情况下，这就是唯一选择

1950年，陈洪恩当上了当铺地村的村长。这个血气方刚的小伙子想的第一件事情就是如何治住风沙，保住耕地，多打粮食，让乡亲们吃饱饭。老百姓常说：“木能克土”“寸草遮大风”，他由此想到了通过种树来防风固沙。要种树，树苗在哪里？如今苗圃到处都是，而那时候，根本就没有卖树苗的地方。自己育苗吧，树种又无处可寻，就地取材吧，全村有200来棵小老树，挨棵地看一遍，看得人们直摇头，根本没有当树苗的材料。于是，他就发动乡亲们，谁家外村有亲戚朋友，就去砍一些树条子拉回来当树苗。这些从不同地方砍回来的七长八短的树条子，当树苗实在是秃子当和尚——将就，他们却如获至宝。在别无选择的情况下，这就是唯一的选择。

树条子栽上了。一场风沙过后，踪影皆无。陈洪恩和乡亲们又想方设法弄来

一批树条子，重新栽到沙丘上。他们为了防风，拣鹅卵石围成一个个树窝窝，为小树做一个襁褓。

为了解决干旱问题，他们千方百计为小树苗找水浇水，像母亲给孩子喂奶一样。然而，栽上了，死了！又栽上了，又死了！陈洪恩和乡亲们的信念没有死。春天栽不活夏天栽，夏天栽不活秋天栽，今年栽不活明年栽。4千米长的一段护岸林，他们整整栽了11次！

一次次的失败使他们聪明起来了。这些对造林知识一片空白的庄稼人终于摸索出了一套“倒坑埋干，翻窝植苗，立干造林，延迟插条”的造林法。就这16个字，不知让他们交了多少学费！在挖树坑时，把这坑的土倒到那个坑里，熟土翻到最底下，利于树苗生长。再用一米多高的树干做树苗，增强抗御风沙的能力，提高了成活率。

现在看来，这种造林法并不怎么高明，而就当时而言，这简直就是哥伦布发现了新大陆。

他们治沙的办法也很绝：一叫固沙，二叫熨沙，三叫压沙。固沙，就是植树造林，用树的根须把沙包固定住，使其不再漂泊四方；熨沙，就是想法子把沙包弄平整。先顺着风向在沙丘中挑出沟来，要靠肩挑人拉搬走200多万立方米的沙子。

他们在实践中还发明了“水拖沙龙”，把引来的河水挡住，让它往高处走，最后再往低处冲，比用人拉沙子省力得多；压沙，就是引洪淤灌，河水里有羊粪蛋、残枝败叶，使沙包地变得肥沃起来了。

沙魔就这样被驯服了，全村200多个沙丘变成了平展展的农田。他们在农田的周围修了水渠，在水渠的旁边又种上了树。水养树，树护渠，相得益彰。治沙造田以后，可以种些生长期长的庄稼了。原来粮食亩产只有45千克，到了1960年，粮食亩产达92.5千克。这是穷沙窝子从来没有过的奇迹！他们从沙龙手中夺回了自己的饭碗，开始收获创业的喜悦。十年的时间，穷沙窝子的人们扬眉吐气了！

（二）毛主席亲切接见了他

1958年12月，陈洪恩出席了全国第一次社会主义建设积极分子代表会议，毛主席亲切接见了他。这让陈洪恩彻夜难眠。

陈洪恩从穷沙窝子登上天安门观礼台，住在中南海，吃过周恩来总理设的国宴。陈洪恩和当铺地从此出了名。出了名的陈洪恩和当铺地并没有沾沾自喜，他们想干出一个更大的名堂来。无声的岁月在当铺地人的汗水中流走，当铺地人在穷沙窝子写出了岁月的辉煌。

几年后，清风把当铺地朗诵成一首绿色的诗篇。当铺地村，到处是盎然的生机和绿色，这片承载着痛苦的土地开始承载着光荣与梦想。4千米长的幸福路是一条正宗的林荫大道，高大的树冠在空中遥相呼应，形成一条绿色的长廊。路的两侧一排排农田防护林纵横交错，形成了一个个绿色的网格。如果把这些林网的主副带加在一起，长达40千米。网格里的庄稼齐刷刷，绿油油，平均亩产跨了“黄河”，而且还过了“长江”，后来又超了千斤大关。家家户户安居乐业，小日子过得红红火火。

从20世纪60年代开始，当铺地村就以治沙造林典型的身份走进了全国农业展览馆。而后，治沙造林的摄影图片和新闻报道连续不断地出现在各大媒体上。当人们看到航拍照片里如绿色棋盘的当铺地时，很难想象这里曾是茫茫沙海。

这些先进人物和先进事迹仅仅是三北地区亿万群众战天斗地、顽强拼搏的冰山一角。正是由于他们几十年如一日的艰苦奋斗、无私奉献，我们的生存环境才逐渐好转，生存空间得到有效拓展，我们有了改善生态环境、改变自身命运、创造美好生活的信心和勇气。这是深植于人民群众的洪荒伟力，这是中华民族不屈不挠精神的独特品质，这些星星之火，逐步成燎原之势，使伟大的三北工程应运而生，形成了大工程带动大发展的崭新局面。

第三节　启动实施三北工程是一项伟大的战略决策

三北工程启动之时，我国刚刚结束“文化大革命”、全党工作重心逐步转向经济建设，社会主义各项事业正在经历百废待兴、拨乱反正的时代阵痛。党中央站在时代之巅，高瞻远瞩，为彻底扭转三北地区生态环境恶化趋势，有效改善这一区域人民群众生产生活条件，英明决断地启动了三北防护林体系建设工程。

这项宏伟的跨世纪的生态建设工程，契合了三北地区各族人民治山治水、治穷致富的迫切愿望，代表了中华民族生存发展、富强复兴的根本利益。这项艰苦卓绝的工程承载的三北精神，在实施三北工程的伟大决策中孕育，在创造绿色奇迹的伟大觉醒中诞生，在改天换地的伟大智慧中发展，在接力奋斗的伟大工程中得到传承。

一、伟大的决策：三北工程与改革开放同步启动

伟大的时代开创了伟大的事业，伟大的事业孕育了伟大的工程。可以说，三北工程是一项与改革开放同步启动、开创了我国生态工程建设先河的历史性工程。

（一）三北工程破题开局

三北工程从酝酿筹划到启动实施，始终得到了党中央、国务院高度重视和亲切关怀，倾注了党领导集体的关爱和心血。党的第一代领导集体对三北地区的林业发展十分重视。1944年5月，毛泽东在延安大学开学典礼上说："要帮助老百姓订一个植树计划，十年内把遗留给我们的秃山都植上树。"新中国成立后，毛泽东曾多次号召造林绿化，发展林业。1956年3月，毛泽东以中共中央名义向在延安举办的五省（自治区）青年造林大会致贺电，向全国人民发出"绿化祖国"的伟大号召。1958年8月，在北戴河会议上，他说："要使我们祖国的河山全部绿化起来，要达到园林化，到处都很美丽，自然面貌要改变过来。"1964年，毛泽东对陕西、河南、安徽的负责同志说："前几年你们说一两年绿化，一两年怎么能绿化了？用二百年绿化了，就是马克思主义。先做十年、十五年规划，愚公移山，这一代人死了，下一代人再搞。"同样，周恩来总理对三北地区的林业发展寄予厚望。1966年2月，周恩来曾对林业部负责同志说："西北黄土高原搞了多少年造林啦？劳大功小，要很好总结经验……面对黄河流域28万平方公里水土流失区，只要有雄心壮志，有愚公移山的精神，就能战胜它。……我们不仅要恢复森林面貌，而且要发展得更好。植树造林是百年大计，总要坚持到21世纪。华北大有可为，西北更大有可为。"此外，刘少奇、朱德、董必武、谭震林等党和国家领导同志也对三北地区的林业付出过不少心血。

基于对改变三北地区生态局势的强烈愿望和建设三北工程的坚定决心，在

1977—1978年短短两年时间内，三北工程就完成了考察论证、规划设计、机构搭建、启动实施等一系列工作。1977年，农林部组织专家深入三北风沙区开展调查研究，提出了《关于加速西北地区林业建设的设想和建议》；1978年5月，国家林业总局召开三北防护林规划座谈会；同月，时任国家林业总局木材局工程师的关重尧给华国锋、邓小平写信，提出了《关于营造万里防护林带改造自然的意见》，邓小平、李先念、纪登奎、陈永贵对此作出了重要批示；8月，农林部向国务院上报了《关于风沙危害和黄河中游水土流失重点地区防护林建设规划的报告》；10月5日，李先念、纪登奎、陈永贵听取农林部关于三北防护林规划的汇报；11月3日，国家计划委员会批准《西北、华北、东北防护林体系建设计划任务书》；11月25日，国务院批转了国家林业总局《关于在“三北”风沙危害和水土流失重点地区建设大型防护林的规划》，三北工程正式启动。

决策之果断，行动之迅速，动作之密集，在我国大型国家基础建设项目史上实属罕见。1988年，邓小平同志专门为三北工程建设10周年题词“绿色长城”，极大鼓舞了工程建设战线广大干部群众的斗志。建设三北工程，倾注了毛泽东、周恩来、邓小平等老一辈革命家的心血，充分体现了党中央、国务院的胆识魄力和英明决断。

（二）三北工程扬帆起航

为进一步加强三北工程领导，切实做好工程建设组织协调工作，1978年11月2日，国务院办公室向“三北”工程建设区各省（自治区、直辖市）人民政府和国务院有关部门下发《关于成立“三北”防护林建设领导小组的通知》，成立了以国家农委第一副主任张平化为组长，国家农委副主任张秀山、林业部部长罗玉川、团中央书记高占祥3人为副组长，有关部委负责同志和省（自治区、直辖市）领导共21人为成员的“三北”防护林建设领导小组。领导小组的任务是：讨论和确定“三北”防护林建设的方针、政策和措施；研究制订“三北”防护林建设规划，审查各省份的长远和年度建设计划；督促检查计划执行情况，研究解决存在的重大问题。同时，明确林业部（现为国家林业和草原局）为工程建设主管部门，下设林业部西北、华北、东北防护林建设局，简称三北局（现为国家林业和草原局西北、华北、东北防护林建设局），地址设在宁夏银川，具体负责三北工程的规划、计划、督导、检查。三北地区各省自治区、直辖市在林业主管部门内部成立工程建设专管机构或固定专管人员，负责本省份工程建设的组织管理工作。工程建设范围内的地、县林业主管部门全权负责工程建设的组织管理工作。各乡镇林业站负责工程的组织实施工作。造林成果验收合格后，按林业行业内部的职责分工进行资源的经营管理，形成了从中央到地方，从决策到实施紧密结合的工程管理体系。

领导小组从三北工程启动初期开始，连续召开会议，针对工程建设不同时期出现的新情况、新问题，及时研究制定工程建设的方针、政策和措施，充分履行领导小组的组织协调职能，为推进工程建设顺利开展发挥了不可替代的作用。

1980年3月6—18日，“三北”防护林建设领导小组第一次会议在北京召开。会议由“三北”防护林建设领导小组组长、国家农委第一副主任张平化主持。林业部部长罗玉川作了《关于“三北”防护林体系建设情况和意见》的汇报。会议交流了经验，研究确定了防护林体系建设方针任务等重大问题。张平化作了总结讲话。会议认真学习了中共中央、国务院《关于大力开展植树造林的指示》和王任重在首都植树造林动员大会上的讲话。薄一波、余秋里、王任重等中央领导同志接见了与会代表，并作了重要指示。国务院副总理王任重指出，三北防护林体系的建设，是纳入国家计划的，国家一定会把这个事业坚持下去。同时传达了邓小平同志对加强三北防护林体系建设的重要指示：要乔灌结合，因地制宜地将种草和种地结合起来，迅速治住沙化对农田和人民生活的危害，而且要前进。

1981年3月8日，“三北”防护林建设领导小组第二次（扩大）会议在北京召开，张平化主持会议并发表讲话，就任务调整、重点和布局、范围、水土保持、农林牧矛盾、三北局的工作及投资问题提出意见。

1985年4月27日，“三北”防护林建设领导小组第三次会议在河北省石家庄市召开，国务委员、国家计委主任、领导小组组长宋平主持会议。会议旨在总结前期工程经验，讨论研究二期工程的任务、规划和措施。会议的召开对于巩固发展已经取得的成果，开拓“三北”防护林建设的新局面，具有非常重要的意义。宋平对三北防护林建设急需解决的问题提出意见，三北防护林建设是要经几代人长期努力才能完成的伟大事业，要持之以恒地干下去。宋平同志指出：要充分地、实事求是地评价和肯定三北一期工程建设的成绩，必须要树立长期奋斗、坚持不懈的战略思想，提出长远目标和总体规划，要广开门路、综合利用，发挥见效快的经济效益。同时计委同意将三北工程纳入重大建设项目，列入“七五”国民经济计划中。

1986年12月5日，“三北”防护林建设领导小组第四次会议在北京召开，宋平主持会议。会议听取了二期工程规划实施汇报提纲，宋平发表重要讲话，对巩固一期工程建设成果、推动二期工程更好发展以及林木加工利用、建设经费、人才培养和科研推广等问题，提出指导性意见。

二、伟大的觉醒：谱写人与自然重修旧好、和谐共生的动人篇章

1978年，党中央、国务院从中华民族生存与发展大计出发，决定建设西北、华北、东北防护林体系工程，开启了这项与改革开放同步、具有划时代意义的伟大事业。40多年以来，在党中央、国务院英明领导下，三北工程建设者战天斗地，艰苦奋斗，谱写了人与自然重修旧好的篇章。

（一）基于对中华民族长远发展的深刻洞察

20世纪80年代以前，三北地区森林植被稀少、生态状态脆弱、风沙危害严重，沙漠化土地无限扩展，风沙天数多，水土流失严重，粮食产量远低于全国平均水平，已经危及粮食安全，加之三北地区处于边疆地区，资源紧张、环境破坏、生态退化不仅已成为制约我国经济社会发展的瓶颈，而且已严重影响人民的生命健康和财产安全，影响中华民族的长远发展。生态环境是人类生存最为基础的条件，是我国持续发展最为重要的基础。三北地区生态建设，不仅是三北地区数亿人民的福祉所系，还关系到全国生态大局。为拓展生存和发展空间，保证子孙后代的永续生存，国务院批转《国家林业总局关于在三北风沙危害和水土流失重点地区建设大型防护林的规划》指出“我国西北、华北及东北西部，风沙危害和水土流失十分严重，木料、燃料、肥料、饲料俱缺，农业生产低而不稳”，需要“大力造林种草，特别是有计划地营造带、片、网相结合的防护林体系，是改变这一地区农牧业生产条件的一项重大战略措施”的重大战略决定。至此，三北

防护林体系建设工程（简称三北工程）正式启动实施，开创了我国大规模生态建设的先河。

（二）基于对生态建设规律的深刻把握

生态建设与人民生活息息相关，无数的例子证明，生态兴则人民富，生态美则生活安。中国共产党人牢牢抓住生态建设规律，通过生态改善来整体提高人民生活水平，把改善生态环境作为改善农牧业生产条件的重要措施，将改善生态环境作为发展生产力的有力抓手，把生态建设作为践行为人民服务初心使命的重要内容，实现了党对生态建设规律和经济发展规律的认识和实践上的一次升华，深度影响了国家经济社会发展全局。

抓生态就是抓粮食，抓生态就是抓经济，在改革开放之初，国家经济发展基础脆弱之时，以前所未有的魄力启动三北防护林体系建设，就是在深刻认识生态建设规律的同时，发挥林草建设的基础保障作用，以林草生态建设来巩固和助力经济社会发展。在保护好现有森林草原植被的基础上，采取人工造林、飞机播种造林、封山封沙育林育草等方法，营造防风固沙林、水土保持林、农田防护林、牧场防护林以及薪炭林和经济林等，形成乔、灌、草植物相结合，林带、林网、片林相结合，多种林、多种树合理配置，农、林、牧协调发展的防护林体系，取得了显著的成效。

（三）基于对人民群众是生态建设主体的深刻认识

三北工程建设始终坚持全国动员、全民动手、全社会办林业的建设方针，充分发挥社会主义集中力量办大事的制度优势，以大工程带动大发展，走出了一条中国特色生态建设之路。我们党在成立初期就明确：“党的一切运动都必须深入到广大的群众里面去。”林业是必须依靠千家万户、千军万马才能建设的，必须紧紧依靠人民。三北工程从第一期工程开始，人民群众始终是工程建设的主体，工程中的所有奇迹都是人民群众创造的。中国共产党根基在人民、血脉在人民、力量在人民。40多年的建设历程也表明，三北地区各族人民群众是工程建设的绝对力量，是工程久久为功的保证。工程建设坚持依靠人民群众，发动群众，建设成果由人民共享。包括三北工程在内的党的每一项伟大事业都凝结着人民群众的智慧、心血和汗水。

三、伟大的事业：深得人心的伟大工程

三北工程区主要包括水土流失和风沙危害两大类型区。这里气候干旱，森林植被稀少，生态失调，自然灾害严重，农牧业生产受到严重影响。人民生活贫困，有些地方群众的温饱问题，长期没有得到解决，燃料、饲料、木料、肥料俱缺。广大人民群众迫切要求改变这种状况。国家决定开展三北防护林体系建设，代表了人民群众的根本利益，受到广大干部和群众的热烈拥护，在国内外引起了积极的反响。一些外国通讯社发表消息，赞誉三北工程是“改造自然的伟大壮举”；一些世界性林业会议邀请我国代表介绍防护林的建设情况，表现出极大的兴趣；一些非洲国家多次来参观考察，学习我国治沙经验；联合国粮农组织积极提供援助，国外友人寄来捐款支持这项工程建设。华北、中南、西南的一些青年，写信给国务院、共青团中央、林业部，积极要求投身到“绿色万里长城”的建设中来。把自己当作一棵草，给荒漠增添一点绿色。许多专家、学者考证历史，发表文章，为工程建设献计献策。没有列入三北建设的一些县，纷纷要求加入。北京市人民政府也向中央提出了这样的要求，他们把参加三北建设看作是党和国家的关怀，是改造大自然的荣誉。由于这项事业深得人心，极大地激发了广大人民群众的积极性，他们克服了种种困难，保证了工程建设的健康发展。

生态性的灾难必须用改善生态的办法来解决。据考证，三北许多地方，过去森林密布，水草丰美，生态环境很好，但由于历史上的种种原因，生态环境被破坏，水土大量流失，风沙危害严重。这是大自然给予的惩罚。为了改变这种状况，人们曾做过多方面的努力，花费了巨大的精力和财力。但没有收到理想的效果。森林是陆地生态系统的主体，要解除这一地区的生态性灾难，就必须从改善生态环境出发，突出解决扩大森林植被问题。因此，开展三北防护林体系建设就抓住了关键，具有战略意义。

这项工程建设，吸取了历史的经验教训，不走单打一的老路，扩大视野，实行植被建设和经济建设结合，林、农、牧、水结合，生物措施和工程措施结合。这样，各项措施有机配合，互为补充，相得益彰，使防护林体系发挥了更为显著

的多种效益。许多区域性小气候发生了很大变化，1/3左右的县农业生态环境开始向良性循环转化，800万公顷农田得到了林网保护，许多地区风沙危害有所减轻，沙化速度明显减缓，水土流失得到不同程度的控制，烧柴奇缺地区约有半数农户的燃料问题得到缓解；一些地区木料、饲料、肥料缺少的状况有所改善。各地都涌现出许多先进典型。

整个工程的效益是巨大的。如果用价值计算，每年产生的效益相当工程总投资的数倍。随着建设规模的不断扩大，林龄的增长和管理水平的提高，它的效益必将越来越高。不难预见，这样坚持下去，解除这一地区的生态性灾难是大有希望的。千方百计地使群众早日得到经济收益，使群众摆脱贫困、逐步富裕起来，是开展三北防护林建设的出发点和目标。工程建设与群众的利益紧密结合，是一条重要原则。生产周期长，见效慢，当前收益小，潜在效益大，是林业的一个特点，这个特点在防护林方面更为突出。所以，能否使群众得到的实际利益早一些，多一些，关系到能否调动和保护群众的积极性，也关系到防护林建设的成败。

在建设中，各地都重视长、中、短结合，以短养长，发展工副业，开展多种经营，以副养林，充分利用资源，发展商品生产搞活经济，使群众增加收入。陕西省淳化县在防护林建设中，平均每人种植了半亩苹果、梨、桃、杏等各种经济林，群众很快增加了收入。甘肃省张掖县，适时更新利用农田林网和"四旁"的树木，1985年收入近千万元，3/4的农户盖了新房。陕西省靖边县利用沙柳搞编织，出口到日本等十几个国家，户年均收入近百元。山西省神池县有一个农民家庭林场，培育苗木3年收入4万多元。许多地区利用路边、河边、渠边、田边、房前屋后、滩地等栽种柳树，进行头木作业，培养柳椽，一般四五年即可成材利用，每株每年收入二三十元。结合林业，开展多种经营，有许多有利条件，路子很广。养羊、养猪、养鸡、养兔、养蜂、养鹿、养蚕；种草、种花、种药、种菜、种桑、种瓜；培育香菇、木耳；搞编织、搞加工等，见效都很快，收入都很大，各地积累和创造了丰富经验。有了正确的政策，又得到了现实的利益，群众在这项长远建设事业中保持了高度热情，工程建设充满了活力。

四、伟大的工程：人类改善生存条件的壮举

三北工程40多年的艰辛奋斗，其历程之光辉，变革之深刻，影响之广泛，成就之伟大，不仅镌刻于我国林业建设发展史，也载入了世界生态建设的史册。

（一）气魄恢宏壮丽的伟大工程

根据总体规划，三北工程建设范围包括北京、天津、河北、山西、内蒙古、辽宁、吉林、黑龙江、陕西、甘肃、宁夏、青海、新疆13 个省（自治区、直辖市）的551个县（市、区、旗）和新疆生产建设兵团，建设总面积406.9万平方千米，占我国国土总面积的42.4%。工程规划从1978年开始到2050年结束，历时73年，分三个阶段、八期工程建设。规划造林3508万公顷，力争到2050年，工程区森林覆盖率由5%提高到14.95%，林木蓄积量由7.2亿立方米增加到42.7亿立方米，平原和绿洲的农田全部实现林网化，风沙危害和水土流失得到有效控制，生态环境和人民群众的生产生活条件从根本上得到改善。

1．“跨世纪工程”。三北工程规划期限73年，从1978年开始，将持续建设到2050年。就工程时间长度而言，三北工程是当之无愧的跨世纪工程。工程建设期共分三个阶段：第一阶段为1978—2000年，第二阶段为2001—2020年，第三阶段为2021—2050年。分为八期工程建设，第一期工程为1978—1985年，第二期工程为1986—1995年，第三期工程为1996—2000年，以后每10年为一期工程进行建设。当前，第五期工程（2011—2020年）已圆满结束，正全面开启第六期工程（2021—2030年）建设。

2．“跨地区工程”。三北工程是人类历史上规模宏大的一次改造自然的行动，地跨东北西部、华北北部和西北大部分地区，范围东起黑龙江省的宾县，西至新疆维吾尔自治区乌孜别里山口，包括北京、天津、河北、山西、内蒙古、辽宁、吉林、黑龙江、陕西、甘肃、青海等11个省（自治区、直辖市）的部分，以及宁夏、新疆两个自治区及新疆生产建设兵团的全境，接近我国的半壁河山。地貌类型囊括了我国的三大高原（内蒙古高原、黄土高原、青藏高原的一部分）、三大盆地（塔里木盆地、准噶尔盆地、柴达木盆地）、五大平原（东北平原、华

北平原、河套平原、汾渭平原、河西走廊）和十一大山系（阿尔泰山、天山、昆仑山、阿尔金山、祁连山、六盘山、贺兰山、吕梁山、阴山、燕山、大兴安岭的西段）。

3．“跨行业工程”。三北防护林体系是用人力兴建大规模生态保护修复工程的办法，在我国西北、华北北部和东北西部，建设一个农林牧、土水林、多林种、多树种、带片网、乔灌草、造封管、多效益、产加销的绿色综合体。三北工程建设内涵和事业的长期性、艰巨性，要求工程建设必须充分调动各方面的积极因素。在工程建设中，必须遵循全党动员、全民动手、全社会办林业、全民搞绿化的建设方针，充分依靠各行各业、各部门和地方驻军，统筹整合国土、农业、水利、林草等多部门资源要素。必须把工程建设由部门层面提升到政府层面，将行业行为拓展为社会行为，有效调动生产要素向三北工程聚集涌动。

4．“跨学科工程”。三北工程丰富和实践了生态经济学、生态恢复学和可持续发展理论、探索出了一套适合三北地区区情的生态治理技术路线，走出了一条具有中国特色的防护林体系建设道路，为建设生态文明探索了路子。三北工程利用生态经济学理论，确保在开发、利用和改造自然界的过程中，实现生态、经济效益最大化。自20世纪80年代开始，三北工程确立了生态经济型防护林体系建设的指导思想，并在生产实践中进行了卓有成效的探索，在山西昕水河流域等重点区域取得了巨大成功。三北工程充分应用生态恢复学理论，按照因地制宜、因害设防、分类指导、分区施策的原则，有计划、分步骤进行林草植恢复和建设，旨在逐步形成系统稳定、结构完备、功能完善的林草生态系统。经过40多年建设，目前一些重点治理区域的林草植被已得到有效恢复，并形成了稳定的生态群落。三北工程应用可持续发展理论，针对风沙危害、水土流失、农业生产低而不稳等问题，着眼于改善生态环境、改善生产生活条件、拓展生存发展空间等长远目标，突破资源环境约束，增强区域经济社会发展生态保障能力，是我国乃至世界遵循可持续发展理念的生动实践。

（二）开创我国生态工程建设先河的伟大工程

三北工程是我国启动的第一个重点生态建设工程，开创了中国生态建设的先河，开启了中国生态文明建设的序幕。40多年来，三北工程探索出了一套适合三北地区区情的生态治理技术路线，走出了一条具有中国特色的防护林体系建设道路，已成为生态文明建设的先行者。三北工程在组织领导、监督管理、政策机制、治理模式、造林技术等方面进行了成功的探索，积累了丰富的经验，成为推动我国生态建设的“孵化器”。

在建设三北工程的过程中，三北人民坚持“因地制宜、因害设防、先易后难、由近及远”的建设原则；坚持尊重自然、顺应自然、保护自然的基本方针；着重抓好平原与绿洲农田防护林、黄土高原水土保持林、四大沙地防风固沙林和山地水源涵养林四大建设重点；坚持适地适树，多林种带、片、网结合，乔、灌、草结合，造、封、管结合；大规模集中连片地构建以林草植被为主体的区域性防护林体系，等等，创造了一系列成功的模式和经验，为我国实施重大生态修复工程发挥了开创性的巨大作用。

1978年11月三北工程启动后，我国相继启动实施了一批林业生态建设工程：1983年太行山绿化工程启动，1987年平原绿化工程启动，1988年沿海防护林体系建设工程启动，1989年长江流域防护林体系建设工程启动，1998年天然林资源保护工程启动，2000年京津风沙源综合治理工程启动。三北工程与上述林业生态工程一起，共同构筑起我国生态保护修复事业的基本框架。

第二章 三北精神的形成和发展

伟大事业孕育伟大精神，伟大精神引领伟大事业。我们党的伟大精神是在烽火熔炉中锻造出来的，是在战天斗地中淬炼出来的，是在改革创新中熔铸出来的。同样，三北精神不是天上掉下来的，更不是别人恩赐的，而是在我们党的正确领导下，从三北工程具体实践中得来的；三北精神也不是一朝一夕形成的，而是三北地区亿万人民经过几代人的艰苦创业，几十年如一日持续坚守，用青春、热血甚至生命铸就的。40多年风雨同舟，40多年披荆斩棘，40多年砥砺奋进，三北精神浴火而生，历久弥新。在新时代新征程上它犹如灯塔，不断激励着三北工程建设者砥砺奋进，创造着荒山变青山、青山变“金山”的绿色奇迹，见证着物质变精神、精神变物质的唯物辩证法。

三北工程横跨祖国半壁河山，地域范围之广，时间跨度之长，建设任务之艰，举世罕见。如果没有一个强有力的领导者，工程建设很难推进下去。在我国风沙危害和水土流失严重的北方地区建设三北防护林体系，是党中央站在中华民族生存和发展的长远大计角度作出的重大战略决策，倾注了党和国家几代领导人的心血。正是有了中国共产党的坚强领导，集中力量办大事才有了主心骨，三北工程建设才有了最有力的政治保障。正是中国共产党引领人民绘就了一幅波澜壮阔、气势恢宏的历史画卷，谱写了一曲感天动地、气壮山河的奋斗赞歌。

党中央、国务院一直以战略眼光，高度重视、密切关注、持续推动三北工程建设。中国改革开放和现代化建设的总设计师邓小平同志既是三北工程上马的主要决策者，又是三北工程建设的推动者。1988年，在三北工程建设十周年之际，邓小平同志为三北工程亲笔题词“绿色长城”。1991年，江泽民同志发出了“全党动员，全民动手，植树造林，绿化祖国”的号召，之后，又进一步提出了“大抓植树造林，绿化荒漠，再造一个山川秀美的西北地区”的宏伟目标。1991年和1993年，江泽民、李鹏同志两次联名致信三北工程暨防沙治沙大会，要求“各级党委政府把三北防护林及防沙治沙工作列入重要议事日程，经常加以研究，切实加强领导，动员广大群众、科技人员和其他方面力量，真抓实干。”党的十五届五中全会明确指出：“加强生态建设，遏制生态恶化。大力植树种草，推进东北、华北、西北防护林体系建设”，把三北工程推向了21世纪。

2006年以来，胡锦涛同志多次深入三北地区考察生态建设，明确指出：“要大力加强防沙治沙工作，努力实现由‘沙逼人退’到‘人逼沙退’的转变。”2005年3月，温家宝同志在中央人口资源环境工作座谈会上，强调要“继续推进以三北防护林为重点的防护林体系建设，提高森林覆盖率”。2009年，国务院办公厅发布了《关于进一步推进三北防护林体系建设的意见》，表明了党中央、国务院持续推进三北工程建设的坚定决心。

党的十八大以来，以习近平同志为核心的党中央高度重视社会主义生态文明建设，把生态文明建设纳入“五位一体”总体布局，融入经济建设、政治建设、文化建设、社会建设各方面和全过程。习近平总书记对生态文明建设作出一系列重要论述。这些重要论述内涵丰富，思想深刻，为建设生态文明和美丽中国提供了基本遵循，也对林业草原建设和三北工程建设指明了方向。近年来，习近平总书记对三北工程作出了一系列重要指示并多次深入三北地区有关省份考察，对加强三北防护林、推进生态工程建设、筑牢国家生态安全屏障和发扬三北精神提出了许多具体要求。

2012年9月，习近平总书记在山西省委上报的《关于学习弘扬右玉精神情况的报告》上作出重要批示：“右玉精神体现的是全心全意为人民服务，是迎难而上、艰苦奋斗，是久久为功、利在长远。”

2016年7月，习近平总书记在宁夏考察时强调，“要持续推进天然林保护、三北防护林、封山禁牧、退耕还林还草、防沙治沙等生态建设工程，深入实施蓝天、碧水、净土三大行动，全面提升自然生态系统稳定性和生态服务功能”。

2016年8月，习近平总书记在青海考察时强调，青海生态地位重要而特殊，必须担负起保护三江源、保护“中华水塔”的重大责任。……要加强沙漠化防治、高寒草原建设，退牧还草、退耕还林还草、三北防护林建设，加强节能减排和环境综合治理，确保“一江清水向东流”。

2017年8月，习近平总书记对河北省塞罕坝机械林场建设者感人事迹作出重要指示，河北省塞罕坝机械林场用实际行动诠释了“绿水青山就是金山银山”的理念，铸就了牢记使命、艰苦创业、绿色发展的塞罕坝精神。

2017年9月25日，习近平等党和国家领导人前往北京展览馆，参观“砥砺奋进的五年”大型成就展，集体参观了“三北防护林体系建设工程（1978—2050）示意图”。

2017年12月，习近平总书记在中央经济工作会议讲话中指出：“从塞罕坝林场、右玉沙地造林、延安退耕还林、阿克苏荒漠绿化这些案例来看，只要朝着正确方向，一年接着一年干，一代接着一代干，生态系统是可以修复的。”

2018年3月5日，习近平总书记参加十三届全国人大代表一次会议内蒙古代表团审议时强调，“要加强生态环境保护建设，统筹山水林田湖草治理，精心组织实施京津风沙源治理、三北防护林建设、天然林保护、退耕还林、退牧还草、水土保持等重点工程”，“加强荒漠化治理和湿地保护，加强大气、水、土壤污染防治，在祖国北疆构筑起万里绿色长城”。

2018年11月，在三北工程建设40年之际，习近平总书记对三北工程建设作出重要指示，特别强调“三北工程建设是同我国改革开放一起实施的重大生态工程，是生态文明建设的一个重要标志性工程”。他指出，“要坚持久久为功，创新体制机制，完善政策措施，持续不懈推进三北工程建设”。这为新时代三北工程建设提供了根本遵循，注入了强大动力！

李克强同志作出批示，“40年来，经过几代人的艰苦努力，三北防护林体系建设取得巨大成就，在祖国北疆筑起了一道抵御风沙、保持水土、护农促牧的绿色长城，为生态文明建设树立了成功典范。”

2019年8月，习近平总书记来到甘肃省武威市古浪县八步沙林场考察时指出，八步沙林场“六老汉”的英雄事迹早已家喻户晓，新时代需要更多像“六老汉”这样的当代愚公、时代楷模。要弘扬“六老汉”困难面前不低头、敢把沙漠变绿洲的奋斗精神，激励人们投身生态文明建设，持续用力，久久为功，为建设美丽中国而奋斗。

2020年5月，习近平总书记在山西考察时指出："你们这里是华北水塔，京津冀的水源涵养地，是三北防护林的重要组成部分，是拱卫京津冀和黄河生态安全的重要屏障。"他又特别强调要弘扬"右玉精神"："各级领导干部要有'功成不必在我、功成必定有我'的境界，不要搞急功近利的政绩工程，多做一些功在当代、利在长远、惠及子孙的事情。"

2021年8月23日下午，习近平总书记考察河北省塞罕坝机械林场时再次强调："塞罕坝林场建设史是一部可歌可泣的艰苦奋斗史。你们用实际行动铸就了牢记使命、艰苦创业、绿色发展的塞罕坝精神，这对全国生态文明建设具有重要示范意义。抓生态文明建设，既要靠物质，也要靠精神。要传承好塞罕坝精神，深刻理解和落实生态文明理念，再接再厉、二次创业，在实现第二个百年奋斗目标新征程上再建功立业。"

习近平总书记的多次重要指示，充分肯定了林草建设和三北工程建设取得的巨大成就，充分肯定了三北地区广大干部职工和人民群众付出的艰辛努力，为新时代推进三北工程建设指明了前进方向、凝聚了精神动力。

40多年来，在党中央、国务院的关怀与推动下，三北工程建设不断深入推进，亿万人民齐心协力劈开万重沙，铺就康宁的幸福路，让这曾经荒蛮的土地重放光彩，使饱受生态恶化之苦的三北人民重展笑颜。是中国共产党高瞻远瞩的英明决策，为三北工程建设指明了前进的方向；是中国共产党人民至上的真挚情怀，给老百姓带来了实实在在的生态红利。

第一节　三北工程艰苦奋斗的实践淬炼了三北精神的内核

在中国共产党的集中统一领导下，中国发挥"全国一盘棋、上下一条心"的政治优势和组织优势，充分发掘和调动广大人民群众建设生态文明的积极性、主动性和创造性，使人民群众自觉接受与认可生态文明理念，并自愿以全新的姿态全身心投入这一宏伟事业中。同时，各级党委、政府牢固树立"绿水青山就是金山银山”的理念，各级党组织和广大党员干部充分发挥战斗堡垒作用和先锋模范作用，制订方案、调配力量、层层传导压力，把党中央重大决策部署一竿子插到基层、落到一线，使党的强大政治优势、组织优势和作风优势转化为工作优势，切实做到守土有责、守土担责、守土尽责。全国上下形成了团结一心、众志成城的强大合力，汇聚起了生态文明建设的“硬核”力量。

一、不负重托，不辱使命，把心血和智慧奉献给三北防护林建设事业

回顾三北精神的产生、形成和发展的历程，探寻精神的源头，如同打开一本忠于党、忠于国家、忠于人民、忠于使命的宣言书。三北地区各级党委、政府和党员干部始终忠于党的事业，把三北工程作为地方重要的“生态工程”和“富民工程”来抓，带领三北地区各族干部群众接续奋斗，用几代人的坚持践行着党的初心使命，用实际行动诠释了对党的事业绝对忠诚。

（一）“右玉要想富，就得风沙住”

右玉县地处山西省西北端，位于山西、内蒙古交界的风口，距离毛乌素沙漠不到100千米，素有山西“北大门”之称。这里曾是一片风沙成患、山川贫瘠的不毛之地。

1975年11月至1983年9月，常禄担任右玉县委书记，在右玉的土地上奋斗了8年。特别是三北防护林建设启动后，借着这股生态建设的强劲东风，他带领全县人民种了70多万亩的树。到1983年离任时，全县人工造林面积达110.75万亩，林木绿化率达37.5%，成为山西省第一个完成宜林荒山造林的县。他不仅坚守了蓝图，而且实现了林木面积突飞猛进的增长，让不毛之地初变绿洲。

1983年9月，袁浩基担任了第十二届右玉县委书记。他与县长姚焕斗经过多次深入基层考察调研，共同研究提出了“种草种树，发展畜牧，促进农副，尽快致富”的农业发展“十六字”方针，改变过去单一搞生态林的思维，多种经营、多种效益同步发展。开启了右玉绿化大业从“求生存”向“谋发展”的历史性转变。

进入20世纪90年代，右玉经历了三届县委政府班子，他们始终坚持植树造

林、绿化右玉大地。1992年，右玉成为全省首批基本绿化县，并被授予“全国治沙先进单位”“三北防护林体系建设第一期工程先进单位”荣誉称号。1995年，乔、灌、草混交，针、阔、花同步，高标准完成了23千米新旧县城通道绿化，德国专家称赞“绿色通道”工程是“现代万里长城”。

进入21世纪，县委书记高厚带领全县人民，汇聚民智，规划了三大战略——“移民并村撤乡强镇战略、退耕还林还草还牧战略、种植业结构调整战略”，促使农村区域布局与经济发展的总体规划相统一，加快结构调整，推进产业化经营，转变增长方式，为农村经济发展拓展出更大的空间。

2004年，县委书记赵向东提出，右玉需要脱胎换骨式的飞跃。新一届右玉县委确立了“建设富而美的新右玉”的奋斗目标，以实施三北工程等国家重大生态工程项目为重点，坚持项目建设与生态恢复相统一，资源利用与环境保护相协调，经济增长与生态良好相一致。此后10余年间，右玉县委几任领导班子坚持发展绿色经济，在加强生态建设的同时，积极推进绿色生态向生态经济转变的发展模式，大力开发生态农业、生态工业、生态旅游“三大”生态产业，生态建设全面提档，生态产业整体增效，切实做到了绿色惠民。

2016年，第二十届右玉县委班子接过绿色接力棒，坚持“绿水青山就是金山银山”，贯彻落实五大发展理念，围绕“提升绿水青山品质、共享金山银山成果”主题，大力实施脱贫攻坚和旅游兴县战略，以生态建设为基础，以项目建设为支撑，以民生改善为根本，以全面从严治党为保证，努力打造全省绿色发展样板，加快了美丽右玉建设进程，新时代右玉精神也在不断地扩展和完善。

70多年来，右玉县20任县委书记围绕植树造林的主题，一张蓝图绘到底。从20世纪50年代“哪里能栽哪里栽，先让局部绿起来”到60年代“哪里有风哪里栽，要把风沙锁起来”，从70年代“哪里有空哪里栽，再把窟窿补起来”到80年代“适地适树合理栽，再把三松引进来”，从90年代“乔灌混交立体栽，绿色屏障建起来”到新世纪“退耕还林连片栽，山川遍地靓起来”，再到新时代“绿水青山秀塞外，金山银山富起来”。正是右玉县历任党政领导班子立足客观实际、着眼长远发展，团结带领人民群众以愚公移山的精神改造和保护生态环境，才把一个森林覆盖率只有0.3%的“不毛之地”变成了森林覆盖率达57%的“塞上江南”，才打造了美丽中国的“右玉样板”。右玉先后荣获全国造林绿化先进县、全国绿化模范县、国土绿化突出贡献单位、首批国家生态文明建设示范县、“绿水青山就是金山银山”实践创新基地等荣誉称号，成为国家级生态示范区、国家可持续发展实验区、全县域国家4A级旅游景区、中国低碳旅游示范地、美丽中国示范县、中国深呼吸小城、首批全国全域旅游示范区创建单位。

习近平总书记十分关注右玉、关心右玉精神，多次对右玉精神作出重要指示批示。2011年3月1日，习近平在中央党校开学典礼上作“关键在于落实”的讲话，首次专门提到右玉精神。2012年9月28日，习近平对右玉精神作了高度概括。他在中共山西省委上报的《关于我省学习弘扬右玉精神情况的报告》的批示中指出：“右玉精神体现的是全心全意为人民服务，是迎难而上、艰苦奋斗，是久久为功、利在长远。”2015年1月12日，习近平在人民大会堂主持召开座谈会，同“中央党校第一期县委书记研修班”200余名学员畅谈。座谈中，习近平总书记再次讲到了右玉历届县委带领人民群众治沙造林的故事，他要求大家要有“功成不必在我”的境界，“像接力赛一样，一棒一棒接着干下去”。2017年6月和2020年5月，习近平总书记两次在山西考察时，都特别强调并高度评价了右玉精神。

（二）由“黄”到“绿”的历史性转变

延安位于陕北黄土高原丘陵沟壑区，是中国革命圣地。历史上的延安曾是“水草丰茂、牛羊塞道”的富庶之地，后来由于过度放牧、屯垦和战争等多种原因，林草植被遭到毁灭性破坏，水土流失严重。20世纪90年代，延安年入黄泥沙量占全国入黄泥沙总量的1/6。“下一场雨，脱一层皮，累死累活饿肚皮”是当时延安人民生活的真实写照。

自1978年三北工程启动以来，历届延安市委、市政府按照“整流域治理、规模化推进”思路，坚持一座山接着一座山治，一条沟接着一条沟绿，一代接着一代干，一张蓝图绘到底，开展了大规模、群众性造林会战，走出了一条依靠人民群众推进工程建设的成功之路，推动“圣地延安”生态状况发生了由“黄”到“绿”的历史性转变。40多年来，全市累计完成造林面积230余万公顷，森林覆盖率由新中国成立初的不足10%恢复到现在的46.3%；年降水量由300多毫米增加到550毫米以上；累计治理水土流失面积1.56万平方千米，土壤侵蚀强度明显减弱，年入黄泥沙量由2.58亿吨减少到0.31亿吨。

40多年来，延安市委、市政府先后出台了《关于加快林业产业发展的意见》《关于加快以苹果为主的绿色产业发展的决定》等，规定除国家补助外，市县对新建经济林，每亩额外补助不少于100元；对改造的低产经济林，每亩额外补助不少于50元等优惠政策，极大地调动了农民投身工程建设的积极性，全市以苹果为主的特色经济林不断发展壮大，成为农民增收致富的支柱产业。目前，全市苹果面积达24万公顷，年产值突破100亿元；花椒、核桃、红枣等干杂果面积16.7万公顷，年产值12.8亿元；林下经济产值1.2亿元；森林旅游业收入突破1.2亿元。2017年，全市林业总产值达到131亿元，农民人均可支配收入达1.15万元，其中一半以上来自苹果产业收入。

40多年来，延安市委、市政府坚持把生态建设与推进新型城镇化、实施乡村振兴战略相结合，着力打造“看得见山，望得见水，记得住乡愁”的人居环境，加快中心城区、县城、重点镇、农村社区绿化美化以及城镇小区、水岸、道路等生态廊道建设，全市道路绿化覆盖率98.5%，水岸绿化覆盖率96.1%，城区绿化覆盖率42.7%，人均公园绿地面积14.5平方米，延安先后获得“国家森林城市”“国家园林城市”等荣誉称号。率先在全省制定美丽宜居示范村、生态村、清洁村建设标准，打造山清水秀、环境优美、生态宜居的城乡环境。截至2021年，已建成全国绿色村庄16个、省级示范村15个、市级示范村242个、生态村600个。

（三）“固科尔沁风沙，建生态屏障”

辽宁省彰武县，地处内蒙古科尔沁沙地南部，多年来风沙肆虐，灾害频繁。彰武全县沙化土地面积占全县总面积的96%，占辽宁全省沙化面积总量的1/4，是辽宁省最大的风沙区。

1978年，彰武县列入三北防护林工程建设重点县，彰武林业发展迎来了历史上最具时代意义的转折点。自此，彰武全县上下苦干实干，他们以“固科尔沁风沙，建生态屏障，兴县域经济，富一方百姓”为目标，大力推进造林绿化工作。县委、县政府把沙地综合治理与农民脱贫致富和农业产业结构调整相结合，坚持在统一规划的基础上，集中全部的人力、财力、物力和时间，投入防沙治沙。

他们从深化林业体制、投资机制、造林形式的变革入手，变过去的以国家、集体造林和投入为主，为目前的以个人造林和投入为主，实行承包、联合、股份合作、租赁、拍卖、转让等各种经营方式和多种所有制共存的经营体制。彰武县先后出台了《关于进一步加快林业发展的17条优惠政策》《彰武县植树造林奖励办法》等政策措施，重奖治沙造林中有突出贡献的先进集体、先进个人和造林大户，全方位调动广大群众防沙治沙的积极性和创造性。

2018年，彰武县个人治沙造林面积累计达4.8万公顷，涌现出典型治沙造林大户136户，个人造林累计投入资金达2.2亿元。今天，彰武县已是平原着绿，荒山披锦，一道道绿色屏障横贯在辽蒙边界，蜿蜒于养息牧河畔。这颗绿色的塞北明珠正在浩瀚的沙漠林海中熠熠生辉。

（四）“生态就是财富，生态就是民生”

毛乌素沙地一直是三北防护林建设的重点区域，而榆林的防护林建设又是重中之重，榆林是我国风沙危害和水土流失最为严重的地区之一，是三北工程建设的重点区域和全国防沙治沙综合示范区。40多年来，榆林市历届党委、政府组织带领广大干部群众，发扬艰苦奋斗、愚公移山的精神，坚持不懈地推进三北工程建设，取得了十分明显的生态、经济和社会效益。

近年来，榆林市委、市政府深刻认识到生态建设是榆林经济发展的“保障线”和人民生存发展的“生命线”，充分发挥各级政府的主导作用，牢固树立“生态就是财富，生态就是民生”的发展理念。在实现由“沙逼人退”到“人逼沙退”的转变后，全市又提出了大思路谋划、大政策保障、大开放促进、大项目带动的生态建设总体要求，全力打造绿色榆林、美丽榆林、生态榆林，努力建设“塞上生态名市”。为此，制定了建设百万亩樟子松、百万亩长柄扁桃、百万亩红枣等十大林业重点工程发展规划，计划用十年时间，投资100亿元，造林67万公顷，并出台了《榆林市生态林业建设实施意见》等一系列政策性文件。同时，将生态建设纳入政府目标责任考核体系，全面推行领导任期目标责任制，层层签订责任状，一级抓一级，实行一票否决制，全市上下形成了“党委决策、人大监督、政府实施、政协参与”的生态建设组织领导体系。

40多年来，榆林市历届党委、政府秉承“为官一任、绿化一方”的宗旨，把生态建设作为基本市策和长期发展战略，几十年如一日，领导班子虽然换了十几届，但发展规划始终不变，工作力度始终不减，坚持同唱一台治沙戏，共念一本植树经，一任接着一任干，一张蓝图绘到底，涌现出了一大批“治沙书记”“造林县长”。全市林木保存面积从1949年的4万公顷提高到2021年的144万公顷，林木覆盖率从0.9%提高到33%。治理沙化面积2.44万平方千米，使境内57万公顷流沙全部得到固定或半固定。陕西的绿色版图因此向北推进了400余千米，成为我国第一个完全“拴牢”流动沙地的省份。

（五）“拔除柯柯牙这个沙源”

阿克苏地处塔克拉玛干沙漠边缘，沙漠离城区只有6千米。20世纪70—80年代，每年沙尘天气将近100天，人们一年有1/4的时间在沙尘中度过。三北工程特别是二期工程实施以来，阿克苏地委、行署坚持把工程建设作为全地区工作的重中之重，大力推进治沙造林，森林覆盖率由1985年的3.35%提高到目前的8.8%，林果总产值达130.8亿元，让风沙之源变成了绿洲果园，探索出了戈壁滩上科学治沙的成功之路。

位于阿克苏市东北部的柯柯牙，维吾尔语意思为“青色悬崖”，但却和青色毫无关系，有的只是风大沙多、盐碱茫茫、黄土弥漫，是阿克苏地区的主要沙源，威胁着几十万居民的生产和生活。1986年三北工程二期工程实施，阿克苏地委、行署下定决心要拔除柯柯牙这个沙源，在组织充分调研论证，经历多次踏勘测量、开沟引水、58个土壤剖面反复试验分析等基础上，提出了“引水、排碱、换土、造林”的治理思路，选出了易于成活的胡杨、沙枣和新疆杨等适宜树种，尝试出了沟灌沟植、洗盐压碱栽植方法。1986年秋季，确定了200公顷荒地营造第一片防护林，人们顶风沙、战酷暑，用挖掘机和铲车、甚至炸药爆破方式推倒碱包、填平沟壑，在平整过的坚硬土地上一点一点开深沟，在沟里挖标准树坑，换土施肥，灌水洗盐排碱，再精心栽植、定时浇水、定量施肥、日夜管护。在广大人民群众艰苦奋斗和顽强拼搏下，1987年6月，柯柯牙终于出现了第一片绿色，200公顷树木成活率达87.3%，超过了国家规定的85%成活率的造林标准。

柯柯牙第一片防护林的成功营造，让人们流下了激动的热泪，也坚定了阿克苏人民治理沙患的信心和决心，阿克苏地委、行署当即决定，一定要把这项人民拥护的伟大工程进行到底，一张蓝图，薪火相传。政府发动各级机关干部、企事业单位员工、驻疆官兵及各界人士，坚持每年开展春秋两季造林大会战，一条沟接着一条沟治理，一块荒滩接着一块荒滩绿化。广大人民群众积极参与，大会战时，吃住在工地，天当被、地当床，喝渠水、啃干馕，一年接着一年干，一代接着一代干；盐碱板结严重的沙土地，人们用十字镐砸，用渠水泡，一点一点地攻克；风沙太大，头天栽植好的树苗第二天就刮没了，人们就一遍又一遍地反复栽植；时代在变迁，社会在发展，这块土地上的人们始终不离不弃，竭尽所能地为工程出资出力，推动绿色在阿克苏大地扩展；面对资金技术困难，人们不断总结经验教训，创新管理机制，适地适树，科学配置生态林和经济林，推动工程建设跨过了一道道难关。“地委书记上卡车去植树”“造林工地上的婚礼”“子孙三代同上阵”“青年希望林”“民族团结林”等可歌可泣的感人故事，毕克显、艾斯卡尔·艾买提等一大批治沙造林的典型事迹，激励着人们奋勇向前，铸就了“自力更生、团结奋斗、艰苦创业、无私奉献”的柯柯牙精神。

30多年来，阿克苏人传承这一精神，战天斗地、百折不挠，历经54场390万人次植树造林大会战，终于在亘古荒原上建起一片百万亩“林海”。全地区森林面积达120万公顷，人工林面积达35万公顷，城市绿化覆盖率达35.46%；盐碱化程度大幅降低，降水量显著增加，风沙日由20世纪80年代的100多天降至30天。阿克苏市先后被评为“国家园林绿化城市”“国家森林城市”，并获得“中国人居环境范例奖”。

（六）“功成不必在我”

宁夏彭阳县，地处黄土高原核心区，自然条件严酷，生态环境脆弱，经济社会发展滞后。三北工程启动后，宁夏全境处于三北工程实施范围内。1983年建县之初，彭阳县委、县政府在深刻反思以往经验教训的基础上，确立了“生态立县”的发展理念。30多年来，历届县委、县政府始终坚守生态立县这条发展主线不动摇，把生态建设作为全县人民安身立命的头等大事和最大的基础工程来抓，相继出台了一系列加快植树造林、深化林业改革的政策措施，强力推进生态建设。30多年来，历届县委、县政府始终秉承发展经济是政绩、改善生态同样是政绩这一理念不改变，全县一切工作都以是否有利于生态环境保护与建设为最高衡量标准，宁可经济发展慢一点，也绝不破坏生态环境。历任县委书记、县长以

“功成不必在我任期”的工作信念，不贪一时之功、不图一时之名，坚持把植树造林、改善生态作为执政为民的第一要求，带领干部群众摸爬滚打在植树造林第一线，一任接着一任干，一代接着一代干，一张蓝图绘到底，取得了实实在在的建设成效。

多年来，彭阳县委、县政府团结带领全县广大干部群众，发扬勇于探索、团结务实、锲而不舍、艰苦创业的“彭阳精神”和领导苦抓、干部苦帮、群众苦干的“三苦”作风，坚持不懈地改土治水，植树造林，治穷致富，全县生态状况发生了翻天覆地的变化。“为官先过林业关”是对彭阳各级党政领导干部的基本要求。在彭阳，义务植树是各级机关干部的必修课，“球鞋、铁锹、遮阳帽”是必备的“三件宝”。每年造林之时，各级干部既当指挥员，又当战斗员，义无反顾，冲锋到前，许多乡镇书记成了“林书记”，不少部门领导成了“林局长”。人民群众是造林绿化的主力军。每逢植树造林季节，群众背上干粮，麻乎乎上山，热乎乎一天，黑乎乎回家，一干就是十天半个月，用一把永不生锈的铁锹改变并主宰着自身的命运，仅“88542”工程水平沟整地累计长度即可绕地球3.2圈。涌现出了倾尽全部心血培育浇灌10万亩针叶林的吴志胜；身残志坚、手拄双拐、30多年跪着植树造林47公顷的李志远等一大批可歌可泣的英雄模范人物。30多年的艰苦奋斗孕育了“勇于探索、团结务实、锲而不舍、艰苦创业”的“彭阳精神”。

彭阳县多年来坚持不懈治山改水、植树造林，实施修建梯田等一系列绿化工程，森林覆盖率从3%提升至30.6%。如今再到彭阳，一层层盘山环绕的林带和梯田，漫山遍野的山桃和山杏，如诗如画，赏心悦目，就像置身于风光优美的森林公园。

（七）“树是我的爹”

位于黑龙江省西部的拜泉县曾是“榛柴岗、艾蒿塘、不上粪、也打粮”的地方，由于过度开垦，20世纪70年代，黑土层由1米锐减到30厘米，水土流失、沙化现象严重。拜泉县是三北防护林建设工程东部战线的关键区域，也是全国平原地区第一个百万亩人工林县。

面对严酷现实，拜泉县几届县委、县政府接力赛似的组织全县人民植树造林、治坡治沟。在拜泉，不少人都能讲出老县委书记王树清带领乡亲们种树的故事。

“人要交心，树要浇根”——发动全县造林，很多树种上了，成活率却上不去，其中不乏有人抱着侥幸心理糊弄种上的。王树清在检查时，能从几百棵树苗里直接挑出哪些没活，大家都说“王书记的眼睛会透视”。原来，王树清靠的是给树“测体温”。“用手摸树苗，凉的是活的，热的活不了，直接把树苗拔出来，根上准冒出一股烟儿，这就是水没浇透。”王树清说，正所谓人要交心，树要浇根。

“给树默哀三分钟”——1986年全县开一个农业现场会，车队经过一片林子时，王树清突然发现一条长1500多延长米的林带被砍成白花花的一片，他让司机把车倒回去，然后请与会领导和工作人员下车、脱帽、一字排开。他悲愤地说：“向被扼杀的绿色生命默哀三分钟。”因此，当地流传两句话，“不怕王树清看，就怕王树清站”，“树是高压线，谁碰谁触电”。

“王树清杀回马枪”——已经退休的王树清依然是齐齐哈尔市的护林员和生态顾问。2010年冬天，市政府要绿化主干道，由于气候恶劣，冬植有严格的技术标准，5米高的樟子松要有宽2米、深1.3米的根坨。天快黑了，现场指导的王树清发现一家绿化公司拉来的树全不合格，让马上退回去，绿化公司负责人承诺一定退。但王树清走后，绿化公司马上开始种树，不料王树清带着记者杀了个“回马枪”。第二天见报后，绿化公司负责人羞愧不已。

“树是我爹”——王树清种树护树的事传开后，大家都知道县委书记视树如宝。上升乡团结村一个看树人对放牛的说：“这树你还敢动，树是王树清的爹！”王树清听到这话后说，树不仅是我爹，也是你爹，还是大家的爹。“我死后将骨灰撒到环城林里，谁动（树）我就让谁脑袋疼。”

四十年辛苦不寻常，杰作写在拜泉大地上。40年三北工程建设，拜泉县始终站在可持续发展的战略高度，牢固树立“绿水青山就是金山银山”的理念，形成了具有拜泉特色的以农防林、水保林为主体，乔灌草、网带片相结合的循环生态经济型防护林体系。累计完成人工造林75000公顷，封山育林2200公顷，森林覆盖率由3.7%提高到19.7%。营造农防林主带4388条，副带6655条，构成500米×500米为主的网格10629个，24万公顷耕地全部得到了庇护。樟子松接班林复式造林结构、小流域治理和萌蘖造林技术成为拜泉特色。全县粮食产量从20世纪80年代初总产量2.9亿千克、亩产90千克，提高到11.75亿千克、亩产超过400多千克，分别比造林前提高305%和220%。

如今的拜泉，山绿了，水清了，地肥了，人富了。百万亩人工林资源正以其宏大的生态、经济、社会效益回报给拜泉人民。

二、艰苦卓绝，无私奉献，把青春和汗水洒在广袤的三北大地上

艰难困苦，玉汝于成。艰苦奋斗是中华民族的文化基因和优良传统，中国人自古以来讲的就是“天行健，君子以自强不息”“穷且益坚，不坠青云之志”，波澜壮阔的中华民族发展史，就是一部中国人民发挥聪明才智，挥洒辛勤汗水，付出巨大牺牲的奋斗史；艰苦奋斗也是中国共产党长期倡导和培育的优良作风，是党带领人民战胜各种困难和风险、从积贫积弱一步一步走到繁荣昌盛，并不断走向共同富裕的显著政治优势。三北人民从不向恶劣的自然环境、艰苦的生活环境低头，在激情燃烧的岁月，在热火朝天的实践中，用超乎常人的意志孕育出了具有鲜明时代特质、充满活力的三北精神。在他们身上，生动展示了“革命理想高于天”的坚定信仰，体现了我们党艰苦创业的光荣传统和优良作风，彰显了三北人民不畏艰难、敢于担当的优秀品质和苦干实干的精神底色。

从“渴饮河沟水，饥食黑莜面”的“老坝上”，到不忘初心、默默奉献的“八步沙六老汉”，三北人民以苦为乐，胼手胝足，在荒原上创造泽被后人的绿色奇迹，靠的就是一代又一代的顽强拼搏，靠的就是自强不息的奋斗精神。为了这青山绿水，他们有的因公殉职，有的终身残疾，“献了青春献终身，献了终身献子孙”。他们以滴水穿石、绳锯木断的韧劲和抓铁有痕、踏石留印的狠劲儿，铸就了感人至深、催人奋进的“塞罕坝精神”“八步沙精神”等宝贵的时代精神。这些精神是三北工程建设中孕育和发展出来的，是三北精神的重要组成部分，它们相互交织、相互融合、相互促进，共同组成和发展了“三北精神”。

（一）荒原变林海的人间奇迹

塞罕坝地处内蒙古高原南缘、浑善达克沙地前沿，新中国成立初期，是“黄沙遮天日，飞鸟无栖树”的荒原沙地。

1962年，在极其恶劣的气候环境和艰苦的生活条件下，塞罕坝机械林场组建了第一支建设队伍，共369人，来自全国18个省（自治区、直辖市），平均年龄24岁。他们听从党的召唤，响应国家号召，扎根荒原，坚持“先治坡、后置窝，先生产、后生活”，啃窝头、喝冷水、住马架、睡窝棚，以苦为荣，以苦为乐，顶风冒雪、垦荒植树，战胜了百年不遇的自然灾害，以坚忍不拔的顽强斗志，直面困难，勇往直前，用智慧和汗水为无边荒原带来了勃勃生机。

1964年，春季造林的号角再次吹响，老书记王尚海带领职工在一个三面环山、名为马蹄坑的地方，开展了“马蹄坑造林大会战”。历经30多天，造林34公顷，成活率达90%以上。塞罕坝人终于在这片荒凉的土地上，种下了自己亲手培育并植造的第一片林子。

20世纪80年代以后，随着改革开放的发展，政府和社会对生态保护的认识更深，从单纯的防风固沙、涵养水源、绿化等理念上升到生态效益的层面。塞罕坝林场的经营方针也从建场初期的“以林为主，林粮并举，多种经营，综合利用”，转向“以育为主，育、护、造、改相结合，多种经营，综合利用”。

进入21世纪，塞罕坝人开始二次创业，始终把提高森林质量作为中心工作。推行国际先进的森林可持续经营理念，组织林场技术人员开展营林科研，制订了科学的森林经营技术方案，狠抓森林抚育和攻坚绿化。短短几年时间，林场森林面积增加了6667公顷，森林蓄积量增加近300万立方米，森林生态经济总价值增加90多亿元。

从2012年开始，塞罕坝林场木材砍伐量从以往每年15万立方米调减到9.4万立方米，木材产业收入占营林收入的比重也从66.3%降至40%。木材收入有计划地调减，生态旅游产业收入则明显增加，目前每年游客已达50多万人次，一年的旅游收入可达4000万元。塞罕坝林场森林资源总价值已达到202亿元，每年带动当地实现社会总收入超过6亿元。塞罕坝的这片绿水青山已经成为真正的“金山银山”。

2017年8月28日，习近平总书记对河北塞罕坝机械林场作出重要指示：55年来，河北塞罕坝林场的建设者们听从党的召唤，在“黄沙遮天日，飞鸟无栖树”的荒漠沙地上艰苦奋斗、甘于奉献，创造了荒原变林海的人间奇迹，用实际行动诠释了“绿水青山就是金山银山”的理念，铸就了牢记使命、艰苦创业、绿色发展的塞罕坝精神。他们的事迹感人至深，是推进生态文明建设的一个生动范例。全党全社会要坚持绿色发展理念，弘扬塞罕坝精神，持之以恒推进生态文明建设，一代接着一代干，驰而不息，久久为功，努力形成人与自然和谐发展新格局，把我们伟大的祖国建设得更加美丽，为子孙后代留下天更蓝、山更绿、水更清的优美环境。

（二）敢把沙漠变绿洲的“当代愚公”

八步沙地处甘肃河西走廊东端、腾格里沙漠南缘的重点风沙口，曾经是一片漫天黄沙的不毛之地，风沙肆虐，沙逼人退，给周边10多个村庄、2万多亩良田和当地3万多名群众的生产生活以及过境公路、铁路造成巨大危害。

1981年，贺发林、石满、郭朝明、张润元、程海、罗元奎6位年逾半百、饱受风沙之苦的老人，不甘心被黄沙侵害，带头响应党和政府的号召，以联户承包的形式组建了八步沙林场，在治沙合同书上摁下鲜红的指印，承包治理5000公顷流沙，在一望无际的沙丘上安营扎寨，治理沙害。

“六老汉”中四人是共产党员，他们带领林场职工年复一年，日复一日，植树造林，与干旱和风沙顽强抗争。经过20年的不懈努力，到2000年，在八步沙植树1000多万株，使4万多亩沙漠得以治理，八步沙林场管护区内林草植被覆盖率由治理前的不足3%提高到70%以上，形成了一条南北长10千米、东西宽8千米的防风固沙绿色长廊，使周边10万亩农田得到保护。

时间进入到21世纪，八步沙的风沙危害已得到根治，八步沙林场两代治沙人又主动请缨，向腾格里沙漠风沙危害最严重的地段——离林场25千米的黑岗沙、大槽沙、漠迷沙三大风沙口进发。

从2003年开始，八步沙林场的治沙人连续在治沙现场搭建的窝棚中度过了十多个春秋，完成治沙造林4300公顷，封沙育林7600公顷，栽植各类沙生苗木2000多万株，造林成活率达65%以上，林草植被覆盖度达60%以上。其中黑岗沙实施封育造林的1.4万公顷流动沙丘被完全固定，柠条、花棒、白榆等沙生植被郁郁葱葱，相当于再造了一个八步沙。

从2003年起，八步沙林场通过承包造林方式，将治沙造林的主战场不断向沙漠腹地延伸。先后承包实施了国家重点生态功能区转移支付项目、沙化土地封禁保护区建设项目、省级防沙治沙、三北防护林等重点生态建设工程。2009年，八步沙林场引进市场机制，成立了古浪县八步沙绿化有限责任公司，林场生态建设步入了新的发展阶段。

自2014年起，八步沙周边农民也加入了固沙造林队伍，先后承包了多项生态治理工程。

2015年秋季，八步沙林场又承包实施了麻黄塘治沙环路沿线封禁保护区的管护任务，完成工程治沙造林1333公顷、封沙育林草1200公顷、防沙治沙施工道路绿化工程56千米。

2017年，新时代的八步沙人，完善经营管理，通过古浪县八步沙绿化有限责任公司先后承包实施了三北防护林等国家重点生态建设工程，祁连山山水林田湖草生态保护修复工程北部防沙固沙造林项目等，完成压沙造林3000公顷。

2018年，八步沙林场按照“公司+基地+农户”的模式，建立“按地入股、效益分红、规模化经营、产业化发展”的公司化林业产业经营机制，在黄花滩移民区立民新村、为民新村2个移民点流转2500多户贫困户1.25万亩土地，栽植枸杞7500亩和梭梭接种肉苁蓉5000亩，真正实现了黄花滩生态移民搬得出、稳得住、能致富、可持续的目标。为了帮助贫困户脱贫致富，林场还成立了林下经济养殖合作社，养殖沙漠“溜达鸡”，年收入可达20万元。

经过多年努力，林场的固定资产由原来的200多万元增加到现在的2000多万元，职工年收入由原来的年均不足3000元增加到现在的5万多元，实现了沙漠“披绿生金”的梦想。

2019年8月21日上午，习近平总书记在甘肃视察时，专程到古浪县八步沙林场，实地察看当地治沙造林、生态保护等情况。习近平总书记指出：八步沙林场“六老汉”的英雄事迹早已家喻户晓，新时代需要更多像“六老汉”这样的当代愚公、时代楷模。要弘扬“六老汉”在困难面前不低头、敢把沙漠变绿洲的奋斗精神，激励人们投身生态文明建设，持续用力，久久为功，为建设美丽中国而奋斗。

无论是迎难而上、牢记初心的塞罕坝人，还是以“六老汉”为代表的八步沙林场三代职工，他们用矢志不渝的坚守、久久为功的韧劲，扎实推动三北工程等国家重点生态工程建设，把构筑西部生态安全屏障的宏伟事业不断推向前进。这些三北工程建设者中的杰出代表充分体现出了对待事业永不言弃的坚守、滴水穿石的恒心和功成不必在我的胸怀境界，在创造一个又一个绿色奇迹的同时，为我们创造了更加宝贵的精神财富，这些精神在历史时空中交相辉映，共同汇聚起了不朽的三北精神。

“九层之台，始于累土。”绿色用汗水浇灌，梦想靠坚持实现。三北工程建设是一场攻坚战，更是一场持久战。凭借着无悔的忠贞、百折不挠的执着，三北工程建设者们不急一时之功，不计一己之利，不驰于空想，不骛于虚声，横下一条苦干心，拧成一股奋进绳，咬定青山不放松、一张蓝图绘到底，终身奉献，久久为功，让大自然“禁地”变成了荒漠中的绿洲，创造了无愧于党和人民的非凡业绩。在三北人民与风沙持续不懈的搏斗中，涌现了无数英雄模范人物。据初步统计，仅国家层面历年表彰的先进集体、单位和英模人物就达1300多个。他们所彰显的榜样力量和伟大精神，正是三北精神的重要来源和组成部分。

（三）“儿子没了有孙子，治沙永远有接班人”

石光银，是从承包造林走出来的新中国第一位“治沙英雄”。1984年，陕西定边的石光银怀着锁住黄沙、拔除穷根的责任感和坚定信心，带头响应国家允许农民承包治理“五荒地”的号召，毅然决然地辞掉了定边县海子梁乡公社农牧场场长的“铁饭碗”，从南海子农场承包了200公顷荒沙地，成为全国承包治沙第一人。

石光银不仅面临着家人、亲友的劝阻和反对，也有来自社会的质疑和不屑。没有钱买树苗，石光银就卖掉全部家当凑钱。当年清明之后，石光银便带领家人和亲友，把旱柳、沙柳、杨树栽到200公顷荒沙地上。那年，树苗成活率在85%以上，给了大家极大的信心。

1985年，石光银又向定边长茂滩林场承包了3867公顷荒沙地。第二年春天，石光银带着100多人开始了“三战狼沙窝”的战斗。大家住在沙窝里，吃在沙窝里，冒着酷暑，顶着风沙，克服了艰难困苦，把树苗栽在了沙地上。结果前两次，百分之八九十的树苗都被风沙毁掉，两战两败的结果严重打击了治沙人的信心。

石光银没有放弃，他吸取教训，总结经验，去跟林业技术员学技术，去其他地方学经验。1988年，他带领群众第三次大战狼沙窝，使用了“障壁治沙法”，使树苗成活率达80%以上，这一次终于取得胜利。

石光银把儿子石占军带到了自己的治沙队伍中，希望他的儿孙也能继承他的志向，把治沙事业继续干下去。此后数年，石占军跟着父亲，参与实施了三北工程等一系列重点绿化项目。2008年，石占军在运输苗木的途中不幸发生车祸，最终经抢救无效而英年早逝。白发人送黑发人的痛苦是巨大的，但石光银没有让自己沉浸在丧子之痛中。给儿子办完后事的第三天，他便在公司董事会上声音洪亮地说道：“占军走了，我比大家更悲痛，但我们不能放弃我们的事业……儿子没有了，我还有孙子。我再干它10年，孙子就长大了，一代传一代，咱们的治沙事业永远不会断，治沙永远有接班人。”如今，石光银的孙子在爷爷的建议下学习了林业专业，石光银从他身上看到了治沙事业后继有人的希望。

35年过去，在石光银手中，已先后有1.67万公顷沙地得到治理，林木总价值达到了2亿元以上。同时，石光银通过“公司+农户+基地”的经营发展模式，大力发展林草经济和畜牧产业，走出了一条集荒沙治理、休闲旅游、苗木培育、畜牧养殖等产业于一体的综合发展之路，让1500多户农户受益，在创造大漠绿海“毛乌素奇迹”的同时，也为当地广大人民群众的生产生活带来了巨大改变。

多年来，石光银一直以实际行动践行一名共产党员、一名治沙英模的责任与义务。作为全国人大代表，石光银在提案中，建议国家加大对三北工程建设的支持力度。在以石光银为代表的一大批治沙人的艰苦奋斗下，昔日的毛乌素风沙草滩区，已成为良田遍布的塞上粮仓，当地人民群众也充分享受到了生态建设带来的红利。

（四）“生命不息，治沙不止”

王有德的家乡在毛乌素沙漠的边缘，当地有一首民谣：“一年一场风，从春刮到冬，天上无飞鸟，地上无寸草。”短短几句话，道尽了风沙给老百姓带来的苦楚。

1976年，王有德进入林业系统工作。1985年，王有德调任宁夏灵武市白芨滩防沙林场任副场长，那时，林场生产已徘徊不前多年，是一个无人接手的“烂摊子”。

王有德到任后，经过半年多深入的调研，发现林场面临的最大困难是，沙地年年治，但是一直没有成效，这样下来，林场职工对治沙失去了信心，对林场领导也失去了信心。王有德为了兑现自己“职工不富不走，沙漠不绿不走，场子不活不走”的诺言，开始实施大范围的改革。

为了调动职工的积极性，他提出“一场两制”，精简人员，下放到生产一线；取消工资级别，实现同工同酬，按劳取酬；推行家庭或个人招标承包，开办一些产业，鼓励职工从治沙中获得收入。

为了筹集更多治沙经费，他扛着压力四处贷款。为了把沙漠治理住，他带领林场的职工们吃住在沙漠，夏日顶着烈日，冬季迎着寒风，挖坑种树。风沙把辛苦栽下的树苗埋葬，他们擦干眼泪，继续补种，直到把流沙牢牢锁住。上任第二年，北沙窝把39公顷荒地划给白芨滩林场，王有德带着职工开垦出33公顷的果园建设分场。夏天，他们顶着50多摄氏度的高温推沙平田，挖坑种树，晚上就住在沙窝上搭建的帐篷里。冬天，为了抢抓树苗灌冬水的时机，全场职工日夜吃住在水渠边。30多年来，他们没有休息日，每天十几个小时夜以继日地干。光下苦力还不行，还得会动心思、想办法。王有德创造了“六位一体”治沙模式，在外围建灌木固沙林，周边建乔灌防护林，内部建经果林、搞养殖业、种牧草、做沙漠旅游业，要求每个职工不仅要1年挖一万个坑、栽1万棵树、扎1万个草方格、治沙面积6.7公顷，每人还要能从治沙中实现1万元以上的收入。

30多年过去，沙漠绿了，职工富了。凭着“宁肯掉下十斤肉，不让生态落了后”的拼劲，白芨滩林场干部职工以每年造林1333公顷的速度，在毛乌素沙漠边缘筑起了一道东西长47千米、南北宽38千米的绿色屏障，有效阻止了毛乌素沙漠的南移和西扩，创造了世界治沙史上的奇迹。王有德探索建立的治沙模式，也为国内外荒漠治理提供了宝贵经验。

王有德说，白芨滩还有4万多公顷荒漠没有治理，“这辈子我就干一件事——治沙造林，生命不息，治沙不止！”王有德把自己的技术和经验传授给林场的下一代，在他的带领下，超过100位林场职工的后代先后投入林业建设，成为林场建设的骨干力量。

2008年，时任国家副主席的习近平来到宁夏，对当时的治沙英雄王有德说，“我是来向你学习的。你们在这里做出了很大贡献，非常了不起。”他说：“这是一项平凡而伟大的事业，也坚定了我们治沙的决心。对你们的事业，我们会全力支持。”

2018年，是改革开放40周年，党中央、国务院向100名为改革开放做出杰出贡献的个人授予改革先锋称号，王有德成为宁夏唯一入选人物，获得“科学治沙的探路人”荣誉称号。

2019年9月29日，治沙英雄、宁夏灵武白芨滩国家级自然保护区管理局原党委书记王有德在人民大会堂从习近平总书记手中接过“人民楷模”国家荣誉称号奖章。

王有德虽然已经退休，但他从未离开治沙工作。他的事迹让全社会感动。2014年，台湾企业家陆晋德通过报纸看到王有德的治沙事迹，专程到宁夏考察，深受震撼，他投资200万，王有德又筹集了200万，创建了宁夏沙漠绿化与沙产业发展基金会，王有德担任理事长。如今，这个基金会发动社会各界人士募捐造林，在灵武马鞍山一带的荒漠上硬生生开辟出一片267公顷的沙漠绿洲。为了种好每一棵树，让捐资种植公益林的企业、个人放心，王有德不要一分钱报酬，连续4年带着大伙一起种树。在每年集中的3个月植树期，他从早上6点忙到晚上十一二点，人不下山，锹不离手，吃住在工地，带领大家在银川市东大门筑起一片千余亩的绿色屏障，还帮助了许多贫困农户在这里发家致富。在王有德的带领下，大家有又在333公顷的荒滩上种下了100多万株树，一个过去寸草不生的地方今天变成了绿意盈盈的绿洲。

（五）“就是憋死骡子累死马，也要让万亩荒山绿起来”

距离石光银家乡100多千米的陕西靖边县，有一个叫“一棵树”的地方。传说，此地之所以叫“一棵树”，是因为这个地方仅有一棵老榆树，四周别无寸草。

1984年，有一位女性将这里承包下来，向万亩荒沙发起了挑战，她就是新中国第一位女性治沙英雄——牛玉琴。1967年，牛玉琴嫁给了靖边县金鸡沙村村民张家旺。虽然婚后生活非常清贫，但牛玉琴相信只要努力，生活一定能富起来。她和丈夫在沙漠上开了一块荒地，可是刚种上庄稼，一场风沙刮过来就把庄稼埋没了，再种，再埋。牛玉琴夫妇这个时候就萌生了要治理沙漠的想法。

1984年，靖边县委县政府将全县荒沙荒山一次性划拨到户，实行承包治理。牛玉琴和丈夫相信党的政策，相信治沙造林的好处，承包了万余亩荒沙地，在缺技术、缺劳力、缺资金的情况下，牛玉琴一家人开始了人与沙的较量。牛玉琴、张家旺走的是“联户治沙”的路子。然而，村里人惧怕荒沙，认为跟着牛玉琴治沙是“蝌蚪跟着鱼儿浪”，纯属“瞎折腾”。村里谁也不敢应声，小两口一上阵就成了“光杆司令”。

“就是憋死骡子累死马，也要让万亩荒山绿起来。”平凡普通的农家妇女牛玉琴说。早上五点，她就开始忙活，每天都要去地里看看。“看见树就像自己的孩子一样亲切，树一动弹，就像欢迎我来看它一样。”牛玉琴说，植树造林是她终身的奋斗方向和目标，每棵树苗她都精心栽种，希望它茁壮成长。

为了凑足买树苗的钱，他们一家省吃俭用，把家中能卖钱的东西都卖了。有一次，小儿子病了几天，身体很虚弱，牛玉琴狠了狠心，拿出几个鸡蛋准备给孩子吃，懂事的孩子急得直摆手，说：“妈妈，我不吃鸡蛋，卖了鸡蛋买树苗。”听孩子这么说，牛玉琴背过身子抹开了眼泪。

牛玉琴夫妇拿出家里的全部积蓄，又多次向信用社贷款，凑足了7000多元，买了树苗，雇了帮工，开始种树。3年下来，他们种活了7万多株树，近400公顷。就在治沙进入决战的紧要关头，张家旺因骨质增生住院，要动大手术，牛玉琴也因阑尾炎住院手术。但夫妇俩身在医院，心在沙地。

有一年春天，一场特大的风暴将400公顷树吹散了，几万株树被吹得七零八落，连根拔起。牛玉琴心如刀绞，住在沙地的茅棚里，和帮工没日没夜地补种。功夫不负有心人，万亩沙地慢慢绽放出了新绿。

这个时候，张家旺的病情不断恶化，被确诊患了骨癌，经历了7次手术和截肢的痛苦，却还是没能救回他的生命。牛玉琴忍住悲痛，把所有重担扛在身上。1988年之后，牛玉琴拼命造林，不断发展壮大治沙事业。

30多年的坚持，牛玉琴治沙的面积已经从最初的667公顷变为7333公顷，共筹资860多万元植树2800万棵，当年的不毛之地已经变成了现在的“人造绿洲”。牛玉琴觉得，让沙漠绿起来并不够，还要让林子给老百姓带来经济收入，让村民富起来。

为此，在锁住沙漠的同时，牛玉琴开始想办法引进新树种，建立育苗基地，种植经济林木，走上了“种植、养殖、销售”一体化发展的路子。如今，牛玉琴的治沙造林基地已是靖边县规划的“沙漠生态旅游”景区之一，实现了让沙地由“绿起来”变为“富起来”。

30多年里，牛玉琴获得了国内外数不清的荣誉，多次受到党和国家领导人的亲切接见。不管有多少荣誉和光环，牛玉琴总是谦虚地说：“我的这些成绩，都是党和人民给的，我还是一个种庄稼、治沙造林的农民”。这种纯朴的思想和简单的人生哲理，是她辉煌事业不断前进的动力，而她“勤劳勇敢、艰苦朴素、顽强拼搏”的精神激励着一代代治沙人奋勇前进。

（六）“豁出一辈子，做好一件事”

石述柱所在的宋和村处在民勤县西线南端的风沙口上。当时宋和村经常风沙肆虐、庄稼被埋，乡亲们含泪逃荒，是出了名的“讨饭村”“光棍村”。

1955年，年仅19岁的石述柱担任了村团支部书记。在全县治沙造林热潮推动下，他联络宋和村部分青年，主动向村党支部请战，组建起一支青年治沙队伍，挺进村东已被风沙埋压了的大沙河，按照老一辈的治沙方法，埋头苦干一个月，却重复了前人的治沙结果——失败。

治沙失败了，石述柱就反复调查、总结失败经验；村民气馁了，他就苦口婆心、入情入理地劝说动员。他们在村西的杨红庄滩创办了一个林场，用先压沙、后栽树、再种地的办法，治理风沙危害。

石述柱那种不低头、不服输的精神，越挫越勇、勇于抗争的勇气，感动了众乡亲。从此，宋和村每年春天开始雷打不动地治沙造林。

石述柱吸取失败的教训，寻求治沙造林的新技术、新手段，在长期的学习和多年的治沙实践中，他创造了将黏土沙障与林木封育结合，使固定的沙丘反过来成为保护田地的屏障，这种模式得到了林业同行和专家的认可，被称为“宋和样板”，著名科学家竺可桢先生将其命名为“民勤模式”。

半个世纪的时间，石述柱带领乡亲们固沙造林、发展经济，在村西的风沙口上建起了一条长9千米、宽2.5千米的绿色屏障，在昔日风沙肆虐的杨红庄滩上栽植白杨、沙枣107公顷，梭梭、花棒等沙生植物367公顷，经济林100公顷，使160

公顷弃耕地复耕，营造出一个林粮间作的万亩林场。

从村支书的岗位上退下来之后，原本该在家享受天伦之乐的石述柱，依然心系防沙治沙事业。治沙造林已经融入了他的生活，是他生活中不可或缺的部分。如今，70多岁高龄的石述柱仍然是个闲不住的人，他现在最大的爱好、最爱干的事情就是宣传，逢人不拉家常，而是说民勤生态治理的重要性、如何压沙、如何造林……

“豁出一辈子，做好一件事”，是石述柱入党时立下的誓言。半个多世纪，从风华正茂到年近古稀，治沙英雄石述柱始终坚守这一誓言，扎扎实实做了“一件事”。凭这“一件事”，他成了“全国防沙治沙十大标兵”“全国劳动模范”，荣获首届全国敬业奉献道德模范提名奖，并多次受到党和国家领导人的亲切接见。他身上所表现出来的五十年如一日，艰苦奋斗、勇往直前的精神，成为永远摧不垮、吹不倒的丰碑，矗立于风沙前沿，成为捍卫民勤生态安全的强大精神支柱，成为推进石羊河流域重点治理、建设生态民勤的强大动力。

（七）“宁可种树累死，也不让风沙欺负死”

殷玉珍，是一名毛乌素沙漠中的农家女，是一位与沙漠抗争的斗士，更是一位誓将一生献给治沙事业的女强人。1966年出生的殷玉珍是陕西靖边县东坑乡人，19岁时嫁到了内蒙古自治区乌审旗河南乡尔林川村毛井背塘。

在这个荒无人烟的地方，一个半掩在沙漠里的地窖就成了殷玉珍和丈夫白万祥的新房。方圆几十千米除了他们的家，就剩下茫茫无际的沙漠了。风一起，小屋随时有被风沙吞没的危险；风一停，一家人便赶快用铁锨把门口的沙一点一点挪开，这样的情景几乎天天可以遇到。

沙化的土地让人连起码的生存都难，更别说发家致富了。面对着一望无垠的荒漠，她发誓“宁可种树累死，也不让风沙欺负死”。1986年春天，殷玉珍用打工赚来的钱换了600株树苗，开始和丈夫一起在周围栽树。沙漠里栽树谈何容易？干旱缺水、流沙滚动，种十棵成活一两棵已是不易。

没有钱买树苗，丈夫就到外面给人掏粪、盖房子、干农活。他们打工不要钱只要树苗，人家树上修理下来的树枝他们一背回家就赶紧栽到那片沙地上。为了种树，殷玉珍一家的收入除了勉强填饱肚子之外全部投入到治沙上了。刚栽下的树苗被风沙吞噬了，再栽，再吞，再栽……

一次，她和丈夫在离家几十里地的地方挖树坑，突然来了沙尘暴，两人看到赶紧往回跑，但是寻了半天也没找到家，后来竟还是听着自家的狗叫声才摸回了家。这样的日子，殷玉珍过了整整20年。当初用来插眼撒树籽的钢锨被磨掉了一尺多，当年的新媳妇已经人到中年，孩子们也长大了。克服了无水、无电、无路及病魔困扰，三十年如一日地种树，栽植柳树、杨树、侧柏、云杉、樟子松等近200万株，种植沙柳、草不计其数；在毛乌素沙漠中修筑简易公路3条累计40千米，筑防风沙屏障3333公顷，打机井12眼，开发水浇地33公顷，在沙漠里种植樟子松2万多亩、50万株，还建了120亩樟子松育苗基地，养400多只羊、30多头牛……殷玉珍将七万多亩沙地变成了绿洲。在她的带动下，周边农牧民掀起了造林治沙的热潮，涌现3000亩以上的造林大户240户，全旗森林覆盖率达32.5%，周边近10万亩荒沙彻底披上了绿装。

殷玉珍觉得，“造林只是改变了生态环境，创造了致富的条件。而致富的根本出路在于沙漠资源的开发利用，只有这样，治沙才能长久。”于是，她通过自筹和向上级争取，投资4000多万元成立了乌审旗玉珍生态园，将治沙和种植业、养殖业结合起来，再将产业收入投到治沙之中，形成了一条良性循环的生态产业链条。殷玉珍说：“咱不是那贪图虚名的人，何况名声咱早也有了。我就是想，咋能利用好咱的名声，把治沙经验传播出去，让更多的人加入进来。有钱出钱，有力使力。这才能干成事呢。”

一分耕耘一分收获，殷玉珍和丈夫一起在沙漠中种了33年的树，种树超过50多万棵。她用33年的坚守，换来了一个绿色王国般的家乡。如今的殷玉珍可以说是名利双收，但是她仍旧不改初心——绿化更多的沙漠。她的精神，也将激励和影响更多人加入到了治沙的行列中。

（八）“把植树造林作为最后一个战场”

2003年5月，戎马倥偬40年，从河北省军区副司令员的岗位上退休后，张连印回到了阔别多年的山西省左云县张家场村。当他面对一片接一片光秃秃的荒山时，心里五味杂陈：虽然乡亲们的生活富了，但风沙弥漫的状况尚未改观，“我必须做点什么”。张连印决定植树造林，治理风沙，绿化荒山，为乡亲们做点实事。“植树造林、防风治沙，是咱们国家的一项战略工程，作为一个退休的老兵，我想把植树造林作为自己退休后的最后一个战场。我一不要林权，二不要地权，30年后无偿交还集体。”张连印立下“义务植树、绿化荒山”的军令状。

于是，张连印和老伴毅然放弃石家庄优越舒适的生活，返回张家场村，开始谋划“后半生事业”。经过反复考察研究，张连印决定承包村后的3000亩荒山。张连印带兵是一把好手，种树也不甘落后。他总是身先士卒，带头苦干，每天早上5点钟就从炕上爬起来，抱着树苗和植树工人一起上山植树。午饭都在山上解决，有时因为天气寒冷，开水泡面不一会儿就变成了凉面。“当初听说将军回来种树需要人手，但也不知能干多长时间，就先过来试试看，没想到跟着将军一干就是18年。”最初跟着张连印种树的农民田四旺说。

这是一份沉甸甸的成绩单：18年来，张连印和乡亲们共植树造林1.8万余亩、205万余株，在荒废的河滩上建成了300多亩的苗木繁育基地，育有樟子松、侧柏、新疆胡杨等20个品种。在他的带动下，左云县林木覆盖率由2003年的38.6%上升到现在的45.03%，增长了6.43个百分点。张连印被群众称为“绿化将军”。

这份成绩单的背后，是张连印克服一个又一个困难、战胜一次又一次病魔的艰辛历程。他跑大同、上北京、赴沈阳，虚心向苗木专家请教，购买了几十本有关书籍、订阅了10多种林业期刊，如饥似渴地学习种植知识。功夫不负有心人，渐渐地，他摸到了在沙化土地上种树的门道，总结出了苗圃预栽、母土种植的“张氏育苗法”。要改变荒山面貌，不仅要种树、种活树，还要科学治理水土。2009年，张连印在水利部门的帮助下新建了一座储水能力5000立方米的浆砌石池塘。

这些年，张连印的身板累弯了，皮肤晒黑了，但他却觉得快乐而满足。2011年，植树造林的第八个年头，张连印在体检时，查出疑似肺癌症状。为了不让家人担心，他拿着片子，独自一人来到北京解放军总医院，被确诊为肺癌中期。“我不能倒下”，这是张连印当时唯一的信念。同年7月，他接受手术治疗和化疗。其间，张连印做了两件事，一是想方设法把这些年因为种树借的钱都还了；第二个就是让子女把种树事业坚持下去。

2012年，张连印的病情大有好转，便不顾家人的极力反对，回到了张家场那个他魂牵梦绕的“战场”。“咱不知道还能活多长时间，但只要我活着，就要种树。”

命运总是在考验着这个老人。2014年，张连印又被诊断出肺癌骨转移，但他仍没有畏惧退缩，经过一段时间治疗后又回到张家场村，他说："与其让我住到医院里，不如让我回到村子里，和树苗待在一起，看着它们一天天长大，就能感受到生命的意义。"

"病魔总是不断折磨我们的身体，但也让我们变得更坚强。作为军人，战争年代轻伤不下火线，和平年代更应该不怕困难，挑战自我。"正因为有这样的心胸，确诊癌症1年之后奇迹在张连印身上发生了——他的肺癌已经钙化，骨转移也没有进一步扩散。现在的张连印，精力旺盛，走路比年轻人还快。在他的带动下，左云县各界人士纷纷投身生态建设，共同创造了荒山变林海的人间奇迹。左云县被评为全国造林绿化先进县、国家级生态示范区。

这些年来，左云县投资300万元，在全县开展了植树造林、绿化家乡活动。张连印为周边乡村、学校和部队无偿提供树苗30余万株。在左云县的政策支持和张连印的带动下，乡亲们有的承包荒山荒沟，有的进行股份制合作培育苗木，有的兴办家庭小林场。树越种越多，山绿了，水清了。

（九）"坚定靠科技发展的种树人"

2002年春天，一个承诺彻底改变了神木人张应龙的人生，他放弃了年薪20万元的外企工作和房地产生意，在家乡陕西省神木县毛乌素沙漠腹地承包了面积达42.8万亩的荒沙地，此后的20年里，他再也没有离开。在沙漠中植绿，需要大量的人力物力。为了造林，他先后投入治沙资金250多万元，迅速从一位小有资产的成功人士，变得一贫如洗。

张应龙知道治理大片沙漠光靠挖坑栽苗、挑担浇水功效低，必须靠科技开路。2003年秋的一天傍晚，为了寻找耐干旱、寿命长、能固沙的植物，他走进附近村子搞调研。在一户村民家，他发现这家窗台上有一盏奇特的油灯，油料是插在铁丝上的一串杏仁样的东西。主人介绍说，这东西当地人叫"毛樱桃"，长在沙漠里，含油量特别多，点上火呼呼着，而且耐旱。张应龙大喜，随即找到植物学专家郭春会。郭春会见了也是喜形于色，说这是西北沙漠地带极为罕见的野生植物，叫长柄扁桃，自己找了好久都没见踪影，没想到张应龙把它送上门了！

之后，张应龙和科研人员们通力合作，经过多年的探索实验，终于掌握了长柄扁桃的栽培技术和生长规律，并在自己的基地先后种下3万亩。

党的十八大以来，全国上下对科技创新的高度重视，极大地激发了张应龙的热情。张应龙带上一小袋长柄扁桃果仁，找到县里，希望得到支持，在全县推广种植。种植长柄扁桃既起到绿化固沙、恢复生态的作用，又能榨出食用油和高级工业用油，提高和加快植树造林的经济效益，帮贫困户走出一条脱贫致富之路。

专家论证认可了张应龙的建议后，从神木县到榆林市迅速形成种植长柄扁桃的高潮，迄今全市种植面积已达40多万亩。忆起多年的奋斗历程，张应龙说："不是我改造了沙漠，而是沙漠改造了我，把我锤炼成一个坚定靠科技发展的种树人！我一定把这个基地办成公益性产业，它只能属于国家！"

（十）"黑城不能在我们这辈人手上消失"

2004年，57岁的苏和主动向组织申请，辞去阿拉善盟政协主席职务，从盟委所在地阿拉善左旗回到700千米外的老家额济纳旗，在大漠中的黑城遗址旁植树造林，拿出自己多年的积蓄，在黑城脚下盖起了三间平房，在沙漠扎下了根。

苏和选择植树的黑城遗址是一座有着近千年历史的西夏古城，沙化严重。他回忆说，曾经这附近林草茂密，胡杨、红柳密得骆驼进去都找不见，可20世纪50—60年代后，生态日趋恶化，大片植被枯死，风沙天气越来越多，额济纳旗甚至成了沙尘暴的源头。"黑城周围风刮过来的沙子堆得和城墙一样高，眼看都要被埋掉了。我当时有个想法，黑城不能在我们这辈人手上消失。"苏和说。

10年前，为防止骆驼吃掉植物幼苗，苏和将2.3万亩沙漠围上围栏，开始用水车拉水种植梭梭，绿化沙漠。10年间，苏和在沙漠上打了8眼井用于浇灌，他和老伴亲手种的梭梭林也一点点扩大，达到了3000亩。10年后，最初在房后种植的两棵胡杨长成了大树，人却累弯了腰。老人被太阳和风沙磨砺过的坚毅的脸上已刻满皱纹，满是伤痕的大手上，老茧褪了一层又一层。经过多年的努力和试验，苏和总结出一套行之有效的抗旱栽植技术，以抗旱性强的梭梭作为主要栽植树种扩大植被面积。他种植的梭梭林已成为阿拉善盟面积最大的人工梭梭林之一。

最初，苏和种植梭梭缺少人手，就雇用周边牧民来帮忙。育苗、栽种、管护、病虫害治理、灭鼠、防野兔……他把自己多年摸索的经验毫无保留地传授给其他牧民。牧民为苏和干活有了额外收入，同时也学到了种植梭梭的技术。“第二年，苏老送给我们一些梭梭苗，让我们回去在自家周围种，把门前环境弄好一点。我们的梭梭种活了，苏老又给我们找来肉苁蓉种子，让我们种在梭梭的根部。肉苁蓉是名贵的中草药，长成后牧民们又多了份收入。有了经济利益，自愿在沙漠里种梭梭的牧民越来越多，生态一点点地改善了。”满都格日勒说。现在，仅吉日嘎郎图嘎查就已种植梭梭林2000多亩。

目前，在额济纳旗，大约有300户牧民在苏和的带动下开始种植梭梭。“苏和就像在沙漠中顽强生存下来的第一株梭梭。他打下的梭梭种子又在四周生根发芽，长成了一片片梭梭林。沙丘不再像过去那样肆意流动了。”跟随苏和多年的龚殿成说。

烈日下，苏和用铁锹将没能成活的梭梭从沙土中挖出来。补种新的幼苗时，他总是跪在地上用手小心地培好沙土，再拉过水管浇水。“这是去年种下去的，今年成活了一大半，还是水有点跟不上。头3年如果能每年浇2次水，成活率就会大大提高。3年下来，扎根的深度就差不多了，可以‘断奶’了”。

种下的每棵树苗，苏和都会用旧衣服仔细地裹住树干。“裹衣服是怕兔子和老鼠吃，这几年生态改善了，沙漠里的兔子多了，鼠害也猖獗了。”种下一株苗，苏和用粗糙的大手摩挲着树干，像是在表达对孩子的爱怜，“每棵树都是有生命的，像我的孩子一样，总希望它茁壮成长。在沙漠里种一棵植物容易，难的是后期维护，保证成活率付出的辛苦比种下它要多得多。”

3000亩梭梭林，日常维护要花去极大的精力。沙漠的春天，三天两场风，出门一趟，口鼻衣领就塞满沙尘；夏天，沙漠中的气温通常在40摄氏度以上，老两口经常顶着似火的骄阳干活，但苏和却对这一切习以为常。

近几年，水的问题解决了，但其他问题又接踵而至。沙漠中人迹罕至，嗅到绿色气息的牲畜频繁光顾，老鼠也在这里筑巢，不断偷啃新长出的梭梭树。苏和每天除了浇水，还要巡护和灭鼠。这对年轻人来说都是一件很困难的事，但苏和做到了，他坚持每天巡视，风雨无阻。

在风沙肆虐中，一位白发苍苍的老人微笑着劳动、生活了10年，克服劳累的同时，也忍受着常人难以忍受的寂寞。10年过去，他用实际行动向日益恶化的环境发起了挑战，风沙没能吞噬他的坚强。苏和老人坚守黑城治沙植树的感人事迹在阿拉善大地上广为传颂，在他的带动和感召下，一个个致力于改变家乡面貌的企业和个人行动起来，额济纳旗生态环境正在逐渐发生变化。

老骥伏枥，志在千里。古稀老人苏和，仍在用信念坚守理想，用生命谱写赞歌。他常说，“我是一名共产党员，在我的有生之年多栽几棵树，就能给额济纳旗的后人留下一个好环境。”作为一名永不退休的共产党员，苏和老人时刻牢记使命，永葆公仆本色，用实际行动践行党的群众路线，成为年轻人学习的时代楷模。他如同额济纳旗千年的胡杨树，执着、坚韧、顽强、不屈，永不言弃……

（十一）“对西北人民负责、对国家负责、对大自然负责”

中国人民解放军93808部队是全军最早执行飞播任务的部队，同时也是目前还在执行飞播任务的唯一一支部队。1982年以来，93808部队积极响应国家号召，以“对西北人民负责、对国家负责、对大自然负责”的高度责任心，数十年如一日，发挥“知难而上，以苦为荣，精益求精，探索求新”的飞播精神，先后完成了陕、甘、宁、青、蒙、黔、川7省（自治区）100多个市（县）300多个播区的飞播造林任务。在三北工程建设中，飞播成林200多万亩，形成了数百个万亩以上连片基地，15个10万亩连片林带。

在40年遂行飞播造林和防风固沙任务过程中，93808部队无数次克服恶劣的天气和自然条件，创造过3架飞机一天作业38架次，18天飞播40.2万亩的纪录。

面对险情，他们临危不惧，成功处置了多起突发事件。1994年6月，崔光允、董彩林机组飞播过程中，发动机出现故障，飞机失去动力，关键时刻，机组人员果断处置，成功迫降，创造了运-5飞机山区迫降奇迹；2000年4月，葛克宏、尹太新、张建刚机组飞播时，突遇沙尘暴，机组人员沉着冷静，驾驶飞机安全返航。在40年飞播过程中，机组人员先后8次成功处置空中险情，在保证安全的前提下，顺利完成各项飞播任务。

2018年年初，93808部队飞播总面积已超过2600万亩，播撒草籽树种9800多吨，在毛乌素沙漠南面至定边县之间筑起了一道420千米的“绿色屏障”。2018年，93808部队获得“三北防护林体系建设工程先进集体”称号，他们的赤诚奉献受到了热烈的表彰。

习近平总书记指出：“一切伟大成就都是接续奋斗的结果，一切伟大事业都需要在继往开来中推进。”无论是先进典型的矢志不渝，还是英雄模范的自强不息，都保持着逢山开路、遇水架桥的闯劲儿，勇于担当、奋发有为的干劲儿；赓续着使命在肩、奋斗有我精神血脉，继续创造着彪炳史册的人间奇迹，为三北精神提供了饱满又鲜活的具体案例，有了这些有血有肉的生动群像，三北精神才充满了生命力。

三、绘山水，写田园，把美好人生留在荒山大漠间

在三北工程建设中，各级科研单位和科研人员勇攀科技高峰，为三北工程科学技术的发展做出了巨大贡献。经冬复立春，在“冷板凳”上钻研着“热课题”，伴青灯黄卷，默默攻克着一个个“不可能”。他们知难而进，敢为人先，甘坐冷板凳，勇做栽树人，把论文书写在了广袤的三北大地上。正是有这样一批不计名利、一生付出的科技工作者，才不断夯实了三北工程建设的坚实基础。这种科学家精神也为提升三北精神价值发挥了重大作用。

（一）把论文写在黄土地上的“泥腿子”院士

关君蔚（1917—2007），中国工程院院士、北京林业大学教授，著名水土保持学家，我国水土保持领域的奠基人和开拓者。他创办了中国第一个水土保持专业和水土保持系，建立了具有中国特色的水土保持学科体系，在山区建设、泥石流治理、防护林体系理论基础等研究领域取得了重要成果，为中国水土保持事业的发展作出了突出贡献；主编了全国第一部水土保持教材《水土保持学》及《水土保持原理》等多部教材和专著，发表《我国防护林的林种和体系》等50多篇论文；获1979年全国科学大会的奖励和首批国家林业（部门）科技大奖，并获“全国水土保持先进个人”“全国防沙治沙标兵”“全国优秀教师”等称号。

关君蔚在参加建设“三北”防护林的准备工作中提出了防护林林种和体系的理论，其后被聘为“三北”防护林建设局的顾问。他认为，防护林体系建设不是几个林种的混合物，而是将各林种有机地组织起来，形成地区性的防护林体系，进而全面地发挥最大的防护效益、社会效益和经济效益，组成全国性的防护林体系。他的论点成了“三北”工程建设的科学理论基础，还被广泛应用于其他防护

林体系的建设中。

走进黄土高原的腹地，站在六盘山之巅，俯瞰由黄色和绿色交织而成的宁夏西吉县。当地的乡亲们，至今还记得关君蔚为黄土高坡的苏醒付出的努力。

过去的西吉是“山上比院里光，院里比炕上光。”1980年，全县森林覆盖率仅剩1.7%。关君蔚带着师生来到了这块贫瘠和落后的土地。他与当地领导和技术人员一道进行艰苦的调查，编制了全县水土流失综合治理规划和农业发展区划，将西吉千疮百孔的面貌带进了北京，带到了世界粮食计划署。百姓们好奇地问，“北京来的白发教授要干什么？”很快一个重大消息就传开了，西吉被列入世界粮食计划署的受援县。破坏了的生态平衡恢复起来谈何容易？多少个夜晚关君蔚彻夜不眠，苦苦地思索着。他没有住在县里安排的招待所，而是带着师生们跑进了山里，住进了农户，一住就是几个月。矮小的土坯屋，苦涩的咸水，单调、缺少蔬菜的伙食，他都没有在意。白天爬山一身土，晚上无电点油灯，他一笔一笔地用心勾画着西吉的科学治理方案。

西吉不仅成了世界粮食计划署受援县，而且还是黄土高原综合治理科学试验基地县、“三北”防护林工程重点县。关君蔚的担子也越来越重了。他多次为全县各级干部和群众作报告。他提出的“以灌草为主，草、灌、乔相结合，建设防护林体系”建议，在科学合理制定和实施治理方案中起到了很大的促进作用。他建议，在黄家二岔建设一个小流域综合治理试验示范区。通过综合治理带来了显著的经济效益和生态效益，解决了全县造林种草初具规模之后怎样提高经济效益的问题。此项科研成果获得了国家科技进步奖二等奖。

关君蔚教授和他带来的大学生穿着简朴，和农民一起植树种草，不取额外报酬，这让世界粮食计划署驻北京代表布朗女士尤为感动。她拉着关君蔚的手说：“这种情况在世界少有。”世界粮食计划署对工程情况作出了中期评价：“投资最低、面积最大、条件恶劣、质量最高。这是世界人工最佳工程之一。”“把论文写在大地上。”这句话就是一位中央领导同志考察西吉时，对关君蔚和北京林业大学师生扎根黄土地的赞誉。

（二）为生态治理作出开拓性贡献的沙漠“活字典”

高尚武（1921—2014），治沙造林创始人之一，中国林业科学研究院（以下简称中国林科院）资深治沙专家，我国林业系统第一位国务院参事。他长期奋斗在防沙治沙科研战线，业内人称他为沙漠“活字典”，他为我国的林业事业、经济发展、民族团结和进步作出了突出贡献，曾被国务院授予全国民族团结进步先进个人称号。90岁高龄时，高尚武还获得了海峡两岸林业敬业奖励基金，是该奖励基金最年长的获得者。

1978年，作为技术负责人，高尚武着手筹建内蒙古磴口荒漠化土地实验基地，组建中国林科院磴口实验局，即今中国林科院沙漠林业实验中心（以下简称沙林中心）。自实验局建立开始，高尚武在基地一待就是10多年，为沙林中心的建设立下了汗马功劳。

建设期间，高尚武协调组织了36项重要科研课题在沙林中心进行，亲自主持开展了“七五”攻关课题“大范围绿化工程对环境质量作用的研究”，提出了符合我国国情、适合乌兰布和沙漠特点的立体绿化工程生物治沙方法。高尚武通过无数次计算机模拟和风洞试验，设计了防风林结构，筛选了适合当地环境的物种，将高大乔木、低矮灌木、农作物、经济作物等有机结合，为磴口周边环境提供了最优的风沙防护屏障方案。

观测与研究结果表明，绿化工程取得了明显的区域性防护效果：磴口县周边开发了沙漠近3000公顷，短波辐射较从前多吸收10%～20%，7月前后大气干旱程度缓和了39%，绿化区边缘风速降低28%，绿化区中部风速降低了37%，林网内沙尘输移减少80%，来自远方上风区的降尘减少40%，大气浑浊度降低35%。往日风沙肆虐、寸草不生的沙漠变成了沃土良田，粮食、木材、水果及其他农副特产产值逐年上升。1990年土地价值与1979年相比提高了300多倍。当地群众依靠绿化工程走出了贫困，建立了沙漠产业，从吃粮靠调运，财政靠补贴，变成了粮食自给且有余，摘掉戴了40年之久的贫困帽。

“大范围绿化工程对环境质量作用的研究”成果获得了林业部科技进步奖一等奖、新闻机构设立的环境科技大奖。农业电影制片厂、北京科教电影制片厂分别将其拍成了中英双语版的《沙漠中的绿色工程》《沙漠呼唤绿色》，在中国西北荒漠区改造及“三北”防护林建设发挥了重要的指导作用。

1986—1990年，高尚武带领20多位专家，联合10多个科研单位、大专院校，开展了国家科技攻关项目“农村能源薪炭林研究”，首次在全国范围内按自然类型区布设试点26个，建立试验、示范林1100多公顷，筛选出了适宜在不同类型区推广应用的优良薪材树种以及科学经营模式，并在全国范围内广泛地推广应用，不仅为缓解农村生活能源危机提供了科学方案，而且还极大地提高了薪炭林地拦截径流、拦阻泥沙的能力，改善了生态环境，相当于每年节省100万公顷林木。“薪炭林树种选种及栽培经营技术”获林业部科技进步奖二等奖。

高尚武还主持完成了国家“三北防护林营造技术”“干草原、荒漠、半荒漠区防护林营造技术和综合效益研究”等，其中，“梭梭林更新复壮技术研究”获林业部科技进步奖二等奖。

（三）誓把荒山变果园的“人民楷模”

李保国，生前任河北农业大学教授、博士生导师，是知名经济林专家、山区治理专家。2016年4月10日，李保国突发心脏病去世，年仅58岁。习近平总书记作出重要批示：“李保国同志35年如一日，坚持全心全意为人民服务的宗旨，长期奋战在扶贫攻坚和科技创新第一线，把毕生精力投入到山区生态建设和科技富民事业之中，用自己的模范行动彰显了共产党员的优秀品格，事迹感人至深。李保国同志堪称新时期共产党人的楷模，知识分子的优秀代表，太行山上的新愚公。广大党员、干部和教育、科技工作者要学习李保国同志心系群众、扎实苦干、奋发作为、无私奉献的高尚精神，自觉为人民服务、为人民造福，努力做出无愧于时代的业绩。”

2016年5月，中央组织部追授李保国为全国优秀共产党员。2018年12月18日，党中央、国务院授予李保国改革先锋称号。2019年9月17日，习近平主席签署主席令，授予李保国“人民楷模”国家荣誉称号。2019年9月25日，中央宣传部等9部委授予李保国“最美奋斗者”荣誉称号。

1981年，大学毕业后的李保国留校任教。35年如一日，他把课堂搬到田间地头，把论文写在太行山上，带领乡亲们找寻生态脱贫致富的新路子。35年间，他先后取得研究成果28项；推广林业技术36项，技术推广面积1826万亩；培育了16个山区开发治理先进典型；打造了系列全国知名品牌；带动10万山区农民增收58.5亿元。

他心系群众、扎实苦干，始终奋战在科技兴农、扶贫攻坚和教书育人第一线。在邢台前南峪，为了解决太行山低山区土壤瘠薄、干旱缺水、造林成活率低、年年造林不见林的重大难题，1981—1996年，李保国与课题组的同事们一待就是15年，他们用理论和技术，在干旱山地种上苹果、板栗、核桃等高效经济林木，使穷山村成为太行山区最绿的地方。

在内丘县岗底村，1996年特大洪灾过后，李保国把家搬到了岗底村，常年吃住在村里，白天钻果园查看情况，晚上上山用黑光灯测报虫情，夜间分析研究解决方案，开发了苹果生产的128道工序，实现了优质无公害苹果的标准化生产，此项技术带动周边10个贫困村1000多户贫困户户均年增收2500元。

在临城县凤凰岭，李保国创造了“一年栽树，两年结果，三年有产，五年丰产，亩产250千克优质核桃，亩纯收益万元以上”的奇迹。

在邢台县浆水镇，他培育出了“浆水”牌板栗和“浆水”牌苹果。

在邢台市南和区，李保国建立了全国第一家红树莓组培中心。他将所学所创所研的知识和技术毫无保留地传授给千家万户，被群众亲切地称为“农民教授”和“太行财神”。

（四）为生态治理开出良方的“沙漠医生”

考察调研、搜集资料、完善提案……全国政协委员、甘肃省治沙研究所副所长马全林依旧奋战在治沙一线。巴丹吉林沙漠和腾格里沙漠是我国第三和第四大沙漠。雅布赖风沙口是巴丹吉林沙漠最大的风沙口，两大沙漠在巴丹吉林沙漠东南部和甘肃省民勤县北部形成3条沙带，被形象地称为“两大沙漠握手”之处，并呈现加剧合拢态势。

两大沙漠合拢区域的扩大，不仅严重影响甘肃和内蒙古的生态建设，更直接威胁到西北地区的可持续发展和丝绸之路经济带通道安全。从2019年开始，马全林多次深入巴丹吉林沙漠与腾格里沙漠合拢带，围绕雅布赖风沙口治理展开了详细的考察调研。

经过3年的深入调研、认真思考，“沙漠医生”马全林开出了遏制两大沙漠合拢的“药方”：建立合作机制，实施雅布赖风沙口专项治理工程，推进风沙口及合拢带的综合治理；完善荒漠区域生态补偿机制，扩大生态管护公益岗位；吸纳社会资本参与治理，建立健全金融支持机制，在产业发展中反哺治沙；强化治理科技支撑，选育优良固沙植物品种，修订相关技术标准，构建完整的技术支撑体系。

近年来，马全林带领科研团队积极探索培育沙区经济作物，其中沙米是他高度关注的一种。沙米是干旱荒漠区特有的野生沙生食用植物，越来越被大众接受和喜爱。对其需求的快速增长导致野生沙米资源被过度利用，这不但破坏了当地生态环境，而且不利于野生沙米的自身繁衍。

为了解决沙米高产难题，马全林和团队持续开展沙米高产品种的选育、丰产栽培和产品研发，筛选出了长穗、矮化、大叶、早熟4个优质高产的沙米品系，研发了沙米燕麦脆、沙米紫薯脆、沙米小蛋糕、沙米枣糕、沙米早酥饼干等9种新产品，已列为“甘味农产品”重点开发推广。

2021年，马全林带领团队在民勤县建立了20亩试验示范基地，指导周边群众开展沙米规模化种植，推进产业结构调整。同时，还在甘肃省古浪县八步沙林场举办了防沙治沙与退化林修复技术培训班，向全国治沙一线的治沙代表、在沙漠边缘生活的群众代表传授治沙技术。

（五）从沙子里淘出真金白银的沙林人

在乌兰布和沙漠东北部有一所沙漠林业实验中心，它处于西北地区荒漠与半荒漠的过渡地带。在这条重要的植物地理分界线上，有乌兰布和沙漠、黄河、河套平原、狼山、乌梁素海、荒漠草原等主要地理单元，可谓“山水林田湖草沙一体化天然生态实验室”。这个实验中心，就是中国林业科学研究院沙漠林业实验中心。

沙林中心是我国西部林业防沙治沙的强力科技支撑，为三北防护林体系建设工程作出了重要贡献。沙林中心主任、防治荒漠化学科带头人卢琦主任说：“沙林人经过四十年艰苦实践，从沙子里升华出了真金白银。”

曾经，沙产业的无序发展导致的土地荒漠化、水土流失，给乌兰布和沙漠脆弱生态埋下了隐患。如今，以高质量、高效益的沙产业打破传统禁锢、修复生态，乌兰布和沙漠迎来了千载难逢的历史机遇。

在挑选适合沙区生长的植物时，沙林人把目光投向了欧李。欧李是我国独有的沙生药用植物，被誉为“钙果”（鲜果钙含量高达3.6mg/g，是等量苹果钙含量的10倍，位居水果榜首）、“第三代功能小水果”，集果用、药用、花用、牧用为一体，是荒漠化地区生态建设中的“短平快”先锋树种。林草两用经济植物，非欧李莫属。尽管沙区环境条件恶劣，但欧李几乎同时满足沙产业开发技术研究的所有条件。

几番论证遴选，2015年1月，国家林业局林业公益性行业科研专项项目“生态经济型植物欧李的沙产业开发技术研究”正式启动，项目由沙林中心贾玉奎书记牵头，徐军、段娜等9名项目组成员决心完成各项研究成果。

首次引种的几万株欧李栽植在第一实验场温室大棚。项目组采用惯常栽培育种方法，不久欧李就枯萎了。这下急坏了项目组成员，大家分头查资料，找漏洞，多次研究探讨才发现：问题出在“水”上——灌溉用井水含盐量过高。团队逐步摸索出特殊管护方法，充分满足欧李生长需求，植株回归良好长势。这使大家意识到：从未遇过的状况亮起红灯，如同对项目组发出警报，未必是件坏事。

项目组观察欧李生长变化，着手欧李栽培技术、良种选育、抗逆性、适应性等田间试验；研究欧李果实营养物质含量及特征；研发欧李深加工产品；制定乌兰布和沙漠欧李栽培技术操作规程……随后，在沙林中心四个实验场、头道桥等地建立了500亩欧李栽植试验示范林。

科研的道路从来不是一帆风顺的。2016年6—7月，磴口多次发生冰雹灾害，9级大风，瞬时最大风速23.6米/秒，最大直径50毫米的冰雹持续袭击第四实验场的欧李达13分钟。经历重创的项目组成员没有犹豫，果断收拾残局，及时止损。

又是一年6月，趁欧李果状态最佳的三四天，沙林人要把颗颗形似玛瑙、结得密密匝匝的欧李抢收完毕。项目组成员第三代沙林人段娜算了一笔账：这一年欧李丰产，按照欧李果实市场价10元/千克计算，每亩地产量431.5千克，收入为4315元。除去1000元成本，产生效益3315.00元。实打实的收支账目，足以给民企、农户、合作社吃下一颗定心丸：栽种前期投资小、田间好管理、市场回报大的欧李，胜过从事传统农业。

种下梧桐树，引得凤凰来。沙林中心欧李苗、欧李果、欧李项目开发，成了民营企业、高等院校、科研机构的抢手货。打电话，发邮件，上门寻求合作的来了一拨又一拨。

翻看沙林中心栽培育种科研档案，近年来，沙林中心除了开发欧李项目，醒目的还有：沙棘种质资源保存库85亩，良种基地近1500亩，收集保存国内外沙棘优良品种55种、优树资源152份，培育杂交优良品种50多个。沙林中心先后将31个沙棘优良品种推广到15个省份，造林面积50万亩，创造经济效益5亿元以上。沙林中心无愧于全国沙棘良种品种最多、质量最好、保存最全的“三最”沙棘核心育种实验点之称。

“靠山吃山，靠水吃水”，在适合的沙地试种欧李、沙棘等植物，沙林人“靠沙吃沙”，为我国沙区治理树立了科技的“示范样板”。

随着三北工程的推进，人工林退化、林水和林牧矛盾、嫁接栽培推广难等技术问题逐步凸显，这些都是三北工程建设者和林业科技工作者们需要解决的全新课题。挑战永远在前方，创新永远在路上，三北工程建设的科技工作者不断坚定创新自信，勇攀科技高峰，正不断为三北精神丰富内涵、提升价值、增光添彩。

第二节　三北工程开拓创新的历程丰富了三北精神的特质

改革开放是中国人民和中华民族发展史上的一次伟大革命，正是这个伟大革命推动了中国特色社会主义事业的伟大飞跃。作为同我国改革开放一起实施的重大生态工程，三北工程坚持加强党的领导和尊重人民首创精神相结合，坚持“摸着石头过河”和顶层设计相结合，坚持问题导向和目标导向相统一，坚持试点先行和全面推进相促进，既鼓励大胆试、大胆闯，又坚持实事求是、善作善成，确保了工程指导思想和建设理念与时俱进，不断开拓创新，在改善区域生态状况的同时，也促进了区域经济社会发展，基本实现了兴林富民的目标任务，赋予了三北精神别样的魅力。

一、工程建设思路随时代发展不断拓展创新

三北工程建设始终坚持理论指导和实践探索的辩证统一，注重一切从实际情

况出发研究新情况、解决新问题。时代在发展，国情林情也在相应进步，不可能用整齐划一的理论和方案来套用。从创造性提出建设生态经济防护林到提出生态建设产业化、产业建设生态化，再到山水林田湖草沙系统治理、“绿水青山就是金山银山”理念，40多年来，三北工程的建设思路和指导思想随着时代的发展不断前进，随着国家经济社会的发展不断自我适应、自我更新、自我突破。对现实问题进行政策性、对策性研究，进行理论概括和提炼，不断提炼出有学理性的新理论，概括出有规律性的新实践。

三北工程启动之初，三北地区整体气候条件比较恶劣、生活条件十分艰苦。这个区域面临着诸多挑战：整体生态状况比较差，水资源缺乏、风沙危害比较普遍，中国的八大沙漠、四大沙地都分布在三北地区，还分布着以黄土高原为代表的水土流失区。这些区域降水量低，土壤条件差，种植自然条件差；地区生态脆弱，迫切需要改善生态环境，群众迫切地希望改变家乡的面貌；区域经济社会的发展程度相对落后，中国1/3的贫困人口就在这个区域；区域科技支撑、基础设施等各方面的力量还很薄弱。面对这样的实际情况，三北一期工程确定了要建立“一个符合三北地区自然和经济规律，高生产力的自然与人工相结合的以木本植物为主体的庞大生物群体”的防护林体系建设思想；提出了“以防护林为主体，多林种相结合”“实行网带片相结合”“乔灌草结合”和“封山（沙）育林和人工造林并重”的工程建设思路。三北工程建设之初，确定了通过大规模植树造林，使三北地区的风沙危害和水土流失得到治理，从根本上改变三北地区生态面貌，改善人们的生存条件，促进农牧业稳产高产，提高人民生活水平，维护生态安全、国土安全、粮食安全的总体目标。

二期工程，随着经济体制的改革和深化，为进一步调动群众投身工程建设的积极性与主动性，工程建设提出了建设生态经济型防护林体系的指导思想，即以生态效益为主，生态、经济、社会效益有机结合，使生态治理与经济发展相协调，生态建设与群众脱贫致富相统一，改变单一生态型防护林建设模式，做到农林牧、土水林、带片网、乔灌草、多林种、多树种、林工商七个结合，使防护林体系达到结构稳定、功能完善，生态、经济、社会效益有机结合，增强工程建设的持续发展能力。

三期工程，坚持依靠全社会力量和科技进步，以区域性防护林体系建设为重点，加快工程建设由粗放经营向集约经营转变，实现环境治理与经济发展的协调统一和生态、经济、社会效益的最佳结合，建设多树种、多林种、多功能的生态经济型防护林体系。为充分发挥防护林体系的效益，推进防护林建设由点向面展开，从三北地区的实际出发，按照先易后难、先急后缓、由近及远、突出重点的方针，在三北农牧业生产迫切需要、自然条件较好的地区，选定一批党政领导重视、基础工作扎实的县旗，进行重点扶持，有计划、有步骤地建成一批区域性防护林体系。

四期工程，在坚持生态经济型防护林体系建设的指导思想下，为进一步提高工程建设的质量和效益，把质量管理的理念贯穿于工程建设之中，推进工程建设初步实现“两个转变”。一是质量概念的转变，从过去注重成活成林面积、数量，转向注重生态、经济、社会三大效益的综合发挥，实现生态效益最佳、经济和社会效益最优。二是管理模式的转变，各级政府和林业主管部门在工程建设中，找准位置，科学定位，转变职能，把着力点放在研究政策、制定规则、创造公平竞争环境、搞好服务上，把侧重点放在调整管理模式、推行先进的管理方法上，实现了行政推动与政策调动相结合，政府决策与建设者自主决策相结合，计划管理与市场调节相结合。在工程建设中切实把适地适树、造林任务、造林方式、树种配置、管护措施等落实到山头地块。

2011年，三北工程进入五期工程建设阶段。党的十八大以来，党中央作出了建设生态文明和美丽中国的战略决策，出台了《关于加快推进生态文明建设的意见》，习近平总书记提出了“绿水青山就是金山银山”理念，为工程建设营造了有利的内外部发展环境，三北工程继续成为国家生态修复的标志性工程。建设生态文明、实现美丽中国为工程发展赋予了新使命，打赢扶贫攻坚战为工程发展寄予了新期待，“京津冀协同发展”等重大国家发展战略为工程发展带来了新机遇，开展大规模国土绿化行动为工程发展增添了新动力，三北工程指导思想再次向生态产业化方向转变，实行将兴林与富民紧密结合，推进生态林业和民生林业协调发展，成为解决农牧民就业增收的重要途径。

三北工程建设的实践是不断发展的，推动实践基础上的理论创新，就要求一方面要坚持学懂弄通做实，坚持用新思想武装头脑、指导实践、推动工作；另一方面，也要坚持发展的眼光，根据时代变化和实践发展，不断深化认识、总结经验，坚持理论指导和实践探索的辩证统一，实现理论创新和实践创新的良性互动。

进入工程六期规划阶段，工程建设指导思想为以习近平新时代中国特色社会主义思想为指导，全面贯彻党的十九大和十九届历次全会精神，深入践行习近平生态文明思想，牢固树立“绿水青山就是金山银山”理念，坚持尊重自然、顺应自然、保护自然，以巩固和发展祖国北疆绿色生态屏障为发展目标，以不断提升林草资源总量和质量为主攻方向，以实施重要生态系统保护和修复重大工程为建设重点，以服务国家重大发展战略为要务，创新体制机制，完善政策措施，加强科学绿化，突出示范引领，保护修复提升并举，统筹推进山水林田湖草沙综合治理、系统治理、源头治理，推动三北工程高质量发展，持续改善三北地区生态环境，扩大优质生态产品供给能力，为实现人与自然和谐共生的现代化和建设美丽中国作出更大贡献。

秉持与时俱进的指导思想接力新时代，三北工程将深入贯彻落实习近平总书记对三北工程建设的重要指示精神，立足新发展阶段，坚持新发展理念，加快形成工程建设高质量发展格局，把三北工程打造成国家生态安全屏障的主体工程、林草高质量发展的标志工程、国家重大发展战略的基础工程、践行“两山”理念的富民工程、推进全球生态质量的典范工程。

二、工程建设重点随社会发展精准靶向发力

三北地区生态脆弱，治理难度大、任务重。建设中，在坚持防沙治沙、水土保持、农田防护林建设三大重点的同时，根据不同时期、不同阶段国民经济和社会发展的重点，突出工程建设主攻方向，明确治理目标、重点与任务，有计划、有重点、有步骤地推进工程建设。

一期工程按照因地制宜、因害设防的基本原则，在农牧交错地带的长城沿线紧密结合基本农田和基本草牧场建设，确定了194个重点建设县，通过实施主体工程和区域工程相结合，近70%的国家专项投资和70%的建设任务安排到这些重点县，重点开展了以营造农田防护林、牧场防护林、重点地区防风固沙林、水土保持林为主体的防护林建设，取得了明显成效。一期工程实行防护林、经济林、

薪炭林、用材林和四旁植树相结合，农田林网、防护林带和成片造林相结合，种乔、种灌和种草相结合，人工造林种草、封山（沙）育林育草和管护好原有植被相结合，按山系、流域进行综合治理，尽量连片靠拢，尽快形成体系。这样做的结果，突破了过去片面强调营造用材林、单纯搞林带和种乔木的老框框，改变了过去单纯靠人工造林而不重视封育林草的做法。

昌图县位于辽宁省北部，科尔沁沙地东南边缘，辽宁、吉林、内蒙古三省（自治区）交界处。全县区域面积648万亩，其中林地面积122万亩。20世纪70年代，全县除东部山区外，森林资源较少；林木稀疏，分布不均，老化多病，生态防护作用甚微，干旱、风沙危害严重，致使粮食产量低且不稳，平均亩产不足150千克。特别是西部风沙区，每到春季大风肆虐，沙尘飞扬，道路因风沙受阻，农田因风剥沙压，人民群众生产活动受到严重影响。1978年，昌图县被国家列为三北工程县。县委、县政府决定以国家三北工程建设为契机，在全县范围内大力开展农田防护林建设。

40年来，经过历届县委、县政府和全县人民的共同努力，大力开展农田防护林建设，遏制了风沙危害，保护了农田，促进了全县各业持续健康发展。40年间，昌图县累计完成人工造林70万亩，有林面积发展到90万亩，森林覆盖率由1978年的8%提高到现在的13.88%，提高了近6个百分点。林木总蓄积量由208万立方米增加到485万立方米。特别是西部风沙区，区域面积150万亩，实行带、网、片相结合，累计完成人工造林30万亩，使林地面积由40年前的22.5万亩，增加到现在的52.5万亩，保护了100万亩耕地。目前，全县已形成了东部山区水源涵养林、中部平原区农田防护林和西部风沙区防护林三大林业生态体系，生态环境得到了很大改善。

昌图县农田防护林建设，得到了国家和省、市的充分肯定，先后被国家评为“全国造林绿化模范县”“全国防沙治沙先进县”“全国绿化先进县”“全国林业生态建设突出贡献奖先进集体”，多次受到三北局和省、市的表彰和奖励。

二期工程在巩固完善已有农田防护林体系建设的同时，重点安排内蒙古、陕西、宁夏三省（自治区）的毛乌素沙地防风固沙工程、内蒙古东部和辽宁、吉林西部的科尔沁沙地防风固沙工程，包兰铁路两侧的防护林工程，京津周围绿化工程，青少年黄河护岸林工程五个重点工程，并在重点平原区开展了高标准农田防护林体系建设、主要风沙区防沙治沙示范区建设和重点水土流失区生物措施与工程措施相结合的水源涵养林和水土保持林建设。1989年，又将山西昕水河流域六县及陕西永寿县、内蒙古科尔沁左翼中旗、甘肃省景泰县和古浪县等确定为生态经济型防护林示范区，把防护林建设和区域经济发展、农民脱贫致富有效结合起来，有力地促进了三北地区生态经济兼用林的发展，带动了群众脱贫致富和区域经济发展。

临汾市昕水河流域生态经济型防护林体系建设工程，是山西省三北防护林体系建设的重要组成部分。1978年以来，临汾市通过深化工程改革，创新建设机制，大力推进工程建设，初步建成了区域性的生态经济型防护林体系。特别是近年来，各级政府和林业部门把生态建设与扶贫攻坚紧密结合，大力推进“一个战场打赢两个战役”，为三北工程建设增添了新的活力、拓展了新的内涵，对三北工程建设持续发展起到了积极的推动作用。

昕水河流域位于吕梁山生态脆弱区，1978年以来完成人工造林552.82万亩，流域内森林资源不断增加，有林地面积已达373.69万亩，森林覆盖率达到31.6%，区域生态环境得到了明显好转。据测算，控制水土流失面积由1985年的250万亩增加到750万亩，提高了3倍，土壤侵蚀由每平方千米8200吨下降到3200吨，减少了57%，昔日的荒山、荒坡、黄沟呈现出山清水秀的自然生态景观。临汾市三北工程区通过40年的防护林体系建设，基本形成了吕梁生态脆弱区、太行山水源涵养区、百里汾河经济带湿地植被恢复区三大区域性防护林体系。

三北工程40多年的建设，为流域内的社会经济发展拓宽增收渠道，壮大高效林业，发展绿色产业，在实现全面小康的伟大战略具有不可替代的作用。同时为贫困地区农民营造特色经济林、林下经济、森林康养、乡村旅游等新兴产业，引入社会资本盘活农村闲置资源，增强流域内社会经济转型发展的后劲。据测算，区域内人均粮食由1978年以前的256千克，增加到了680千克，增加了2.6倍，林果产值达到386168万元，比1978年以前的20039万元增长了19.3倍。截至目前，昕水河流域内六县已经突破了人均1.5亩经济林的发展目标，产量达到40591万千克，增长了60多倍，人均收入已由1978年的108元，上升到4120元。涌现出了永和县河浍里、隰县上干、吉县谢悉、乡宁枣林、大宁曲娥、蒲县白家庄等上百个靠林果业脱贫致富的小康村，有6000余户农民靠林果业成了小康富裕户，有5万余户农民靠林果业致了富，其中隰县、吉县的林业收入占总收入的60%以上。

三期工程建设从各地实际出发，贯彻因地制宜、因害设防，先易后难、由近及远，突出重点、择优扶持的原则，在全面发动的基础上，实行重点突破，由东向西全面推进。在巩固已有建设成果的基础上，提出率先在东北三省和京津两市以及西部八省73个县建设区域性防护林体系的奋斗目标，把农田防护林体系作为工程建设的重中之重，在计划资金上优先予以保证，在科技推广上重点给予支持，在政策措施上优先予以扶持。目前，东北三省和京津两市都建成了跨流域、跨省份、跨山系、集中连片、规模浩大、布局合理的大型区域性防护林体系。

通州区三北防护林体系建设工程，将平原绿化美化与城市布局相结合，在风沙危害区公路、河道两侧广泛开展了绿化造林活动，经过多年的努力，已基本形成了点线面、带网片相结合的防护林体系格局，加快了林业产业化进程，取得了明显的社会、经济、生态效益，形成了生态、景观、效益相统一的绿色生态体系。在六环路、京沪高速、潮白河等重点区域，构建分组团、有特色、多树种、多层次、多色彩的景观效果。同时，依托三北工程发展林下经济，带动了当地二、三产业的迅猛发展。全区建设规模化苗圃38个、面积达到2.74万亩，吸纳当地农民就业2358人，吸收社会投资16.4亿元发展食用菌和林下药业种植面积3005亩，林下经济产值4245万元。

天津市武清区位于天津市西北部，地处京津之间，地理位置得天独厚，素有“京津走廊”“绿色明珠”之称。区域面积1574平方千米，辖29个镇街、741个行政村。武清区历届区委、区政府都高度重视造林绿化工作，提出“环境立区，生态强区”的总体思路。以生态建设、生态安全、生态文明“三生态”林业发展总体战略为指导，以三北防护林体系示范区建设为契机，瞄准建设绿色武清新目标，制定发展规划，优化林业格局，使武清林业取得了令人瞩目的成绩。截至2017年年底，全区林地面积89.1万亩，各种林木总株数4473万株，活立木蓄积量640万立方米，林木绿化覆盖率达37.7%。2016年，武清区被全国绿化委员会授予“全国绿化模范城市（区）”荣誉称号。

四期工程根据国家批复三北工程建设以防沙治沙为重点的基本要求，在工程建设中又把科尔沁、毛乌素、呼伦贝尔、河西走廊、新疆绿洲外围等作为工程建设的重点，将国家下达投资和安排建设任务的70%以上用于防沙治沙，新治理沙化土地32.68万公顷。这个重点的确定，符合三北地区的自然特点，符合全国生态环境建设的大局，抓住了三北地区生态建设的主要矛盾。据第四次全国荒漠化和沙化监测表明，2004—2009年三北地区荒漠化土地面积全部净减少。其中，内蒙古减少4672平方千米，河北减少1802平方千米，甘肃减少1349平方千米，辽宁减少1153平方千米，宁夏减少757平方千米，山西减少490平方千米，新疆减少423平方千米，陕西减少406平方千米，青海减少284平方千米。三北地区沙化土地面积也有不同程度的减少，其中，河北减少2782平方千米，内蒙古减少1253平方千米，甘肃减少1121平方千米，山西减少877平方千米，青海减少548平方千米，黑龙江减少330平方千米，陕西减少212平方千米，宁夏减少204平方千米。此外，内蒙古通辽和鄂尔多斯、宁夏盐池、陕西榆林等重点治理区域沙化土地实现了逆转。

通辽市位于内蒙古自治区东部，地处科尔沁沙地腹地，科尔沁沙地横跨内蒙古、吉林、辽宁三省（自治区），沙地面积7760万亩，其中，在内蒙古通辽市境内有4086万亩，占科尔沁沙地面积的52.7%，占通辽市总面积的44.5%，通辽市138个苏木（乡、镇）、321万人口中，有90个苏木（乡、镇）、近200万人口生活在“无风三尺土”的恶劣环境中。

三北工程自1978年实施以来，全市各级党委、政府深入贯彻落实中央、自治区各项方针、政策，团结和带领全市各族干部群众，坚持“生态立市”战略，开拓创新，同风沙奋战。向沙漠进军，取得了显著的成绩。截至目前，全市有2000多万亩沙化土地得到了有效治理，森林面积增加到2516万亩，森林覆盖率由1978年的8.9%提高到27.99%，活立木总蓄积量由1978年的829万立方米增加到3623万立方米。通过防沙治沙，全市林草植被盖度增加，山、沙“两区”生态环境得到明显改善，不少地区通过治山、治沙，依托建设养畜、发展林果业，使农牧民走上了致富之路。生态区位重要地区和生态脆弱地区通过收缩农牧业生产活动、搬迁转移农牧民，生态得到有效保护，植被得以休养生息。防沙治沙在改善生态环境，促进地方经济发展，加快农牧民致富中发挥了重要作用。通辽市先后被授予“全国林业生态建设先进地区”“全国平原绿化先进市”“全国绿化模范城市”荣誉称号。

五期工程在坚持以植树造林为重点，以生态修复为核心，以防沙治沙和水土保持为根本任务的基础上，坚持以规模治理为突破口，构筑北方绿色生态屏障基本骨架。五期工程规划了32个百万亩防护林基地建设项目，造林任务213万公顷，占五期人工造林任务的26.2%。这是三北工程转变发展方式、推进规模治理、提高建设成效的重大举措。各地按照“统一规划、科学布局、先行试点、分步启动”的原则，在生态区位重要、立地条件较好、群众积极性高的地方，优先启动建设一批百万亩防护林基地，这是三北五期工程建设的最大亮点。此外持续推进黄土高原综合治理、退化林分修复、特色林果业基地建设，服务好国家发展战略，为“一带一路”建设、京津冀协同发展两大战略提供良好的生态支撑，也是五期工程建设结合时代要求做出的新举措。

截至2015年年底，辽宁省已全面超额完成了科尔沁沙地以樟子松为主的百万亩防风固沙林基地建设任务，对周边地区生态建设起到了明显的示范与辐射作用，使项目区生态明显改善，风沙侵害得到初步遏制。同时，在百万亩防护林基地项目实施过程中，注重生态效益、经济效益和社会效益相统一，大力发展经济林，据统计项目区经济林比重占50%以上，实现了生态林业和民生林业“双赢”的目标。

黑龙江省始终坚持因地制宜、适地适树，因害设防、突出重点、整体推进、规模治理的原则，持续有效推进科尔沁沙地百万亩人工林基地项目建设，全面超额完成了项目建设任务。通过百万亩项目的全面实施，沙化土地面积持续减少，有林地面积总量增加。通过有效治理，建设区风沙、干旱等自然灾害明显减轻，沙区生态环境明显改善，群众生产、生活条件显著提高，粮食产量提高15%，在确保绿色增长的同时，大力发展红松坚果林、山杏嫁接甜仁杏、俄罗斯大果沙棘等生态经济林，积极引导沙区农民发展林药、林菌、林畜、林禽等林下经济，实现了生态林业和民生林业的协调发展。

青海湟水河流域以云杉为主的百万亩水源涵养林基地建设项目，建设期2013—2017年，主要造林树种有青海云杉、祁连圆柏、沙棘，建设任务44.34万亩，任务已全部完成。通过该项目的实施，湟水河流域生态环境条件得到初步改善，项目区农田得到有效保护，基本实现了林网化，水土流失初步得到了控制，取得了较明显的生态、社会和经济效益。

宁夏六盘山以油松为主的百万亩水源涵养林基地建设项目，建设期2015—

2020年，主要造林树种油松、落叶松、沙棘、紫穗槐，建设任务35.12万亩，任务已全部完成。该项目涉及固原市原州区、西吉县、彭阳县、隆德县、泾源县、六盘山和南华山国家级自然保护区。在项目实施过程中，加大了混交林比例，构建了稳定的植物群落，更好地发挥了生态效益。

目前正在规划中的六期工程建设，结合全国重要生态系统保护和修复重大工程、“十四五”林草保护发展规划的实施，深入开展北方防沙带、黄河重点生态区、青藏高原生态屏障区、东北森林带等重点区域生态保护修复，统筹实施区域性系统治理示范项目。聚焦重点、统筹资金，在工程区规划布局54个重点建设项目，系统构建东部丘陵平原区、北部风沙区、黄土高原区、西北荒漠区四大生态屏障体系，巩固和发展祖国北疆绿色生态屏障。

三、工程建设政策机制随经济发展不断创新优化

根据不同阶段的社会经济发展情况，工程建设始终以改革为动力，不断探索新形势下林业建设的机制和政策，努力创造有利于工程建设良性发展的经济政策环境，促进了工程建设的顺利实施。

一期工程上马不久，各地结合农村联产承包责任制的落实，大力推行了承包造林、“谁造谁有，允许继承和转让”和“国家、集体、个人一起上”的政策。这一政策的推行，促进了造林生产责权利的结合，明晰了产权关系，调动了农民的造林积极性。推行这一政策之后的三年成为三北工程20多年的建设历程中完成造林最多的时期。其中1984年，三北地区人工造林作业面积达到222.2万公顷，为三北工程建设历史之最。

随着农村改革的深入，结合农村双层经营体制改革和全民义务植树等政策的实施，推行“两工”（义务工和劳动积累工）造林和“四统一分”（统一规划、统一标准、统一造林、统一验收、分户经营）的造林政策。这一政策的推行，探索了工程建设新的组织形式和利益激励机制，较好地解决了三北工程这项劳动密集型工程的劳力问题，促进了按山系、按流域的规模治理，推动了工程建设的稳步发展，提高了建设质量。

进入20世纪90年代后，随着我国法制建设的不断完善，生产要素市场的日益

发展和农村经济情况的大幅度改善，开始推行“四荒”拍卖和股份合作制造林政策。这一时期，各地在工程建设中通过“完善”拍卖颁发，进一步加大“四荒”拍卖力度，制定、出台了一系列有利于“四荒”拍卖的政策和办法，打破行政区划、所有制和购买者身份的界限，鼓励不同经济成分主体，购买“四荒”植树造林，允许继承和转让，进一步稳定林地所有权，搞活林地使用权和经营权，保障了农民收益权，并对个体造林、育林大户给予一定的经济扶持和必要的信贷支持，充分调动了工程建设的积极性，解放了林地，保证了防护林工程建设的资金投入和活劳动投入。

20世纪90年代后期，一些地方逐步建立了中幼龄林买卖市场，创办家庭林场、股份制林场，盘活林地和林木资源，积极发展非公有制林业政策。这一政策的推行，为有经济实力的投入主体参与林业建设提供了一个广阔的空间，促进了林业投入主体的多元化。四期工程建设以来，坚持以“明晰林木所有权、放开使用权、搞活经营权、落实处置权、保障收益权”为主线，全面落实“谁造谁有、合造共有”的政策，进一步明确了各类社会主体投入林业建设的法律地位，极大调动了民营企业、社会团体、个人投入工程建设的积极性，非公有制林业取得了长足发展，由“另册”进入“正册”，三北工程建设的多元化投入格局已经形成。

20世纪80年代中期，辽宁、内蒙古、新疆等省份先后制定了从水资源、风景区、矿产等部门的收益中提取生态建设补偿费的地方政策。这些政策的推行，在某种程度上缓解了工程建设投资不足的状况。四期工程期间，随着国家生态公益林补偿政策的实施，工程营造的符合国家生态区位条件的防护林被纳入中央森林生态效益补偿资金的补偿范围；部分区划为地方生态公益林的防护林被纳入地方森林生态效益补偿资金的补偿范围。2015年，中央财政提高国有国家级公益林补偿标准，由每年每亩5元提高到6元。2010年、2013年国家提高集体（个人）所有的国家级公益林补偿标准，由每年每亩5元分别提高至10元和15元。

2008年，以中共中央、国务院出台的《关于全面推进集体林权制度改革的意见》为标志，国家大力推进集体林权制度改革，集体林依法明晰产权、放活经营、规范流转、减轻税费，进一步解放和发展林业生产力，三北防护林建设也逐渐趋于规范，出现了不栽无主树、不造无主林的局面，实现了“山定权、树定根、人定心”，造林也初步形成“权、利、责相统一，种、育、管相衔接”的局面。集体林权制度改革分山（沙）到户、确权到人，极大释放了人的潜能、林地的潜力、林业的多种功能，为广大农民群众积极投身工程建设搭建了平台，开辟了渠道，实现了资金、土地、劳动力等生产要素向三北工程的流动和聚集。实践证明，集体林权制度改革的推行，调动起了广大群众参与工程造林的积极性，促进了工程建设向产权利益明细化、发展动力多元化、生产经营规模化的方向发展，推动了工程建设的全面发展。

2014年12月12日，国家林业局下发《关于进一步深化三北防护林体系建设改革的意见》，对深化工程建设改革进行了有益探索。首次提出了“以水定林”的技术方针，在年降水量400毫米以下的地区以灌草为主，营造多种形式的混交林；首次提出了建立生态风险评估制度，对工程区内开发建设项目开展环境影响评价；首次提出了造林面积报损核减的概念。在投入补贴政策方面，将造林基础设施建设、抚育管护纳入投资范畴；凡纳入工程建设范围的造林不分林种树种、不限比例、不分所有制，同等享受工程建设补助政策。在生态效益补偿方面，提出三北工程营造的生态公益林，原则上纳入国家和地方生态公益林补偿范围。同时，探索建立政府直接收购公益林、跨区域生态补偿等市场化机制。在金融扶持政策方面，强调要建立和完善工程建设林业信贷担保机制，拓宽信贷担保物范围。完善政府扶持的林业保险机制，积极推进政策性森林保险工作。在考评验收机制上，强调要建立工程建设标准体系，合理确定防护林初植密度，完善封山（沙）育林考核验收标准，将藤本植物纳入工程建设内容。

良性发展的经济政策环境也不断提高了广大农民群众投身工程建设的积极性。2007年，亿利资源集团聘请农牧民在库布其沙漠植树种草，敖特更花抱着试试看的心态参与其中，她在信用社贷款8万元，种了2000亩约32万株沙柳，当时还是不太相信这能成功。但是，当敖特更花在2007年的10月来到鄂尔多斯市杭锦旗独贵塔拉镇道图嘎查看到她种的沙柳时惊呆了：绿油油的一大片，虽然不茂密，但成活率达95%。

第二年，敖特更花成了亿利民工联队小分队队长，带着30多个工人种树。慢慢地，敖特更花种树种出了经验，也种出了“金子”。十几年的时间，敖特更花的民工联队绿化沙漠面积达到了2万多亩，植被成活率均在95%以上。减去工友们的日常花销和劳务费，敖特更花每年收入近20万元，她和爱人翻新了房子，买了私家车，日子越过越好。“工友们跟着我干活，一天能挣到200块钱，一年能收入好几万，只有大家都富起来才是真正的富裕。”

她和她的民工联队随着企业的绿化事业，逐渐走出了内蒙古。2014年，敖特更花带领着自己的团队前往新疆塔克拉玛干沙漠阿克苏新疆建设兵团去种树。在亿利资源集团的统筹和带领下，在阿克苏新疆建设兵团12团种了900亩红柳，600亩沙柳，还有240亩甘草。2017年，她独自一人驱车3360千米到西藏山南，在西藏山南市扎囊县桑耶镇承接了苜蓿种植项目。当地生态环境较为脆弱，在企业对生态修复进行设计后，她就组织人手完成了平整土地等前期工作，现在那里已经有了600亩的育苗基地，大面积种植沙枣、柠条、杨柴等沙生植物。

到西藏山南去种树，45天，工友们每人可挣16200元，而且伙食费基本全免。除此之外，敖特更花在西藏还有曲水的育苗基地项目和多吉的甘草项目，除去工友们的日常花销和劳务费，敖特更花几个项目每年收入近20万元。正是在“公司+农户”的企业生态市场化模式中，这些生活在脆弱环境中的人，有了可观的收入。

四、工程建设质量随科技发展全面提升

三北工程是我国启动实施的第一个重大生态工程，工程建设本身就是一个不断探索的过程。如果说工程建设初期更多属于战天斗地式的“精神造林”和“土办法造林”，那么随着工程建设的不断推进，造林技术的不断创新，三北工程有了更多的科技支撑。三北工程是一个规模宏大且极其复杂的生态修复工程，光靠蛮劲儿和干劲儿是不行的，必须遵循人与自然和谐相处的规律，更需要科学精神和先进的科学技术。科技的力量，就像阳光雨露，在广袤的三北大地化新育绿，正不断为三北精神增添科技之光！

（一）工程技术路线不断完善优化

随着时代的发展和工程建设的向前推进，要求三北工程必须遵循自然规律和经济规律，不断调整工程建设的技术路线，促进工程建设内部结构不断优化，工

程建设进入了“科学化管理”的阶段。

在发展方式上，从单纯造林向造林、保护、经营、利用相结合转变，高度重视管护；在树种选择上，因地制宜选择乡土树种、抗逆性树种，积极培育良种壮苗，提倡使用实生苗、容器苗造林，确保造林成活率和保存率；在造林方式上，从注重人工造林向人工造林、封山（沙）育林、飞播造林相结合转变，把封山（沙）育林摆在突出的位置；在林种结构上，从营造防护林为主向防护林和经济林、用材林等多林种相结合转变；在森林结构上，从营造乔木纯林向乔灌草相结合、针阔叶树种合理配置转变，大力营造混交林和灌木林，培育健康稳定的森林群落。这些科学管理的原则，为三北工程确保成活、成林、成材、提升效益提供了基本保障。

（二）工程管理水平信息化程度不断提升

随着信息化的深入发展，新一代信息技术在经济社会领域广泛应用，各行各业都深受影响。发展以信息技术为支撑的现代林业，以信息化管理为手段，将现代信息技术与三北工程进行深度融合，成为加快三北工程建设的必然选择。

三北工程通过国家重大项目的平台，开展了“863”项目“基于多元数据的国家林业生态工程监测与评价网格应用系统”，构建了具有54个节点的林业高性能计算集群环境，整合了与三北工程监测相关的各类数据，实现了多元源数据的网格环境共享；通过“948”项目“三北防护林体系工程营造林管理信息系统建设”，构建了三北工程营造林管理的局级和县级网络平台，实现用信息手段对年度计划、造林作业设计、检查验收的管理。并自主研发了无线传感器网络服务系统，实现了远程传感器数据的汇集和在线管理及共享；通过营造林管理信息系统建设，构建了营造林管理网络平台，实现了工程建设的现代化管理，提升了工程管理水平和效率，为三北工程建设的科学发展提供了有力支撑。

（三）工程技术创新不断取得新突破

多年来，三北工程在防沙治沙、抗旱造林、飞播造林、防护林经营等方面取得了一系列重大突破，丰富和发展了我国防护林建设的理论与实践。

在防沙治沙方面，突破了过去被动的以防和治为主的技术方案，提出了综合治理的思路，实现了在防沙治沙上生态效益和经济效益的良性循环；在干旱、半干旱地区人工造林方面，突破了造林成活率的技术难关，探索出了以径流林业、深栽造林为主的系列抗旱造林技术，使造林成活率提高了23个百分点；在沙区树种引种上，突破了固定的思维定式和技术难题，辽宁章古台和陕西榆林引种红花尔基的樟子松，在科尔沁沙地和毛乌素沙地建成了百万亩樟子松林海，使沙区的树种结构由灌草模式逐步变为乔灌草模式，并在沙区逐步推广，创造了沙海变林海的奇迹；在飞播造林方面，突破了年降水量200毫米的禁区，飞播造林成效提高20个百分点；在防护林经营方面，三北工程首次把退化林修复纳入工程造林中，颁布了《退化林分修复技术规程》，填补了我国在退化林修复研究领域的空白，探索了防护林体系建设可持续发展的技术路径。

（四）工程技术推广促进科技含量不断增加

在做好技术创新的同时，三北工程也十分注重科学技术推广。

20世纪80年代，在工程建设中推广应用了以容器育苗技术、钻孔深栽技术、开沟深栽旱作林业技术、汇集径流抗旱造林技术等为主的系列抗旱造林技术和种子大粒化等飞播造林技术。进入90年代，按照不同类型区，组装配套造林、营林等综合技术措施，建设科技试验示范区，发挥示范辐射作用。进入四期工程后，推行了生态防护型、生态经济型、生态景观型防护林建设，总结推广应用100多种造林模式。进入五期工程后，大力推广抗逆性强、适生性广、寿命长、生态与经济效益兼顾的优良树种，重点抓好樟子松、油松、落叶松、侧柏等乔木树种和沙生植物优良品种的繁育和推广，推广干旱区机械化造林、抗旱保水剂造林、绿色植物生长调节剂应用等技术。

同时，按照不同地域类型区，先后在河北、山西、内蒙古等省份建设综合示范区33处，相继建立和命名三北防护林体系试验研究中心、三北工程科技推广中心、陕西横山百万亩防护林基地建设、甘肃静宁百万亩特色林果业基地等科技示范单位，使之成为推广新技术新品种、示范引领三北工程建设的排头兵。

“点亮一盏灯，照亮一大片”。科技辐射带动作用的充分发挥，有效提升了工程建设的科技含量，有力提升了工程建设质量效益，也全面增强了三北精神底蕴和价值。

（五）工程治理模式不断有新发展

在三北工程建设初期，各地根据地方实际，充分凝聚广大林业干部和人民群众的智慧，创造出许多典型的治理模式。

河北迁西的“围山转”整地造林模式，是在坡度小于25°的荒山丘陵地区，打出一道道环山等高线，沿等高线开挖水平沟，并将水平沟修成内低外高的床面，外沿修成25～30厘米高的埂，形成一道道环山等高带状梯田；宁夏彭阳的“88542”隔坡反坡水平沟整地技术，是通过扩穴深挖和表土回填，有效改善土壤结构和质地，增加土壤含水量，大大提高苗木成活率和生长量；在宁夏中卫，当地群众以草方格治沙，流动的沙丘被灌草结合的植被牢牢锁住，植被开始在沙地上慢慢恢复。以草方格为核心的治沙科学体系，被世界公认为人类治沙史上的奇迹，草方格也被世界亲切称为“中国魔方”；黄土高原的水土流失问题自古就是一道难题。然而三北工程建设者们采用“鱼鳞坑”，巧妙地将雨水节流在树坑里，使得树木的成活率得以大大提高。曾经光秃秃的陕西延安宝塔区，如今山上生态林戴帽，经济林果树缠腰，沟底淤堤坝良田垫底，早已不是旧时模样。

这些技术和模式符合当地实际，是基层林业干部和人民群众在造林实践中总结出来的，是经得起历史检验的，在促进地方林业生态建设方面发挥了巨大作用。

改革开放创伟业，一往无前写史诗。历史发展有其规律，只要把握住历史发展大势，抓住历史变革时机，奋发有为，锐意进取，任何事业就能更好前进。历史和实践充分证明，改革开放以来，三北工程建设解放思想、实事求是，大胆地试、勇敢地改，干出了一片新天地，让三北精神焕发出了全新的时代光彩！在新时代新阶段，三北工程建设正在加快转变政府职能力度，让“看不见的手”和“看得见的手”都用好，努力形成市场作用和政府作用有机统一、相互补充、相互协调、相互促进的格局，推动生态保护修复高质量发展，增加优质生态产品供给，维护国家生态安全，构建生态文明体系，推动美丽中国建设。

第三节　三北工程践行新时期生态文明思想拓展了三北精神的内涵

伟大的生态文明建设培育了伟大的三北精神，伟大的三北精神将伟大的生态文明理念在三北工程建设中付诸实践。生态文明理念之所以伟大，在于生态文明理念顺应了人类文明发展规律、自然规律和经济社会发展规律，在于摒弃了千百年来国际、国内以牺牲生态环境为代价的发展方式，在于找到了实现人类经济社会永续发展的真理和模式。在生态文明思想的指引下，三北工程创造了看得见、摸得着、可复制、可传承的路径和模式，树立了绿色发展的典范、建设美丽中国的榜样、建设生态文明的旗帜和实现永续发展的方向。

党的十八大以来，以习近平同志为核心的党中央把生态文明建设摆在全局工作的突出位置，全面加强生态文明建设，一体化保护和系统治理山水林田湖草沙，开展了一系列根本性、开创性、长远性工作，决心之大、力度之大、成效之大前所未有，生态文明建设从认识到实践都发生了历史性、转折性、全局性的变化。在习近平生态文明思想的指引下，三北工程扛起巩固和发展北方生态屏障的历史使命，奋进新时代，启航新征程，三北精神的内涵愈加丰满，充满了奋进新时代的蓬勃气象。在日趋成熟的三北精神引领下，三北工程建设内涵和举措日益丰富，正在经历着由传统造林向科学绿化、由兼顾全面到突出重点、由数量到质量、由大水漫灌到精准滴灌的变革。

一、“人与自然和谐共生”的生态文明观厚植了三北精神的底色

自然是生命之母，人与自然是生命共同体，人类必须敬畏自然、尊重自然、顺应自然、保护自然。“万物各得其和以生，各得其养以成”，这是源远流长的中华文明精粹，延续了“天人合一”“道法自然”的文明根脉。习近平总书记多次叮嘱，别跟自然较劲，应该以自然为根。

2021年4月30日，习近平总书记在主持第十九届中共中央政治局第二十九次集体学习时强调："要完整、准确、全面贯彻新发展理念，保持战略定力，站在人与自然和谐共生的高度来谋划经济社会发展，坚持节约资源和保护环境的基本国策，坚持节约优先、保护优先、自然恢复为主的方针，形成节约资源和保护环境的空间格局、产业结构、生产方式、生活方式，统筹污染治理、生态保护、应对气候变化，促进生态环境持续改善，努力建设人与自然和谐共生的现代化。"

（一）尊重自然，科学绿化助推三北工程高质量发展

三北工程开创了我国重点生态工程建设的先河，推动了我国林业建设的全面发展，为科学开展大规模国土绿化发挥了排头兵、先行地、实验区的作用。同时，我们也要清醒地认识到，建设三北工程是一项史无前例的开创性事业，没有成功经验可资借鉴。40多年的建设历程，是一个不断探索、不断创新、不断完善的过程。随着工程建设的深入推进，三北工程也暴露出许多困难和问题，比如，乔灌草配置不合理、造封飞比例不均衡，林草生态系统质量和稳定性不高；林种树种结构单一、生物多样性功能不强；人工林出现不同程度的衰退死亡，防护林的可持续性受到挑战；造林种草与水、土、气、生等生态因子的匹配度和耦合性不高，加剧了林草生态系统可持续发展的不确定性等。综合分析这些困难和问题，归根到底还是科学绿化的理念树得不牢、措施抓得不实、监督管理没有跟上。

当前，我国进入新发展阶段，开启全面建设社会主义现代化国家的新征程。深入贯彻新发展理念，加快构建新发展格局，推动高质量发展，创造高品质生活，都对良好生态环境、优质生态产品的供给提出了新的更高的要求。我们要顺应经济社会发展对良好生态的需求，满足人民群众对优美生态的期待，深刻认识全面开展科学绿化、提升生态产品供给能力的紧迫感和责任感，切实把注重科学、注重质量、注重效益摆在三北工程建设的首要位置，努力探索走出一条科学生态节俭的绿化之路，持续改善生态环境质量，提供更多优质生态产品，为建设人与自然和谐的现代化奠定坚实的生态基础，不断提升人民群众的生态环境获得感、幸福感和安全感。

因此，贯彻新发展理念、构建新发展格局、推动高质量发展是新时代三北

工程发展的应有之义。科学开展国土绿化，“巩固和发展祖国北疆绿色生态屏障”，是新时代三北工程建设的使命。三北地区是生态文明建设的主战场、山水林田湖草沙系统治理的主阵地、科学推进国土绿化的主旋律。科学绿化是遵循自然规律和经济规律、保护修复自然生态系统、建设绿水青山的内在要求，是改善生态环境、应对气候变化、维护生态安全的重要举措，对建设生态文明和美丽中国具有重大意义。

近年来，习近平总书记先后对科学开展国土绿化作出一系列重要指示批示。总书记指出，要“因地制宜深入推进大规模国土绿化行动，持续推进森林城市、森林乡村建设，着力改善人居环境，做到四季常绿、季季有花，发展绿色经济，加强森林管护，推动国土绿化不断取得实实在在的成效。”“要科学推进荒漠化、石漠化、水土流失综合治理，开展大规模国土绿化行动。”“开展国土绿化行动，既要注重数量更要注重质量，坚持科学绿化、规划引领、因地制宜，走科学、生态、节俭的绿化发展之路。”“绿化只搞‘奇花异草’不可持续，盲目引进也不一定适应，要探索一条符合自然规律、符合国情地情的绿化之路。”“山水林田湖草沙怎么摆布，要做好顶层设计，要综合治理，这是一个系统工程，需要久久为功。”“要着力提高森林质量，坚持保护优先、自然修复为主，坚持数量和质量并重、质量优先，坚持封山育林、人工造林并举。”总书记的这些重要论述和指示批示，对国土绿化的理念、原则，甚至技术措施，都提出了非常明确的要求。为三北工程开展科学绿化工作指明了前进方向，是指导我们科学开展国土绿化工作的基本遵循。

2021年5月，国务院办公厅印发了《关于科学绿化的指导意见》，明确了科学绿化的工作原则，坚持保护优先、自然恢复为主，人工修复与自然恢复相结合，遵循生态系统内在规律开展林草植被建设，着力提高生态系统自我修复能力和稳定性；坚持规划引领、顶层谋划，合理布局绿化空间，统筹推进山水林田湖草沙一体化保护和修复；坚持因地制宜、适地适绿，充分考虑水资源承载能力，宜乔则乔、宜灌则灌、宜草则草，构建健康稳定的生态系统；坚持节约优先、量力而行，统筹考虑生态合理性和经济可行性，数量和质量并重，节俭务实开展国土绿化。

贯彻落实《关于科学绿化的指导意见》，必须依靠科技进步，用科学的理念、科学的方法、科学的措施，因地制宜地在三北地区开展科学绿化，不断扩大林草资源总量，提升林草资源质量，重点是解决好“在哪里造”“造什么”“怎么造”“怎么管”四个问题。一是关于“在哪里造”。要在“国土三调”成果这个唯一底版上，统筹考虑土地利用结构、水资源条件、土地适应性、气候变化等自然因素，科学划定绿化用地空间。二是关于“造什么”。要大力发展乡土树种草种，优先发展灌木林，大力营造混交林，分区分类配置绿化树种草种，走生态节俭绿化之路。三是关于“怎么造”。要加强绿化设计施工管理，加大封育力度，注重飞播造林种草，科学确定造林密度，大力推广节水技术。四是关于“怎么管”。要全面推行林（草）长制，加强抚育管护，创新绿化成果监测评价，严守生态保护红线。

2021年9月，国家林业和草原局在陕西榆林召开三北工程科学绿化现场会，要求各级林草部门要认真学习领会，做到学习融通化，谋划具体化，落实精准化，切实把总书记的重要指示批示精神落到实处，扎实推进三北工程科学绿化工作。各地深入学习领会习近平生态文明思想和习近平总书记关于科学绿化的重要指示批示精神，全面贯彻落实国务院办公厅《关于科学绿化的指导意见》，总结交流三北工程推动国土绿化的成效与经验，分析研究工程建设面临的新形势新任务，明确全面推进三北工程科学绿化的方向和重点，安排部署“十四五”时期三北工程科学绿化工作，扎实推动工程建设高质量发展，加快构筑祖国北疆绿色生态屏障。

2022年5月，国家林业和草原局办公室印发《关于全面推进三北工程科学绿化的实施意见》，提出因地制宜、分类施策、严格保护、科学修复，统筹推进山水林田湖草沙冰系统治理，扎实推动三北工程高质量发展，为谋划今后一个时期三北工程科学绿化工作奠定基础。

河北、山西、内蒙古、黑龙江、青海、新疆等省份结合各地实际，出台了一系列贯彻落实举措。河北省林草局印发《关于鼓励和支持社会资本参与林草生态保护修复的具体措施》，有效吸引社会资本参与林草生态保护和修复，不断增强国土绿化内生动力；山西全面构建以林草生态修复为重点增绿、以增量达产保护为重点提质、以守控火灾虫灾为重点防灾、以碳汇增值补偿为重点创新的目标体系，推动科学绿化落地见效。

山西围绕吕梁山、太行山“两山”，汾河、桑干河、滹沱河、漳河、沁河、涞水河、大清河（唐河、沙河）“七河”，黄河流域山西段“一流域”为骨架的国土空间保护修复格局，科学构建国土绿化体系；甘肃紧抓保护修复主线，持续科学推进造林种草和森林、草原、湿地等资源的保护修复；宁夏按照北部绿色发展区、中部防沙治沙区、南部水源涵养区的生态建设布局，科学推进林草发展，全力建设黄河流域生态保护和高质量发展先行区。

针对三北工程线长、面广、量大的实际，充分发挥典型示范带动作用，经国家林业和草原局批准，《“十四五”林业草原保护发展规划纲要》部署了20个三北工程科学绿化试点县，探索统筹水、土、气、生等生态因子和科学开展国土绿化的新路子。2021年，甘肃平凉市崆峒区、内蒙古磴口县试点县建设率先启动，完成造林绿化用地空间区划，组织开展造林绿化斑块水土气生等生态因子调查，建成试点县可绿化用地空间和属性数据库，编制完成两个试点县的科学绿化技术方案。在总结试点经验的基础上，编制完成了《三北工程科学绿化试点县建设技术指南（试行）》，以影响造林绿化的水资源、土壤立地、气候类型、植被原生分布四大生态因子为切入点，为推进三北工程科学绿化试点县建设提供技术保障。

陕西榆林强化规划蓝图总揽，编制了一系列林草发展规划，确立了毛乌素沙地、黄土丘陵、黄河沿岸土石山区、白于山区“四大”生态空间治理路径。加强科技研究及推广，摸索出植治与水治方法，总结出引水拉沙治沙、搭设沙障造林、“三大一深”抗旱造林、“一改三化八配套”、樟子松“六位一体”造林、石圳造林等技术措施，推动治沙造林速度、质量“双提升”。加强科技人才培养，20世纪70年代末成立陕西省榆林林业学校，培养出8000多名林业中专技术人才，现在已是全市生态建设的骨干力量。进入21世纪，将榆林林业学校整合进榆林职业技术学院，设立林学院，开展大专学历教育；在榆林学院设立园林专业，开展本科学历教育。成立榆林市林科所，建成市、县、乡三级林业科技示范园区20多个。

山西右玉坚持科学造林，用创新方式推进生态系统治理。面对干旱、多风、少雨等困难，右玉注重从造林方式、栽管模式、投入渠道等方面勇于改革创新。针对右玉春季解冻迟、适宜植树时间短的实际，大力推行春秋两季植树、秋季整地，来年春季土壤解冻后适时栽植。针对不同区域立地条件，采取“阳坡柠条阴坡松、沟底河岸沙棘林、通道村镇栽杨柳、林中进草草间林”的栽种模式。对风沙严重地带、风蚀严重地区，坚持工程措施与生物措施相结合、综合治理与全面开发相结合，有效控制水土流失。特别是坚持“生物多样性、树种适应性、林分稳定性和体系完备性”四个统一，尽量选用适合右玉自然条件、抗逆性比较强的樟子松、特色苹果等乡土树种，按照谁治理、谁开发，谁管护、谁受益的原则，将资金拨付与造林成活率捆绑，当年预付40%树苗款，秋后验收成活率达到要求的再付30%，来年秋季保存率合格再付余下的30%，逐步构筑起了网带片、乔灌草相结合的防护林体系。特别是通过议标方式，将造林绿化项目最大限度分配给扶贫攻坚造林专业合作社实施，将60%以上林业管护岗位落实到建档立卡贫困人员。2017年以来，全县共有906名贫困劳动力参与工程建设，565名贫困人口担任护林员，年人均增收7000多元，在“一个战场”交出了生态系统修复、打赢脱贫攻坚战两份“时代答卷”；2018年，右玉成为山西省首批退出的3个国定贫困县之一；2020年，右玉全域宜林荒山实现了基本绿化。

（二）顺应自然，精准治沙助推三北工程再上新台阶

按照党中央、国务院对三北工程建设的部署，工程区各级党委、政府以及林业部门始终把防沙治沙作为工程建设的重要任务，历经几代人坚持不懈的努力，在东起黑龙江、西至新疆的万里风沙线上，营造防风固沙林1.2亿亩，结束了沙化危害扩展加剧的历史。重点治理区的呼伦贝尔沙地林草植被覆盖度由原来不足5%增加到32.5%；地处毛乌素沙地腹地的内蒙古鄂尔多斯市森林覆盖率从20世纪70年代末的不足3%提升到2016年年底的26.7%，植被覆盖率超过80%，生态状况实现了从严重恶化到整体遏制、局部大为好转的历史性转变。

在看到三北工程防沙治沙取得显著成绩的同时，必须清醒地认识到，三北地区仍然是我国沙化土地面积大、分布广、危害重的区域，取得的成绩只能说是初步的、阶段性的。土地沙化仍然是制约三北地区经济社会发展的重要因素，防沙治沙仍然是推进生态文明建设的重点和难点，形势依然严峻，任务依然艰巨。

三北地区防沙治沙已经实现了“绿进沙退”的历史性转折，同时，也仍处于治理与扩展相互“博弈”，进则胜、不进则退的关键阶段。越是在这种紧要关

头，越要保持定力，振奋精神，决不能因为风沙小了、危害弱了而出现麻痹松懈思想，也决不能因为任务重、难度大就出现畏难情绪；要坚持问题导向，深刻总结经验教训，以改革创新精神推动三北工程向更高水平发展；要树立抓实抓细的思想，打破僵化的管理模式，以新的理念带动防沙治沙向纵深推进。

2016年11月，习近平总书记等中央领导同志对防沙治沙工作作出重要批示，高度肯定了我国防沙治沙取得的巨大成就，并对抓实抓细防沙治沙工作提出了明确要求。国家林业局在深入学习贯彻习近平总书记重要批示精神和全面总结三北工程防沙治沙经验和教训的基础上，深刻分析面临的形势和任务，提出了开展精准分类、方案、政策、技术、管理和考核的精准治沙思路，抓实抓细三北工程，为推动新阶段我国防沙治沙工作实现更高水平、更优质量、更大后劲作出贡献。

精准分类解决工程治沙的分区施策问题。深入研究各地的沙化状况，针对不同地区的沙化特点和治理难易程度，因地制宜，分类指导，分区施策，真正做到宜治则治、宜保则保、宜封则封、宜荒则荒。精准方案解决工程治沙的建设重点问题。突出重点，按照先急后缓、先易后难、保证重点、注重效益的原则，集中人力、物力和财力，在国家发展战略区、经济发展活跃区、关系民生热点区，规划实施一批防沙治沙重点项目。精准政策解决工程治沙的长效动力问题。坚持以政府投入为基础、以市场需求为导向、以完善政策为驱动、以机制创新为手段，切实发挥政府主体作用，着力活化投融资机制，调动社会各方面积极性，实现多管齐下、协同发力。精准技术解决工程治沙的可持续性问题。区分不同的沙化类型，采取不同的治理技术和恢复模式，树立尊重自然、顺应自然、保护自然的生态文明理念，打造顺应自然规律的复合生态系统，实现生物多样性，积极推广低覆盖度治沙技术，坚持以水定林，量水而行。精准管理解决工程治沙的质量效益问题。推行工程建设全过程质量管理，完善工程管理、质量监管、政策、监测、执法等体系，把管理的触角延伸到三北工程建设的各工序、各环节，切实保护好沙区的每一寸绿色。精准考核解决工程治沙的主体责任问题。切实把防沙治沙任务分解落实到地方各级政府肩上，奖优罚劣。落实防沙治沙目标责任，严格追责问效。

2017年，国家林业局在第六届库布其国际沙漠论坛上首次提出打破传统的“大水漫灌式”的防沙治沙模式，树立精准治沙理念。10月，国家林业局在宁夏召开了三北工程精准治沙现场会，来自国家林业局、发改委、财政部等有关负责同志及三北地区京、津、冀等14个省份林业部门分管领导及三北站（局）负责人近百人现场观摩宁夏灵武市和盐池县防沙治沙的经验，现场总结会安排部署推行精准治沙和灌木平茬复壮试点，明确提出选择30个具有广泛代表性、典型性的县（旗、区）开展精准治沙试点，以新的发展理念带动防沙治沙工作不断向纵深推进，推动工程建设可持续发展。

在三北工程的带动下，内蒙古林业生态建设取得了显著成效，有效推进了防沙治沙进程，形成了“双增长”“双减少”建设成果。一是森林面积和蓄积量实现持续“双增长”。2013年，第七次全区森林资源清查结果显示，森林面积较上次清查结果增加1822万亩，活立木蓄积量增加1.23亿立方米，森林覆盖率提高1.03个百分点，人工造林保存面积达到9732万亩，居三北地区各省份之首，居全国第二位。二是荒漠化和沙化土地面积实现持续“双减少”。据2014年第五次全国荒漠化和沙化监测结果显示，荒漠化和沙化土地面积比2009年分别减少625万亩和515万亩，减少面积占全国总减少量的近1/3，均居全国首位，为中国政府履行《联合国防治荒漠化公约》作出了重大贡献。在鄂尔多斯召开的联合国防治荒漠化公约第十三次缔约方大会上，内蒙古的治沙造林经验与成就代表中国接受了196个缔约方的检阅，并赢得了与会代表的广泛赞誉。

宁夏灵武经过多年实践，总结出“六位一体”治沙模式。建设两大防护体系，在沙区前沿营造的以灌木为主的干旱固沙林构成第一道生态防线，在职工生活区周围营造的以乔木为主的骨干防护林构成第二道生态防线；发展一个核心产业——经果林产业带；培育两个循环产业，依托经果林产业土地灌溉优势，鼓励支持职工发展种植业、养殖业，为核心产业提供有机肥，培肥土壤，有机循环；充分利用沙区资源优势，发展生态旅游业。“六位一体”防沙治沙和沙区经济发展模式，被国务院确定为推进宁夏经济建设重点推广模式。林场职工年收入保持10%以上增速，2016年职工人均收入达5.8万元。成功选育出适合沙区生长的树种，总结推广以草方格固沙做保障，以春秋植苗造林、夏季营养袋造林、雨季穴播造林、人工撒播造林互为补充的“1+4”治沙技术。分区推行“草方格+灌木”的干旱造林治理方式、乔灌混交林的补水灌溉治理方式、沙产业经济林的引黄灌溉治理方式，实现工程措施与生物措施相结合，延长造林时间，克服了干旱少雨、风蚀沙埋不利因素影响，确保造林一次性成功。

甘肃先后在民勤、敦煌等县（区）建立了一批防沙治沙试验基地和示范县，大力推广黏土沙障、草方格沙障、农作物秸秆沙障、尼龙网沙障、仿真植物等新材料、新技术的试验示范，提高防沙治沙示范辐射作用；推行“带、片、网”三位一体综合治理、生物措施与工程措施相结合、生态修复与生态经济同步实施等成功模式，提高综合治理水平；坚持每年举办全省防沙治沙管理技能培训，提高全省防沙治沙队伍的业务水平和管理能力建设。科技支撑的不断增强，有力保证了防沙治沙建设成效的提升。

青海根据高寒地区沙化和荒漠化土地分布现状及特点，主要采取生物固沙与工程治沙相结合的综合防治措施和封禁保护措施。立足不同立地条件，坚持宜造则造、宜封则封、封造结合，宜林则林、宜灌则灌、宜草则草，乔灌草、带片网结合，不断摸索防沙治沙经验和模式。在水土条件较好的地区，以营造防风固沙林为主，推广节水灌溉技术，提高水资源利用率。坚持先固沙后造林，不断加大柴草、砾石、黏土、尼龙网方格等工程固沙力度，集中连片治理，巩固提升治理效果。在难以造林的地区，以封沙育林和人工种草为主，恢复和扩大林草植被。强化沙棘营养土坨造林，推广容器育苗、生根粉、植物生长调节剂、保水剂等系列抗旱造林技术，在树种配置、治理模式、治理技术等方面，探索出适合青海省高寒干旱区荒漠化特点的防治技术和治理模式，做到了试验示范与推广应用的有机结合，取得良好的生态效益、经济效益和社会效益。

在推进防沙治沙工作中，新疆积极探索既符合市场经济规律又符合沙区特点的发展机制，改善生态、调整结构，发展特色沙产业，实行“谁投资、谁治理，谁开发、谁受益”的原则，激发和调动社会力量参与防沙治沙的积极性，形成政府主导、企业带动、多主体参与、多元化投资的防沙治沙生态工程建设格局，增强治沙活力。目前，已初步形成了以灌草饲料、中药材、经济林果、沙漠旅游等为重点的沙区特色产业，开发了饲料、药品、保健品、化妆品、食品、饮料、果品等一大批沙产业产品，带动了种植、加工、贮藏、运输、销售等相关产业的发展，沙产业链不断延长，产值不断增加。据调查，全疆沙区特色林果种植面积1430万亩，年产量356万吨，总产值121亿元；肉苁蓉、酿酒葡萄、沙棘、枸杞、玫瑰、甘草、黑加仑等沙区特色经济植物种植面积已达131万亩。

（三）敬畏自然，退化林修复助推生态系统稳定

退化林修复关键要树立尊重自然、顺应自然、保护自然的生态文明理念，遵循自然规律，因地制宜，因害设防，封飞造结合，乔灌草搭配，积极推广抗逆性强、适生范围广、生长周期长的优良树种，努力培育稳定的森林生态系统；要遵循林木生长发育规律，摒弃防护林建设一劳永逸的思想，积极稳妥地推进退化林修复，加强成过熟林更新改造，推进防护林体系优化升级，增强森林生态系统整体功能；要遵循生态系统由简单到复杂、由低级到高级的演替规律，科学开展造林营林、封育保护，循序渐进地推进退化生态系统修复提高，先简单后复杂、由低级到高级，一步一个脚印，逐步构建稳定的生态系统。

三北工程建设取得的伟大成就已载入我国林业生态建设的光辉史册。但是，随着时间的推移，新中国成立后我国营造的人工林和三北工程初期营造的防护林陆续进入成过熟阶段，老化退化现象日益显现。针对三北地区防护林老化退化加重的趋势，三北局专门组织力量开展了退化林修复的专题研究，提出了修复改造的技术路线和措施，退化林修复改造纳入了三北五期工程建设内容。2015年，在国家启动河北张家口坝上地区退化林改造试点项目的基础上，启动了三北工程退化林修复改造试点工作，探索修复和提升防护林质量与效益的途径和方法。通过开展退化林修复，采取更新修复、补造修复、抚育修复等措施，对因自然、生理和人为干扰等因素，导致林木生长衰退、林分结构不合理、防护功能下降的人工乔木林、灌木林和林带进行修复，提高林分质量和防护功能。

退化林修复是三北工程建设新内容、新课题，技术性、政策性、群众性都很强。2019年5月10日，三北工程退化林修复现场会在山西大同召开，安排部署三北工程退化林修复改造工作。会议认为，做好退化防护林改造工作，既是改善我国森林资源现状的内在要求，又是促进经济社会可持续发展的迫切需要，意义十分重大。三北地区是我国生态环境最脆弱、生态产品最短缺、生态灾害最突出的地区，做好退化林分改造，有利于巩固三北工程建设成果，更好地控制风沙危害和水土流失，构建更加稳定的生态系统，是建设生态文明和美丽中国的需要。

三北地区是我国森林资源较少、森林质量较差、林业生产力较低的地区，森林覆盖度和森林蓄积量都不到全国平均的一半，做好退化林分改造，有利于增加

森林资源，提升森林质量和效益，是转变工程发展方式、实现林业“双增”目标的需要。三北地区是我国林业建设相对薄弱、管理相对粗放的地区，做好退化林分改造，有利于完善工程建设治理体系和治理能力现代化，满足人民群众和经济社会日益增长的生态需求，是提高林业综合服务水平的需要。会议强调，遵循自然、经济和社会发展规律，坚持以增加森林资源、提高防护功能为目标，以优化结构、提质增效为重点，以机制创新、科技创新为动力，加强组织领导、强化责任落实、严格监督管理，稳妥有序地推进退化林改造工作健康发展。

会议要求，要明确主体责任，层层压实责任，注重总结经验和培育典型。要突出修复重点，优先修复改造老化退化严重、生态区位重要的退化林，以及生态系统已出现逆向演替态势的林分，加大老化退化、缺网断带农田防护林更新改造力度。要分类修复改造，退化林修复项目重点向老化、重度退化的乔木林倾斜，以更新修复为主，其中林木稀疏、林中空地较多的可采用全面补造修复；退化林改造项目重点向中度、轻度退化的乔木林和灌木林倾斜，以抚育修复、补造修复和平茬复壮为主。要严把作业设计关，把好对象选择关、模式选择关、林地管控关、定额核算关和设计论证关。要科学修复改造，科学选择树种，合理配置密度，优化林草结构，创新营造林实绩考核标准。要强化组织实施，全面推行项目法人制、合同制管理、技术负责制、项目公示制和推行报账制“五制”管理。要创新政策机制，创新退化林修复改造工作的投入、扶持及采伐限额管理机制，注重后续产业开发。

几年来退化林改造试点范围由最初的9个省份50个试点县扩大到2019年的11个省份90个县。“十三五”期间，完成退化林修复改造任务735万亩，退化林修复改造取得初步成效。经过实施退化林修复改造，三北地区林分质量明显改善，退化林修复效果显著。

甘肃定西市在实践中不断完善退化林分改造的措施，初步探索出了一系列行之有效的经济、技术、政策等措施。一是林分改造修复。依据立地条件对退化林分实行混交改造。二是补植补造修复。补植后由专人进行看管，加强林地内病虫鼠兔害防治，适时采取修枝、定株、扩穴、除草等经营管理手段，逐步提高退化林分郁闭度。三是抚育复壮修复。对轻度退化林分结合中幼林抚育补贴试点项目，进行抚育复壮修复。通过上述改造模式，再辅助封禁保护、林业有害生物防治等措施，使退化林分结构逐步优化，林分密度得到调整，质量明显提高。据华家岭林带退化林分改造研究测算，定植7年生云杉与沙棘混交林比云杉纯林树高增长38.3%，胸径增长 28.6%，冠幅增加26.4%；油松与沙棘混交林比油松纯林树高增长12.6%，胸径增长22.4%，冠幅增加17.1%。

山西大同的退化防护林主要是过熟、成熟的杨树防护林，俗称“小老杨”，是20世纪70—80年代靠“两工”造林、义务植树，靠人拉肩扛、全民参与，靠精神支撑、战天斗地，采取压条扦插、人工植苗等形式营造的防风固沙林，总面积约120万亩。多年来，“小老杨”以耐寒耐旱、抗逆性强等独特的生态特性，庇护和护卫着全市乃至京津地区的生态安澜，成为晋中人民永不磨灭的乡愁。世纪之交，为全面提升工程建设质量，优化调整防护林网结构，把退化林分改造作为重于一切、急于一切、先于一切的任务，放在全市生态建设的首位考量，向退化林分要生态，把造林绿化、更新改造等林业生态建设提升到一个新的高度，将工作的着力点从重规模向重效益转变、从重速度向重质量转变，对全市三北工程区退化防护林中亟待抚育更新的50万亩进行了全方位的更新改造，极大地优化了林分结构，增加了林分稳定性，绿色长城的生态防护功能得到进一步提升和巩固。

雁北地区造林绿化不易，改造成林更难，看好每一片森林，守住每一寸绿色是稳量提质的治本之策。近年来，山西省桑干河杨树丰产林实验局坚持造管并举、管抚并重的原则，在更新退化林分的管护上，实行专业巡护队不间断无缝隙巡查、信息员和护林员全年一线管护、职工承包造林三年管护的日常管护机制，采取农林交错区建防火隔离带，构建全天候、网格化防护网，组建森林防火专业巡护队伍等措施，全面加强森林火灾、林业有害生物防治和制止乱砍滥伐等林业“三防”工作，有效巩固了退化林分改造成果。在更新退化林分的抚育上，将森林经营作为永恒的主题，全面加强对林分的抚育经营，优化林分结构，提升林地生产力，形成多树种、多层次稳定健康的森林生态系统。在集中连片更新退化林分的重点管护上，全面推行机构管护的有效办法，在退化林分集中分布区域，已建立一处省级自然保护区，目前正在建设一处森林公园和一处湿地公园，着手申报五处沙漠公园，全方位开展休闲生态旅游，实现资源管理园区化、资源利用产业化。

二、“山水林田湖草沙冰”的整体观和系统观提升了三北精神的高度

生态是统一的自然系统，是相互依存、紧密联系的有机链条。人的命脉在田，田的命脉在水，水的命脉在山，山的命脉在土，土的命脉在林和草，这个生命共同体是人类生存发展的物质基础。生态修复必须遵循自然规律，如果种树的只管种树、治水的只管治水、护田的单纯护田，很容易顾此失彼，最终造成生态的系统性破坏。三北工程建设坚持系统观念，从生态系统整体性出发，更加注重综合治理、系统治理、源头治理，正不断推进山水林田湖草沙一体化保护和修复。

（一）践行“山水林田湖草沙冰”整体观和系统观，百万亩基地推进了区域生态屏障建设

三北五期工程建设，以生态文明建设为总目标，以植树造林为重点，以生态修复为核心，以基地建设为抓手，大力推进工程建设由数量型向数量和质量并重、由分散治理向规模治理、由单一造林向造林和经营并重、由人工措施为主向人工措施和自然修复相结合转变，大力保护和扩大林草植被，努力走出一条生产发展、生活富裕、生态良好的文明发展道路。其中建设百万亩防护林基地的提出，突出体现了“山水林田湖草沙冰”的整体观和系统观。突出重点、规模治理，规划建成一批百万亩防护林基地是三北工程转变发展方式、加快建设速度、提高建设质量而做出的重大决策，对于推进三北工程建设科学发展、加快构筑北方绿色生态屏障、维护国家生态安全具有重要意义。

根据五期规划建设重点要求，三北局针对区域植被不集中、工程建设任务分散等问题，确立了突出重点、规模治理的发展路径——开展百万亩防护林基地建设，引领工程建设走上基地化、规模化发展道路。百万亩防护林基地，即在三北工程区的生态脆弱地区或重点区域，建设以防风固沙、保持水土、涵养水源、护农促牧等为主体功能，以人工造林、封山（沙）育林、飞播造林、退化林分修复为主要内容，相对集中连片，整流域推进、规模化治理的防护林基地。实施方案

的原则有统一规划，科学布局，分步实施；突出重点，规模治理，按流域、山系、沙带等自然地理单元建设；以水定林，适地适树，科学配置林种树种；生态优先，统筹生态与经济协调发展等。

三北五期工程坚持以规模治理为突破口，在生态区位重要、立地条件较好、群众积极性高的地方，优先启动基地建设项目，确保项目建设质量和成效。力争通过十年的努力，逐步构筑起点线面结合的北方绿色生态屏障。2011年以来，三北五期工程先后在9个省份启动了15个百万亩基地、2个规模化林场试点，初步在科尔沁沙地、毛乌素沙地、湟水河、泾渭河、昕水河、六盘山等重点区域，建成了一批成规模的防护林基地雏形。

五期工程以来，黑龙江省积极推进科尔沁沙地、松嫩平原两个百万亩防护林基地建设，取得了显著成效：科尔沁百万亩防风固沙林基地建设完成治沙造林143.13万亩，沙区造林保存面积达566.85万亩，沙区森林覆盖率由不足2%提高到9.21%，可治理沙化土地治理率达82.3%；松嫩平原百万亩农田防护林建设完成造林165.1万亩，百万亩项目建设使农田防护林结构更加合理、功能全面提升，为粮食安全提供了生态保障，全省粮食产量从2010年的501.5亿千克提升到2015年的685亿千克，实现了粮食总产量超千亿斤的“五连增”，产量位居全国第一位。

甘肃庆阳华池、环县的山梁沟峁，漫山遍野的绿色扑面而来，一派勃勃生机。这里曾经是陇东生态环境最薄弱的地带，到处是荒山秃岭，随时面临着乌苏里沙漠的侵扰。从2016年开始，三北工程元城河流域百万亩防护林基地建设项目落地，实施三北人工造林任务102.96万亩。百万亩防护林项目的实施，通过对林业产业条件的改善，为当地闯出一条林业发展的新路子。不仅如此，百万亩防护林基地建设项目在庆阳西北部立起了一道绿色屏障，使当地生态面貌发生了根本性的转变，气候条件、居住环境有了质的提升。三北工程有效防止土壤沙化和水土流失，对改善庆阳乃至中西部地区生态环境、推动当地经济又快又好发展起到了十分重要的作用。

辽宁省在科尔沁沙地南缘启动实施了以樟子松为主的百万亩防风固沙林基地建设，主攻困难立地荒山造林，目前已完成营造林100多万亩，在保障基本农田建设和农民生产生活等方面发挥了重要作用。如今，辽宁、内蒙古600千米省界上筑起了一片片、一道道的绿色屏障，生态建设在辽西北实现了新突破。

陕西省榆林市在推进毛乌素百万亩樟子松基地建设过程中，大力推广林业新技术，完善建设标准体系，充分发挥科技在造林绿化中的支撑作用，形成具有一定规模、管理规范、造林水平较高、对周边地区起到示范带动作用的典型区域。目前，全市樟子松保存面积达130万亩，在毛乌素沙地建成百万亩的樟子松林海，陕北绿色生态屏障已初具规模。

（二）践行“山水林田湖草沙冰”整体观和系统观，黄土高原综合示范推进了按山系、按流域规模治理

习近平总书记在十八届三中全会上明确指出：山水林田湖是一个生命共同体，人的命脉在田，田的命脉在水，水的命脉在山，山的命脉在土，土的命脉在树。这一重要思想深刻揭示了生态是统一的自然系统，是各种自然要素互相依存进而实现循环的自然链条。森林、树木是山水林田湖这个生命共同体中最基础的生产者。全国绝大部分水资源涵养在山区、丘陵和高原，如果砍光了林木，山就变成了秃山，也就破坏了水，水就变成了洪水，洪水裹挟泥沙俱下，形成水土流失，地也就变成了不毛之地。由此可见，森林、树木以其独特的优势，在山水林田湖这个生命共同体中扮演着十分重要的角色，是整个生态系统的核心、关键和纽带，即：林能治山，林能蓄水，林能护田，林能保土。因此，要按照山水林田湖是一个生命共同体的思想，紧紧围绕造林兴林来统筹山水田林路的综合治理，重塑森林生态系统，再造秀美山川。

要坚持以小流域为基本治理单元，治沟与治坡相结合，治山与治水相结合，生物措施、农艺措施和工程措施相结合，多管齐下，协同发力；要坚持量水而行、以水定需、以水定量，科学确定农林牧的比重，宜林则林，宜农则农，宜牧则牧，宜荒则荒；要坚持自然修复与人工修复相结合，科学确定造封飞的比例，加大封山育林比重；要坚持生态建设与民生改善相结合，既积极营造水土保持林和水源涵养林，又积极营造经济林、特别是生态效益和经济效益都好的兼用林；要坚持乔灌草相结合，大力发展抗逆性强的乡土树种，加大灌木的造林比重，营造混交林；要树立生态建设一盘棋的思想，打破行政界限，实行山上山下、山里山外一体化治理，集中连片，规模推进。

根据《黄土高原地区综合治理规划大纲（2010—2030年）》，2013年三北工

程在6个省份的40个县开展黄土高原综合治理林业示范建设。黄土高原综合治理林业示范建设是三北工程采取工程措施和生物措施相结合的方式，实施“山水林田路”综合治理，按流域、按山系，整体推进，规模治理，取得突出重大生态建设成果的治理项目，着力构筑黄土高原生态安全屏障。目前，黄土高原林草植被覆盖度达59.06%，植被恢复速度加快，生态面貌持续改观。

三北防护林工程实施以来，陕西宜川持续强化产业措施、工程措施、行政措施，统筹推进生态林业和民生林业协调发展，取得了显著的成效，呈现出明显变化。一是山川大地由“黄”变“绿”，林地面积大幅增加。30多年间，累计完成三北工程造林71.87万亩（其中，2013年完成三北工程造林1.6万亩），在三北等重点生态工程的带动下，全县有林地面积从89.2万亩增加到214万亩，森林覆盖率从20.1%提高到48.6%，林木覆盖率从44.4%提高到59.9%，森林蓄积量由153.8万立方米增加到556万立方米。二是稀有物种由少变多，生物多样性得到保护。随着生态环境的不断改善，野生动植物种群不断壮大，国家一级重点保护野生动物褐马鸡从200余只增加到3000只以上，世界濒临灭绝的野生动物原麝、金钱豹再次出现，种群数量保持稳定，被誉为陕北大地的“生物宝库”和“生态明珠”。

彭阳县降水量少且集中在秋季，既缺水又水土流失严重，恶劣的自然环境决定了绿化不仅仅是简单地栽树，而是改土治水与植树造林兼容的综合工程。县委、县政府坚持因地制宜，积极吸收外地先进经验，并不断集成创新，探索出以小流域为单元的综合治理模式，即“山顶林草戴帽子，山腰梯田系带子，沟头库坝穿靴子（山顶封山育林，涵养水源；山坡退耕还林还草，保持水土；坡耕地修建高标准水平梯田，蓄积天上水；干支毛沟修建谷坊、塘坝、水窖，拦蓄径流发展灌溉，并适当开发沟坝地）”，推行山、水、田、林、路统一规划，梁、峁、沟、坡、塬综合治理，重点抓了以农田为主的温饱工程、以窖坝为主的集雨工程、以林草为主的生态工程和以道路为主的通达工程“四大工程”，形成了“农田建设先行开路，林草措施镶嵌配套，水保工程截流补充，科技培训提高素质，扶贫开发促进增收”的格局。总结推广鱼鳞坑、水平沟整地，截杆深栽、雨季抢播柠条等旱作林业技术体系，特别是“88542”（沿等高线开挖深80厘米、宽80厘米的水平沟，筑高50厘米、顶宽40厘米的外埂，回填后面宽2米）隔坡反坡水平沟整地技术，通过扩穴深挖和表土回填，不仅改善了土壤结构和质地，而且有效增加了土壤含水量，大大提高了苗木成活率和生长量。

甘肃合水县生态脆弱，以霜冻为主的自然灾害频发，一年两头旱，三年一小旱，十年一大旱是合水的基本自然特点。面对如此严酷的气候特征，为了提高造林成活率，合水县创造积累了一整套符合自身实际的生态治理模式。一是在防护林建设上因地制宜。坚持因地制宜，因情施策，适地适树，在立地条件较好的地块，按照“兼用林带帽，针叶树缠腰，阔叶树垫底”的模式布局，采取经济林、生态林块状混交，最大限度地提高林地收益；在立地条件较差的山腰坡地，按照“阳坡侧柏、阴坡油松、沟底刺槐柳树”的方式实行块状混交；在鼠害严重的地块，侧重于发展侧柏，减少油松，力求布局科学合理，实现效益最大化。二是在经济林建设上因时制宜。按照“塬面苹果、峁梁核桃、沟坡苗林”的布局，大力引导劳动力资源密集区域的群众，在立地条件较好的塬面和川台地发展以苹果为主的经济林，引导劳动力欠缺区域的群众，在弃耕地及山坡峁梁大力发展核桃树；引导无资金、无劳力、无技术的群众，在沟坡发展苗林产业，努力打造长久性的“绿色银行”。

三、“绿水青山就是金山银山”的绿色发展观升华了三北精神的价值

“绿水青山就是金山银山”理念已经成为全党全社会的共识和行动，成为新发展理念的重要组成部分。实践证明，经济发展不能以破坏生态为代价，生态本身就是经济，保护生态就是发展生产力。

2021年全国两会期间，习近平总书记参加了内蒙古代表团的审议。来自内蒙古大兴安岭的林场工人代表向总书记汇报了测算出的当地森林与湿地生态系统服务功能总价值。总书记颔首赞许，笑着说：“你提到的这个生态总价值，就是绿色GDP的概念，说明生态本身就是价值。这里面不仅有林木本身的价值，还有绿肺效应，更能带来旅游、林下经济等。‘绿水青山就是金山银山’，这实际上是增值的。”

（一）坚持“绿水青山就是金山银山”，实现生态与民生双赢

大力推进生态文明建设、着力改善民生，是党的十八大高度关注的两大战略问题。习近平总书记多次对推进生态文明建设作出重要指示和深刻论述，提出了“生态兴则文明兴，生态衰则文明衰”“保护生态环境就是保护生产力，改善生态环境就是发展生产力”“良好生态环境是最公平的公共产品，是最普惠的民生福祉”等许多新思想、新观点、新论断、新要求，深刻揭示了生态与人类文明、生态与生产力、生态与民生之间的关系，为我们党科学认识、准确把握人类文明发展规律和党的执政规律，提供了新的思想武器和理论依据。

如果只“绿”不“富”，生态建设成果将难以维持。如何解决保护与发展的矛盾，实现“绿富同兴”的目标呢？“人不负青山，青山定不负人”。三北工程将生态治理和脱贫致富结合起来，实现了生态建设和经济发展的良性互动，曾经荒芜贫瘠的三北大地，正在逐渐成为三北人民生态小康的幸福家园。回顾三北工程发展历程，我们可以看出，这是一个与时俱进，不断丰富、完善和升华防护林建设指导思想的过程，是一个对防护林建设规律认识日益深化的过程，是一个对防护林建设的主攻方向和功能定位不断调整的过程。也就是说，在尊重防护林自身发展规律的前提下，社会需要一个什么样的三北工程，我们就必须努力建设一个什么样的三北工程。否则，三北工程就没有生命力、原动力，就找不准自己的位置，就无法得到社会的重视，就难以在推动经济社会发展中发挥更大的作用。

生态是人类文明的基石。一部人类的发展史，也是一部人与自然的关系史。人类文明的进步是与森林、林业的发展相伴相生的，森林的变迁决定着人类文明的走向。良好的生态环境是国家强盛、民族兴旺、人民富裕的重要标志。生态是生产力。生态是促进人与自然和谐相处的纽带，是实现人口资源环境可持续发展的桥梁，是经济发展的软实力，保护生态环境就是保护生产力，改善生态环境就是发展生产力。生态是最普惠的民生福祉。生态没有国界，生态产品由全人类共享，是最公平的公共产品，良好的生态是最普惠的民生福祉。民生是生态在社会生活中的反映，只有不断改善民生，才能夯实生态建设的社会物质基础。改善民生是生态建设的终极目标。生态需求是人民群众最基本的民生需求，改善生态的目的就是要不断满足人民群众日益增长的生态需求，让人民群众享受更多更好的

生态产品。改善民生是生态建设的内在动力。人民群众既是生态环境的建设者，也是生态建设成果的最大受益者。只有让人民群众在从事生态建设中得到实实在在的好处，努力实现因林而绿、因林而美、因林而富，人民群众的积极性、创造性才会竞相释放，生态建设的路子才会越走越宽。

在三北五期工程建设中，牢固树立生态建设和民生改善协调发展的理念，就是要坚定不移地贯彻落实以生态建设为主的林业发展战略，始终把生态建设作为三北工程的永恒主题，牢牢抓住这个牛鼻子，不动摇、不松懈、不停滞，努力为全面建成小康社会、建设美丽中国、实现中华民族伟大复兴的中国梦不断创造更好的生态条件。同时，要充分发挥林业的多种功能，将生态建设与民生改善有机结合起来，统一于生态文明建设的伟大实践，贯穿于林业改革发展的全过程，全面提升林业的生态、经济、社会功能，充分发挥林业对改善民生的特殊作用。

陕西榆林在治沙的同时，积极探索如何通过治沙带动农民增收致富的新路子，实现国家要“被子”，农民要“票子”。经过多年实践探索，逐步找到了变害为利的治沙致富之路。把荒沙治理与农业产业结构调整、农民增收致富紧密结合，引导群众大力发展特色经济林，培育林木种苗、花卉等。林业产业发展迅速，培育各类苗木8万多亩，发展红枣、核桃、大扁杏、文冠果、长柄扁桃等经济林60万亩，初步形成以林果业、农牧业、果蔬加工业等为主的沙区产业化、生态化发展新格局。大力开展丰产栽培技术攻关和产品深度研发，组建了国家长柄扁桃工程技术研究中心，以长柄扁桃为主的6项科研成果获国家发明专利，长柄扁桃食用油被国家卫计委认证为新食品资源，在榆林沙区已累计建设长柄扁桃基地40万亩。2016年沙区林业产值达70亿元，农民人均增收2000多元。大荔县沙苑地区栽植以红枣、核桃为主的经济林总面积达50万亩，大荔冬枣成为全国知名品牌，畅销北京、上海、广州、大连等大中城市，远销泰国、新加坡、马来西亚等国，沙产业年产值突破10亿元。

山西省在条件适宜的地方积极扶持仁用杏等传统经济林，因地制宜发展沙棘等灌木经济林，积极推广大果榛子、文冠果等特色经济林，带动产业发展，促进农民增收。涌现出大同县、阳高县、浑源县一批仁用杏产业大县，总面积达50多万亩，产量3万吨，带动近10万农民就业。同时，大力发展杏果、杏仁深加工，延伸产业链，增加附加值，着力扶持和培育一批市场前景好、带动能力强的龙头企业，使干果经济林产业发展步子更稳、效益更实。据不完全统计，沙区林业总产值达15亿元，产区年人均增加收入约1500元。

吉林省在突出山上造林，改善生态的同时，也注重身边增绿，打造良好的人居环境。自2009年启动了“绿化美化村屯，共建绿色家园”行动，每年省财政拿出2000万元，扶持高标准村屯绿化美化试点，示范带动全省农村绿化美化，打造了一大批绿化精品村屯，极大地改善了农村的环境面貌。全省沙区已完成村屯绿化3400个，消灭了“光腚屯”，改善和提升了沙区居民生活生产环境。通过开展植树造林活动，不仅绿化美化了环境，还培养了人们植绿、爱绿和护绿的意识，潜移默化地陶冶了人们的情操，营造了良好的造林绿化舆论氛围，全民、全社会生态意识明显增强，各行业、各部门、各种社会团体参与造林绿化、企业投资林业、社会捐资造林治沙的氛围日益浓厚。

山西平顺县依托宜人的气候和良好的生态环境，大力发展生态旅游，先后开发出了太行水乡、天脊山、神龙湾、红色西沟、通天峡等一大批景区景点，成功申报太行水乡、天脊山两个国家4A级旅游景区，国家级文物保护单位达14处，先后荣获中国最具特色旅游胜地、中国绿色名县等“国字号”旅游品牌，2013年，全县累计接待游客188万人次，实现旅游综合收入9.11亿元。与此同时，平顺县大力发展花椒、核桃等干果经济林和平顺潞党参、连翘等中药材产业，全县以中小药材、林木经济为原料的农业龙头企业不断壮大，呈现出了农、林、牧、企良性循环、遍地开花、蓬勃发展的生态农业新格局，不仅美化了环境，营造了新景观，而且增加了经济收入，加快了农民脱贫致富步伐。

北京市园林绿化局着力绿化美化城乡居民身边环境，城乡生态环境质量显著提升。全市新增城市公园140余个，各类公园总数达到1100余个，11个新城滨河森林公园全部建成开放，建设200余处乡镇公园和村镇绿地，全市注册公园达到395个，精品公园达到104个，免费开放比例达87%，形成了城市休闲—近郊郊野—新城滨河—远郊森林的圈层式公园体系，在人口不断增长的情况下，人均公园绿地面积仍然提高1平方米，达16平方米，完成了规划目标。城市环路增绿添彩工程形成了“月季成环、大树成线、绿色成链”的优美景观。二环路护城河等十条滨水绿廊取得进展，创新推进并完成市级绿道建设212千米，绿地服务市民休闲游憩的功能得到进一步完善和提高，市民休闲游憩更为便捷。

（二）坚持“绿水青山就是金山银山”，实现生态与产业双赢

全党动员、全民动手、全社会协同共建，是三北工程彰显社会主义制度优越性的集中体现。积极鼓励、支持、引导各种社会主体参与工程建设，大力发展非公有制林业，创新扶持政策，对纳入三北工程建设范畴的新造林，不分林种树种、不限比例、不分所有制，同等享受工程建设扶持政策。民营林业比重从工程建设之初的22%上升到现在的70%以上，探索出自发自主、政府合作、公益参与等多种模式，形成大户承包造林、股份制合作造林、产业开发造林、储备林建设、基金造林等应运而生的生动局面。

在内蒙古鄂尔多斯市杭锦旗，当地探索出一条“政府政策性支持、企业产业化投资、农牧民市场化参与、技术持续化创新”四轮驱动的库布其沙漠治理模式，在生态治沙中寻求产业发展，在发展产业中增强保护力量，二者相辅相成，取得了很好的成效，为国际社会治理生态环境提供了中国经验。

在陕西米脂，当地结合三北工程黄土高原综合治理示范项目，依托核桃、花椒和苹果等经济林建园，把生态综合治理和民生工程紧密结合起来，不但带动群众脱贫致富，还成为乡村振兴中的产业龙头。

在内蒙古西部的阿拉善盟，人们为了收获林下的肉苁蓉，精心管护梭梭林，梭梭长好了，就能收获更多的肉苁蓉，防风固沙的效果也越来越好。治沙治出了新产业，新产业又带动了治沙工作，形成了良好循环，给老百姓带来了实实在在的生态红利。

内蒙古阿尔山市深入践行“绿水青山就金山银山”“冰天雪地也是金山银山”理念，大力发展生态型工业、特色农牧业和现代服务业。以白狼镇为典型，探索了“生态工业+特色农牧业+旅游”的一、二、三产融合发展路径；以天池镇为典型，探索了“全域+全季+全员”的“政府+企业+农户”全链条旅游联结发展路径，实现了绿色资本转化模式，广大群众走上了“山水变金银”的幸福道路。

黑龙江森工林区紧紧抓住深化供给侧结构性改革这条主线，重点推进“林头食尾”“林头工尾”工程，深度开发“原字号”产品，让森林产品(食品)从“头”走到“尾”。黑木耳产业由数量型向质量型、由粗加工向精深加工转型升级。坚果产业链项目逐步延伸，加工深度也由之前的简单脱壳，延伸到开口松

子、炒货、裹衣、乳品、精炼油等一系列产品。在浆果加工为主的森林绿色食品产业链上，重点推进多元化蓝莓产业深加工、精加工产业链发展，开发蓝莓深加工产品，出口美国、日本、英国等10多个国家和地区。

三北工程不仅挡住了风沙，还给创业者开拓了广阔的发展空间。除了地方政府，三北地区也有许多民营企业坚守在治沙造林一线，在改善生态环境的同时带动人民群众脱贫致富。

内蒙古亿利资源集团董事长王文彪带领亿利集团在库布其坚守治沙30年，投入产业资金300多亿元、公益资金30多亿元，依托三北防护林、京津风沙源治理等国家生态工程，治理沙漠910多万亩，并逐步探索出一条“治沙、生态、产业和扶贫”相结合的道路，创造出破解世界治沙难题的“库布其模式”。在亿利集团的带动下，库布其沙区已初步形成百家中外企业、千亿经济规模、万亿市场潜力的沙漠绿色经济集群。在企业生态建设和产业发展中，为当地农民提供了大量的就业和创业机会，人均年收入从400元增长到近2万元，带动库布其及周边群众10多万人脱贫致富。库布其当地的农牧民是库布其治沙事业最广泛的参与者、最坚定的支持者和最大的受益者。2017年，王文彪荣获联合国环境规划署颁发的地球卫士奖“终身成就奖”。

内蒙古东达蒙古王集团董事长赵永亮是防沙治沙产业扶贫的典范。30年前，赵永亮在鄂尔多斯投身沙产业，先后治理沙漠30多万亩，种植沙柳300多万亩。沙柳木质部柔性好，耐折，耐加工，赵永亮把粗壮的枝条加工成刨花板，制作高档家具。沙柳上部的细枝也有用处，赵永亮发现它可以加工成颗粒饲料，是平衡营养的高档饲料。赵永亮又在风水梁建起了饲料加工厂，吸引农户来风水梁养獭兔。兔肉就地加工增值，兔子的下脚料也不浪费，用来养狐狸、貉子和貂，一条皮草产业链又形成了。除了传统沙柳种植带动的相关产业，进驻风水梁的企业又新添了光伏发电、生物制药、物流运输、酒店服务。赵永亮和他的治沙产业吸纳了大量的劳动力，让昔日沙荒地的风水梁变成上万人的创业园，带动12万农牧民增收致富，为乡村振兴战略的实施提供了“东达方案”。

（三）坚持“绿水青山就是金山银山”，实现生态与扶贫双赢

三北地区是老少边穷地区，贫困人口比重大，是生态建设的主战场，也是脱

贫攻坚的主战场。三北工程建设在党的宗旨引领下，充分挖掘行业优势，将生态文明建设与贫困群众脱贫增收紧密结合，通过实施生态补偿、国土绿化、生态产业和生态环境改善等措施，激发贫困人口内生动力，吸纳贫困人口就地参与劳务，促进增收脱贫，实现了一个战场打赢脱贫攻坚和生态保护两场战役。

工程建设坚持生态治理与改善民生协同推进，坚持将工程建设与精准扶贫、精准脱贫紧密结合，不断壮大特色产业，培育新兴产业，促进了农民稳定增收、生态持续改善。40多年来，工程区累计营造经济林463万公顷，形成我国重要的核桃、红枣、板栗、花椒、苹果等干鲜果品生产基地，年产干鲜果品4800万吨，与1978年相比增长了约30倍，年产值达1200亿元。日益壮大的经济林及相关产业成为区域经济发展的重要支柱，有1500万人依靠特色林果业实现了稳定脱贫。累计营造的用材林折合木材储备量达18.3亿立方米，经济效益达9130亿元。三北工程1978—2017年生态系统固碳累计达23.1亿吨，相当于同期全国工业二氧化碳排放总量的5.23%。工程建设期间共吸纳农村劳动力3.13亿人，三北地区森林旅游累计接待游客3.8亿人次。据统计，仅“十二五”期间，三北工程特色林果业、森林旅游等对工程区群众稳定脱贫的贡献率就达27.2%。

固原市位于宁夏南部山区、六盘山东麓，是革命老区、少数民族聚居地区，是全国有名的集中连片的特殊困难地区，也是我国“黄土高原—川滇”生态屏障的重要组成部分。多年来固原市始终把生态扶贫作为脱贫攻坚的战略工程，大力实施三北防护林、天然林资源保护、退耕还林、六盘山400毫米降水线造林绿化等重点工程，生态面貌发生了巨大变化。目前，全市林业用地总面积达668万亩，林草覆盖率达73%，森林覆盖率达26.7%，水土流失治理程度达72.97%，年平均降水量提高到了716毫米，空气质量优良天数占96.9%。

特别是通过发展经济林、林下经济、苗木产业、生态旅游、林木管护就业等，大量贫困人口实现稳定增收脱贫。近几年来，固原市实施一棵树、一棵苗、一株花、一棵草“四个一”林草产业试验示范工程。2019年，全市建设“四个一”林草产业推广示范园57个，推广示范品种86个，面积15.2万亩。全市累计建立苗木产业基地30万亩，发展特色经济林36万亩，产值达4.94亿元，建立林药、林菌、林禽等林下经济示范点30多个，林下经济收入6.17亿元，发展乡村生态旅游人数超过700万人次，收入达3.18亿元，全市林业年产值达6.6亿元。

山西临县位于晋陕黄河峡谷中部，地形沟壑纵横，气候十分干旱，生态环境脆弱，全县水土流失面积达2580平方千米。生态脆弱与经济贫困相互叠加、恶性循环，是临县积弱积贫的主要原因。面对恶劣的自然环境，临县人民依托三北工程建设，不断践行“绿水青山就是金山银山”的理念，打出了“临县要脱贫，生态建设要先行；临县要想富，生态建设要起步”的口号，闯出了绿化、彩化、财化的生态立县之路和规模化实施干果经济林、多元化发展林下经济的生态富县之路。

青海大力发展沙产业，拓宽农牧民增收渠道。近年来，按照“东部沙棘、西部枸杞、河湟杂果”的林业产业发展思路。在柴达木盆地和共和盆地大力发展枸杞生态经济林，充分调动了沙区广大农牧民防沙治沙和发展林产业的积极性，有力促进防沙治沙进程，有效增加农牧民收入，实现了生态建设与产业发展的良性互动。采取“公司+基地+农户”的经营模式，在德令哈、格尔木、都兰、乌兰、共和等地积极推行规模化、标准化、规范化枸杞基地建设。截至2016年年底，全省枸杞种植面积达到62.67万亩，进入采果期面积28.5万亩，年产量5.7万吨。枸杞采摘期间吸纳务工人员达8万人，实现枸杞劳务收入4亿元，人均收入5000元。枸杞精深加工销售龙头企业年产值达到24亿元。坚持治沙与治贫相结合，加大生态脱贫力度，在全省18个沙区（县）落实建档立卡贫困人口生态管护岗位6828个，年人均增收2.16万元。

如今，苹果、红枣、梨、杏、核桃、葡萄、桃、板栗、花椒、樱桃、猕猴桃、枸杞、大果榛子、李子、仁用杏、红松（嫁接）等特色干鲜果品在三北大地应有尽有。陕西和甘肃的优质苹果、宁夏和新疆的葡萄、山西的核桃、若羌的红枣、库尔勒的香梨、中宁的枸杞、迁西的板栗，等等，已成为当地农牧民脱贫致富奔小康的支柱产业。

三北工程实施后，各省份普遍把三北工程建设与当地特色产业发展结合起来，使之成为农村经济发展新的增长点，有效促进了贫困人口的脱贫。据统计，三北工程区有193个国家级贫困县，占全国国家级贫困县的32.99%，目前，已全部实现脱贫，约1500万人依靠特色林果业实现了稳定脱贫。其中，“十二五”期间，三北工程区中433万人依靠特色林果业实现了稳定脱贫，三北工程对工程区群众脱贫致富预期贡献率达27%。

回顾过去，展望未来，三北精神在三北工程波澜壮阔的建设历程中不断形成和淬炼，在无数三北工程建设者的苦干实干中得以发扬和锻造，在社会主义生态文明建设中得以不断发展和升华。三北大地沧桑巨变的历程就是三北精神形成和发展的过程，而三北精神又在工程建设中不断激励着三北人民的斗志，成为新时代三北工程继续推动高质量发展的动力源泉。

第三章　三北精神的科学内涵

三北精神润物无声，传播着绿色的意识，有着丰富的科学内涵，主要包括不忘初心、牢记使命，不畏艰难、艰苦奋斗，依靠群众、兴林富民，锲而不舍、久久为功，科学求实、改革创新，惠及子孙、造福人类等。其实质是中国特色社会主义文化的精神呈现，本质上具有意识形态的属性，因而具有极强的凝聚力和引领力。

第一节　不忘初心，牢记使命

三北工程的初心和使命是为了解决“四料俱缺”“家园难守”这些老百姓的切肤之痛。围绕这个初心，一代又一代的“三北人”听从党的召唤，在“黄沙遮天日，飞鸟无栖树”的荒漠沙地上艰苦奋斗、甘于奉献，创造了荒原变林海的人间奇迹，为完成使命付出了青春韶华和热血汗水。

一、三北精神始终贯穿了为人民植树造林的初心

新中国成立后，党和国家领导人高度重视植树造林。治沙造林、绿化祖国也是老一辈无产阶级革命家的夙愿。1955年，毛泽东向全国人民发出了“绿化祖国”“实行大地园林化”的号召，开启了新中国持续不懈地绿化祖国的伟大征

程。此后，党中央历代领导集体始终以战略眼光关注着与人类生存、发展息息相关的生态问题，做出了一系列重大决策，使绿化祖国战略贯穿新中国70多年生态文明建设历史进程中。三北工程在绿化祖国的恢宏战略中应运而生，肩负着改善人民群众生产和生活环境的历史使命，不仅彰显了我国生态文明建设的执政理念和实践形态，也凝聚着“要使我们祖国的河山全部绿化起来”的不变初心。

（一）从决策到实施始终体现为人民谋幸福的初心

我国有组织的防沙治沙工作从大革命时期起步，早在延安时期，边区政府就组织陕北人民造林治沙。由于连年战争，生态环境遭到很大破坏，新中国成立后，有计划地植树造林、绿化祖国成为一项重要而迫切的任务。三北地区人民自力更生、艰苦奋斗，在乌兰布和沙漠东缘、东北西部沙地及陕北榆林等地陆续营造了防风固沙林，减轻了风沙危害，改善了当地居民的生产生活环境，开创了治山、治沙、治水的新途径，创造和积累了一套成功的经验。虽然这一时期的治沙工作仅限于风沙危害的重点区域，规模也不大，但成效十分显著，这些成功实践再次证明，植树造林是从根本上改变西北地区农业生产条件和自然面貌的重要措施。

面对三北地区恶劣的生态环境，1978年11月，国务院批准了在三北地区建设大型防护林工程，并特别强调：我国西北、华北及东北西部，风沙危害和水土流失十分严重，木料、燃料、肥料、饲料俱缺，农业生产低而不稳。大力种树种草，特别是有计划地营造带、片、网相结合的防护林体系，是改变这一地区农牧生产条件的一项战略措施。批复要求：各有关省份要把这项建设工程列入农田基本建设规划，统筹安排，采取有力措施，按期完成防护林建设规定的各项任务，为实现新时期的总任务做出贡献。三北工程的决策上马，意味着一项举世瞩目的造林大工程成为坚不可摧的国家意志，彰显了党中央鲜明的执政指向和温暖的执政情怀，蕴含着党中央和国务院寄托三北工程改变生态面貌的深切希望，体现的是共产党人满足人民群众对美好生态需求的初心。

三北工程规划实施时间将近百年，把植树造林这项造福人民的百年大计落实到具体行动上。这项工程，无论是决策者，还是建设者，无论是出发点，还是落脚点，都体现了为人民谋幸福的精神，满足了人民期待，凝聚了人民伟力，建设的是不断造福人民、牢牢根植人民的生态工程、民生工程，镌刻的是为人民谋福祉的历史使命。

（二）每一期工程始终贯彻了人民至上的理念

三北工程建设之初就把改善人们的生存条件，促进农牧业稳产高产，维护粮食安全作为工程建设的主攻方向，把营造农田防护林作为工程建设的首要任务，集中力量建设平原农区的防护林体系。到一期工程即将结束时，许多区域性的小气候发生了很大变化，三分之一左右的县农业生态环境开始向良性循环转化，一亿两千多万亩农田得到了林网保护，三北地区人民群众的饭碗有了可靠的保障。同时，烧柴奇缺地区约有半数农户的燃料问题得到缓解，一些地区木料、饲料、肥料缺少的状况有所改善。三北工程因此受到了广大干部和群众的热烈拥护，极大地激发了他们的积极性，三北地区呈现一派千家万户、千军万马建设防护林的生动局面。

二期工程首次提出了建设生态经济型防护林体系的指导思想，将生态建设与群众脱贫致富相统一。据统计，二期工程期间，共营造经济林3456万亩，经济林的比重由过去的3%提高到20%以上，年产果品38亿千克，产值达60多亿元，涌现出了一大批果品年收入达几万元、十几万元甚至几十万元的致富大户。三北工程在实现防护林体系结构稳定、功能完善目标的同时，也为人民群众培育了增收致富的“常青树”。

三期工程按照先易后难、先急后缓、由近及远、突出重点的方针，在农牧业生产需要迫切、自然条件较好的地区，有计划、有步骤地建成一批区域性防护林体系。通过第一阶段的建设，三北防护林体系已初具规模，东北平原、华北平原、黄河河套、河西走廊、新疆绿洲等地区相继建成了跨省份集中连片的农田防护林体系，有效缓解了三北地区生态环境恶化的程度，提高了抵御自然灾害的能力，有效改善了人居环境和生产条件。

四期工程根据日益严峻的防沙治沙形势，提出了以防沙治沙为主攻方向，将70%以上的建设资金和80％以上的建设任务安排于防沙治沙。十年间，在重点风沙区营造防风固沙林158万公顷，工程区沙化土地面积首次出现净减少，重点治理的毛乌素、科尔沁两大沙地实现了根本性逆转，三北地区实现了由“沙进人退”向“绿进沙退”的重大转变。

五期工程在东北平原农区、风沙区、黄土高原丘陵沟壑区和西北荒漠区规划建设了32个不同类型、不同防护目标的百万亩防护林基地，为国家重大发展战略提供有力的生态保障。同时，工程统筹推进城乡绿化一体化进程，深入实施“身边增绿”，改善人居环境，建设美丽家园，大力开展绿色通道、森林乡镇、绿色村庄建设，使人民群众共享生态建设成果。

三北工程建设重点、主攻方向、建设布局，根据人民群众的需求不断做出调整，就是要把造福人民的初心践行在绿水青山之间，把以人民至上的理念落实到行动中；三北工程持续建设的40年，实现了三北大地山河巨变，绿荫遍地，演奏了由黄变绿的绿色交响曲，谱写了人与自然重修旧好的动人篇章，是在实现百年奋斗目标和千年小康梦想的历史交汇点上，作出的“人民至上”合格答卷。

二、三北精神始终致力于履行维护国家生态安全的重大使命

三北工程经过建设者40多年的艰苦奋斗，工程区风沙危害持续减轻，防沙治沙实现历史性突破；黄土高原土壤侵蚀大幅下降，水土流失治理成效显著；农田林网增产效应日益显现，区域内生态环境发生了显著变化，三北工程为维护祖国生态安全作出的巨大贡献，正是三北精神始终致力于履行维护国家生态安全重大使命的结果。

（一）始终致力于维护国土安全

面对三北地区沙化面积大、影响范围广、危害损失重等严峻的沙化形势，三北工程明确防沙治沙用沙目标任务，依据水资源承载力及地理分布，分类指导，分区施策，分区突破，通过调整农区、牧区种植结构，采取植物固沙为主、工程措施固沙为辅，结合封禁保护等措施，固定沙丘，增加沙化土地林草覆盖，实现了防沙治沙重大突破。与工程启动之初相比，沙区森林面积由415.50万公顷增加至2017年的1056.74万公顷，增加154.33%。经过40多年治理，三北工程在西起塔里木盆地、东至松嫩平原西部的万里风沙线上，筑起了一条阻沙固沙的绿带，工程区沙化土地面积由2000年前的持续扩展转变为目前年均缩减1183平方千米，沙

化土地连续15年持续净减少。重点治理的毛乌素、科尔沁、呼伦贝尔三大沙地全部实现了沙化土地的逆转。

三北区域性防风固沙林体系基本形成。辽宁省在科尔沁沙地南缘建成长达500多千米的大型防风固沙林带，有效遏制了科尔沁沙地南侵；陕西榆林市在毛乌素沙地建成总面积达120多万亩的樟子松林海，形成了以高速公路为轴线，长达数百千米的绿色长廊，陕北绿色生态屏障已初具规模。甘肃省在河西走廊北部风沙前沿建成长1200千米的防风固沙林带，治理大小风沙口470余处，控制流沙面积300多万亩，使1400多个村庄免遭风沙危害。新疆初步建成以绿洲内部农田林网为骨架、绿洲外缘大型防风固沙林为裙带、天然荒漠林和山区天然林为先锋的立体绿色屏障，有效遏制了农牧区和绿洲边缘沙化扩展趋势，人工绿洲面积已由新中国成立之初的1.3万平方千米扩大到2018年的6.2万多平方千米，增长了5倍多。

（二）始终致力于维护水资源安全

三北工程在水土流失区以小流域综合治理为突破口，按山系、分流域整体推进，山水林田路统一规划，大力营造涵养水源、保持水土的防护林，建成了一批跨流域、跨山系的区域性防护林体系，增加林草植被覆盖，增强蓄水保土能力。经过40多年治理，三北工程累计营造水土保持林1194万公顷，治理水土流失面积44.7万平方千米，侵蚀强度大幅减轻。重点治理的黄土高原林草植被覆盖度达到59.06%，水土流失得到有效控制，有力地促进了区域水资源的保护、改良与合理利用。

特别是在黄土高原生态脆弱地区，有效控制水土流失，不仅为黄河水资源的有效利用创造了有利条件，也为黄河流域生态保护和高质量发展战略的实施提供了有力支撑。三北工程上马以来，始终把治理黄土高原水土流失作为工程建设重点，1980年在三北地区确定了151个重点县，其中黄河中上游地区就有82个。二期工程期间把黄河沿岸作为重点建设区域，同时把山西昕水河流域、陕西渭北高原和榆林地区、甘肃天水地区等作为示范区，初步建成了一批区域性的防护林体系。三期工程以来，把整个黄河流域作为三北工程建设的重点，启动实施黄河中游防护林工程，通过综合治理，减少黄河中下游地区的水土流失和输入黄河的泥沙。2013年启动了《黄土高原地区综合治理规划大纲（2020—2030年）》中的林业建设内容，在山西、河南、陕西等6个省份的40个县开展黄土高原综合治理林业示范建设项目。经过多年治理，黄河流域森林覆盖率从10.4%增加至20.6%，黄河流域的水土侵蚀面积比例由其总面积的29.80%下降到3.06%，年入黄河泥沙减少4亿吨左右，据《2014年黄河泥沙公报》显示，黄河上中游各干流年输沙量明显下降，兰州、石嘴山、头道拐和潼关监测站年输沙量分别比之前的多年平均值下降了81.97%、61.73%、62.96%和93.42%。特别是黄河中游安宁渡—潼关河段年均输沙量由20世纪50—80年代的12.19亿吨下降至2008—2014年的1.39亿吨，降幅达89%。三北工程在减少水土侵蚀强度、维持黄河流域河川径流稳定中发挥了重要作用。

（三）始终致力于维护粮食安全

20世纪70年代，三北地区恶劣的生态环境使得土地生产力极低，每公顷农田粮食产量仅为2000千克左右，连温饱问题都解决不了。三北工程实施以来，在东北、华北、黄河河套等平原农区，坚持以保障粮食生产安全为目标，营造带状、块状或行状混交，相互衔接、纵横连亘的农田林网，改善农田小气候，降低风速，调节温度，增加大气湿度和土壤湿度，拦截地表径流，调节地下水位，减轻和防御各种农业自然灾害，保障农作物丰产、稳产，维护国家粮食安全。经过40多年治理，三北工程在平原农区，营造带、片、网相结合的区域性农田防护林165.6万公顷，与工程启动之初相比，平原农区农田防护林面积由31.87万公顷增加至2017年的165.61万公顷，农田林网化率提高30.17个百分点。三北地区基本建成了庇护农田稳产、高产的农田防护林综合体系，有效防护的农田面积达到3021.41万公顷，比工程启动之初（581.39万公顷）增加了4.20倍。

现在三北地区已彻底根除了危害农业生产的“三刮四种”现象，减轻了干热风、霜冻等灾害性气候对农业生产的危害，使粮食亩产由1985年的125千克提高到2005年的309千克。据科学测算，仅农田防护林的防护效应就使工程区年增产粮食1060万吨。东北地区农田防护林体系基本建成，成为保护东北“大粮仓”的绿色屏障，2017年全国十大产粮县全部是东北农田防护林建设的达标县。黑龙江松嫩平原和三江平原农田林网化程度高达75%以上，2017年全省粮食总产量与

1977年相比增长了5倍多，成为我国“北粮南运”的主要输出省，实现了由“南粮北调”到“北粮南运”的转变。

（四）始终致力于维护大气环境安全

三北工程减弱了沙尘危害。三北地区生态脆弱，伴随着森林的消失，牧场的减少和沙化的扩大，特大沙尘暴不断发生。20世纪60年代，特大沙尘暴在我国发生过8次，70年代发生过13次，80年代发生过14次，而且波及的范围越来越广，造成的损失愈来愈重。据统计，1971—1978年北京平均每年的大风日数和扬沙日数，分别为36.6天和20.5天。三北工程营造的大量防护林，增加了区域内地表植被覆盖率和地表粗糙度，减少了沙尘源，降低了近地表风速，减少风力侵蚀，从而减少了沙尘天气，降低了大气颗粒物含量。中国科学院发布的《三北防护林体系建设40年综合评价报告》显示，工程区年均沙尘暴日数从6.8天下降为2.4天，京津冀地区沙尘暴的发生频率从1978年的平均每年5.1天降至2015年的0.1天，三北工程有效地遏制了沙尘环境的影响。

三北工程削弱了雾霾影响。森林是大气良性循环系统的核心，具有除尘、净化大气的功能，良好的森林生态系统在防霾治污方面有其独特不可替代的作用。兰州大学资源环境学院马建民教授团队研究成果显示，1999—2010年，三北工程清除了我国北方约3000万吨的PM2.5，其中清除最多的地区是华北地区，清除量达到PM2.5总量的0.9%，三北防护林对改善中国北方空气质量具有重要作用。

三北工程改善了区域气候。森林通过蒸腾作用可以增加空气湿度，同时在蒸腾过程中吸收周边热量可以降低区域温度，从而为区域社会经济活动提供更为舒适的环境。1978—2015年，三北工程区森林对区域湿度和温度都起到了明显的调节作用，尤其是在东北地区，区域相对湿度增加了10.07%～11.97%，温度降低了3.42～3.87℃。

如今，三北工程在祖国北疆构筑起一道抵御风沙、保持水土、护农促牧的绿色长城。三北大地山河巨变，重点治理区域生态状况不断好转，生态容量不断扩大，生态面貌发生了显著变化。中国人民用自己的勤劳和智慧，在世界生态文明建设史上写下了浓墨重彩的一笔。

三、三北精神始终聚焦于建设生态文明、美丽中国的宏伟目标

党的十八大将生态文明建设纳入中国特色社会主义事业“五位一体”总体布局，“美丽中国”成为中华民族追求的新目标。三北工程坚持生态修复治理与人居环境改善并举，在减轻风沙危害、治理水土流失的同时，推进山、水、林、田、湖、草、路、居相依的城乡森林生态系统建设，打造了绿化精品乡村，大规模构建了城郊环城绿化带，不断增加城乡绿量、提升城乡生态品位，建设绿色、优美、宜人的人居生态空间。截至2017年，三北工程区人均森林面积已达0.26公顷，一幅美丽中国的新图景徐徐展开。

（一）扮靓乡村新容颜

农村是建设美丽中国的主战场，建设好乡村生态环境，就把握了美丽中国建设的关键。三北工程建设40多年来，积极协调引导工程区大力实施“村边、田边、路边、渠边、宅边”绿化工程，建设了一批绿色示范村屯，保护了绿水青山和清新清净的田园风光，满足了人民群众走进绿色、回归自然的新需求，提升了人民群众的幸福指数。

三北工程锁定生态林业的发展目标，响应群众山更绿、水更清、环境更宜居的期盼，努力建设美丽三北、幸福三北。一期工程密切结合群众的生产和生活需要，因地制宜、因害设防，提出了实行四旁植树和防护林、经济林、薪炭林、用材林相结合的工程治理思路。到一期工程结束时，在沙区出现了数以千计的新农村，基本上解决了群众烧柴问题，开始由挖草根、铲草皮、烧粪便造成的恶性循环，向种草种树、发展畜牧的良性循环转化。二期工程以来，不断调整和完善经济政策，充分发动农民，鼓励千家万户植树。三北地区人民把改变生态面貌、改善生存条件、建设宜居家园的强烈愿望化作自觉行动，焕发出极大的热情。据统计，到1988年，三北地区四旁植树30多亿株，稳定并拓宽了人们的生存空间。三期工程把工程建设同发展农村经济、促进农民脱贫致富结合，建设了一批用材林、经济林、薪炭林、饲料基地，推动了农村产业结构调整，带动了农村经济发

展，增加了农民收入。四期工程根据中央关于建设社会主义新农村的战略部署，在工程建设中提出了建设一个亮点、统筹三大区域的工程建设思路，开展了新农村建设的试点，加大了村屯绿化和四旁植树力度，以村为单位，以屯为单元，村旁、宅旁、路旁、水旁见缝插绿，镶绿边，建景点。选择适宜本地生长的乡土树种，乔灌草结合，绿化、美化、香化、净化结合，促进了村容整洁、人居环境优化，体现了地方特色、乡村特色，有效地改善了三北地区的人居环境，也为新农村建设提供了宝贵的经验。五期工程顺应改善人居环境的主导需求，加快由“山上治本”向“山上治本”与“身边增绿”并重转变，由主攻荒山荒地造林，到“荒山荒地造林”与推进“身边增绿”并重转变。2018年，三北工程聚焦乡村振兴战略，以统筹城乡绿化一体化发展为切入点，积极协调将“乡村生态振兴”纳入工程建设内容，更好地发挥工程建设在改善乡村生态和促进农民增收方面的重要作用，协调引导三北各地大力实施“村边、田边、路边、渠边、宅边”绿化工程，建设一批绿色示范村屯，保护好绿水青山和清新清净的田园风光。

三北各地以兴林富林、提供宜居环境为宗旨，把更多绿色搬到人们身边，使人居环境大为改观。河北省大力推进生态文明村建设，创建了易县石家统生态文明旅游村的先进典型，已被中国生态文化协会命名为第三批全国生态文化村。黑龙江省完成村屯绿化面积74.6万亩，绿化村屯近15000个，建设高标准绿化村屯6401个。青海省结合大规模国土绿化，累计创建省级森林城镇11个、省级森林乡村12个，绿化美化村庄1650个，其中87个村庄被认定为“国家森林乡村”。

（二）绣出城市新景观

三北工程以打造森林城市为载体，大力推进森林城市、森林城市群、森林公园建设。工程实施40多年来，各地十分重视发展生态文化，通过建设森林文化基地、开展多种多样的夏令营、举办森林自然教育研讨会和森林文化节等系列活动，鼓励公众参与森林自然教育，践行绿色发展，培育生态文化。四十年建设中，共建有森林公园8572处，其中国家级3615处，省级4357处，县级600处；共建设国家湿地公园324个，国家沙漠公园90个，国家生态文明教育基地12处。森林生态文化是生态文明建设的重要组成部分，森林生态文化建设是现代林业建设的内在要求，是人与自然和谐的重要实践。

天津根据城市林业特点和人们对森林生态产品的需求，在城市近郊大力实施郊野公园建设。突出大绿、野趣、生态、自然等理念，围绕一环两河七园重点工程，建成郊野休闲公园391平方千米，形成了点线结合、线面结合、疏密相间、色彩丰富、层次分明的建设格局，为人民群众休闲、游憩提供唯美生态空间。

宁夏先后实施了黄河金岸绿色长廊、大县城绿化美化、市民休闲森林公园等民生工程，已建成宽500～2000米、长400千米的沿黄绿色景观长廊，开工建设了26个市民休闲森林公园，中卫市荣获了国家园林城市称号，石嘴山市荣获了西北首个国家森林城市称号。

三北工程始终把为人民群众提供良好的生产生活条件作为根本任务，着力改善人居环境，继续扩大生态空间。城乡绿化美化，优化了城乡森林景观，让群众更加便捷、充分地享受工程建设带来的实惠，增进了群众生态福祉，提高了群众的满意度和幸福感。

四、三北精神始终服务于造福人类、构建人类生命共同体的伟大壮举

三北工程是中华民族关怀地球、心系人类的造福工程，展示了中国政府对事关人类共同命运的国际事务高度负责的强烈责任感。三北工程建设规模之大、时间之长、条件之艰难、效果之显著，远远超过美国的“罗斯福大草原工程”、苏联的“斯大林改造大自然计划”和北非五国的“绿色坝工程”，被誉为世界生态工程之最，三北工程因此也受到了国内外的广泛关注，以工程建设为载体和纽带的林业国际交流与合作持续加强。

（一）共建生态文明的范例

三北工程建设初期，外国政府、国际组织、社会团体以及友好人士通过林业项目或以林业为主体的项目援助，支持中国生态建设。据统计，截至2006年年底，三北地区有德国、日本、美国、意大利等25个国家和全球环境基金、世界银行、联合国粮农组织、联合国开发计划署等10多个国际组织和社会团体援助的林业项目或以林业为主体的项目58项，援助资金超过16亿元人民币，援助领域涉及

荒漠化防治、湿地恢复与重建、水土流失治理、林木育种与改良、机械化造林、森林病虫害防治、林业产业开发、科技推广体系建设、森林资源监测管理和信息系统建设等方面。三北局先后组织实施了“中国三北地区造林、林业研究、规划与开发项目”“中德合作三北工程监测管理信息系统项目”和“中国三北地区防护林管理与天牛控制项目”3个国际合作项目。国际合作项目的实施，全面提升了三北工程的科研、管理、评价和灾害应急处理水平，为扩大三北工程影响、加快工程建设步伐、提高工程建设质量、开拓工程建设发展思路起到了显著的示范推动作用。

友好国家对三北工程的援助发挥了重要作用。1989年，比利时政府援助、联合国粮农组织执行的林业多边技术合作项目“中国三北地区造林、林业研究、规划与开发项目”（009项目）在内蒙古开始实施，该项目是三北工程接受国际组织援助开展沙地机械化造林和树木引种改良最大的科技开发项目。经过一、二期工程13年的实施，建立了中国最大的保护乡土小叶杨基因资源基因库，开展了种间和种内杂交育种，获得了一大批适合三北干旱和半干旱地区的杨树新品种；推出了沙地杨树深栽造林技术，研制出了配套的钻孔深栽和深松插干造林机械，完善了沙地植被恢复技术，项目科技成果的应用为三北地区的造林和植被恢复发挥了重大作用，项目的组织实施也为整个三北防护林体系建设工程提供了示范性经验，对工程建设产生了深远的影响。1999年，旨在利用现代技术提升工程管理手段、提高工程管理水平的“中德合作三北工程监测管理信息系统项目”启动。经过6年实施，项目以三北局监测中心建设为重点，建成了一个功能完备的三北防护林工程监测管理信息系统，满足工程建设管理、监控、监理、评价、方案（计划）的制定和优化等信息化的需要，实现了工程管理由粗放管理向集约管理转变、经验管理向科学管理转变、行政命令管理向制度管理转变、数量管理向质量管理转变。

三北工程得到联合国粮农组织、世界自然保护联盟等国际组织的广泛关注和支持，世界银行、联合国粮农组织将三北工程列为优先援助对象。2003年，国际粮农组织援助的技术合作项目“中国三北地区防护林管理与天牛控制项目”在内蒙古临河市和宁夏青铜峡市实施，通过近2年的实施，建立了以多树种合理配置的持续控制杨树天牛种群灾害的防治技术路线和防治思路，在三北工程杨树天牛防治工作中发挥了重要指导作用，丰富了基层林业工作者关于天牛防治的理论知识，储备了丰富的技术方法和理论依据，是三北工程深入开展杨树天牛控制工作的重要参考依据。

一些国家的社会和民间组织，积极配合我国林业发展战略和目标，通过在中国共同实施一些以生态保护为目的的植树绿化合作项目，利用植树造林、改善生态环境的形式，进一步加强与我国的交流合作，有力地促进了我国林业生态建设。这其中影响最广泛的就是中日民间绿化合作基金（简称小渊基金）。2000年10月，中日民间绿化合作基金项目启动，争取日方资金总额22.5亿日元，重点在黄河中上游、沙漠化等生态脆弱地区进行生态造林，涉及北京、河北、山西、内蒙古、宁夏等三北工程区，合作领域涉及水土保持、水源涵养、沙漠化防治等方面。通过项目造林，增加了项目区森林资源，改善了项目区森林资源的质量和效益，项目区森林覆盖率显著提高。小渊基金项目在实施过程中，引进了先进的管理理念和林业技术，提高了项目实施的科技含量，促进了我国林业科技自主创新能力的提高；其项目成果推广应用，示范作用日益明显，为我国林业生态建设提供了宝贵的经验和技术。小渊基金项目改变了我国林业传统经营管理方式，为加快推进我国林业由传统林业向现代林业转变起到了积极作用。小渊基金是中日民间绿化交流的重要载体，是中日两国人民友好往来的绿色桥梁，是中日两国民间合作的典范。

在三北地区防沙治沙的队伍中也有一些国际人士，他们把中国的治沙事业作为自己的事业，为中国绿化做出了突出贡献。在中国任何地方谈治沙，远山正瑛是一个无论如何都绕不过的人物。这位来自日本的农学教授，钟情于中国的沙漠绿化事业，从1991年定居内蒙古库布其沙漠恩格贝起，进行了长达13年的沙漠绿化活动。十多年间，远山正瑛每年都要花一些时间回日本讲演，宣传协助中国绿化沙漠的主张，并号召日本民众每星期少吃一顿饭，把省下来的钱帮助中国植树。每年春天，一批批响应号召的日本志愿者带着树种和花籽来到中国参加绿化活动，在他的影响和带动下，有7000多名日本志愿者，在恩格贝种下了340多万棵白杨，“染绿”4万亩黄沙，把恩格贝这个沙漠中贫瘠荒凉的不毛之地，变成了郁郁葱葱的沙漠绿洲。远山正瑛这位治沙队伍中的国际战士，为恩格贝的巨变做出了无私的贡献。

（二）受到世界的广泛赞誉

三北工程建设的光辉历程和重大的建设成就，得到了国际社会的高度认可，赞誉三北工程是“改造大自然的伟大壮举”“世界生态环境建设的重要组成部分”。1987年以来，先后有三北防护林建设局、新疆和田等十几个建设单位被联合国环境规划署授予“全球500佳”称号；三北工程获得了“世界上最大的植树造林工程”吉尼斯证书；2000年汉诺威世博会上，三北工程被评为“20世纪全球最具影响的重大项目”，并专门为三北工程建设开辟了专栏；2018年，三北工程又被联合国经济与社会理事部授予“联合国森林战略规划优秀实践奖”。

三北工程建设的丰硕成果，特别是在水土流失治理、扶贫攻坚方面的模式和技术已经传播到其他国家，为解决全球水土流失、土地荒漠化和减贫贡献“中国经验”。截至2018年，共有100多个国家的元首、大使、专家学者参观考察了三北工程。举办了“生态文明贵阳论坛——干旱半干旱区生态系统治理”主题论坛，发布了全球干旱半干旱区生态治理贵阳宣言，并与世界自然保护联盟（IUCN）签署了《加强干旱半干旱区生态修复技术合作框架协议》，约定在干旱半干旱地区的生态修复技术和自然资源综合管理方面开展丰富多彩的合作与交流活动。2017年、2018年先后开展了“走近中国林业·防治荒漠化成就”“走近中国林业·外国使节看三北”考察活动，缅甸、巴基斯坦、南非、越南、老挝、斯里兰卡、澳大利亚、德国、日本等27个国家的驻华使节，以及联合国防治荒漠化公约秘书处、联合国粮食计划署、联合国环境规划署等国际组织代表，赴甘肃、山西两省走访和考察，学习中国在黄土高原水土流失治理、防沙治沙、生态综合治理和特色经济林建设方面的成功经验。2018年8月2—5日，由中国科学院、国家林业和草原局、国际林业研究组织联盟主办了2018国际防护林学研讨会暨三北防护林体系建设工程40周年发展论坛，向与会各国专家全面介绍了三北工程建设成就，系统总结了三北防护林在应对全球气候变化方面的突出贡献，获得了与会各国专家一致称赞。同年10月24日，国家林业和草原局、中国科学院在北京联合举办了以“三北工程40年与绿色发展同行”为主题的第四届世界人工林大会三北防护林平行会议，向世界讲好三北故事，向世界传输中国生态治理理念。

作为饱受生态灾难之苦的国家，中国政府积极倡导绿色文明，呼吁全世界携手保护地球生态环境，建立人类命运共同体，三北工程的实施，让中国成了世界生态建设的榜样。三北工程40多年坚持不懈、坚定不移的建设历程，向世界充分展现了中国政府对全人类负责任的大国风范。其建设成就，是世界生态建设史上的伟大创举；其建设实践，必将造福人类。

第二节　不畏艰难，艰苦奋斗

“艰苦奋斗”是中国共产党带领中国人民在长期的革命、建设过程中形成的优良传统和作风，也是中华民族自立自强、不断壮大、兴旺发达的精神力量。三北工程实施以来，广大人民群众不畏艰难、艰苦奋斗、默默奉献着，他们战风沙、斗干旱，用实际行动诠释了中华民族不畏艰难、艰苦奋斗的精神，为建设美丽中国提供了强大精神力量。

一、三北工程曾被称为“烧饼工程”

三北工程于1978年启动实施，当时中国人均GDP只有222美元，不及非洲人均GDP的一半，经济发展极为落后，国家财力十分有限。三北一期工程平均每亩投资3元，当时1元钱可买9个绥德烧饼，因而被人戏称为“烧饼工程”。在此背景下，三北工程前期建设适应三北工程建设劳动密集型的特征，结合农村双层经营体制改革和全民义务植树等政策的实施，推行“两工”造林和“四统一分”的造林政策，采取国家投一点、社会补一点、人民群众做主力军的方式开展建设，促进了三北工程按山系、按流域规模化治理，推动了工程建设稳步发展。

三北工程第一阶段（1978—2000年）评估结果显示，群众无偿投工投劳16亿工日，三北1～3期工程期间，群众无偿投工投劳占比分别为96.14%、90.79%、75.61%。可以说，群众投工投劳是工程建设的主力军，对完成三北工程建设起到了决定性作用。

一期工程时榆林市119万亩治理任务，每亩补助才1元钱，光搭“障蔽”的柴草就得3元，种苗费、运输工具和10个小时以上工时的劳动价值全部由群众无偿提供。有些地方的群众，在没有国家任何补助的情况下，把家搬到深山远沙，树栽到哪里就在哪里安家，一个“沙窝”、一个“帐篷”就是一个驻点、一个家庭。他们为工程建设付出了艰辛和汗水，与风斗、与沙斗，以极大的奉献精神、牺牲精神、创业精神在一片片茫茫沙海中，在一片片黄土高坡上，建起了一片片绿洲，成为新时代的愚公。

各地开展“大兵团作战”，整村整乡甚至整县推进，是当时三北工程建设的一大特色。山西省偏关县坚持以农户治理为基础，由村乡组织群众大会战。每个乡镇建成了两个200亩以上的会战点和一个千亩以上的综合治理样板流域。龙山坝流域每年上马推土机30台，常年坚持搞机修。发动曹家村、楼沟两乡群众跨乡联村会战连片推进整地造林打地埂，每次出动劳力1500人。像这样的人机结合千人大会战，一年就治理土地近万亩。

青海省民和县每年都要开展春季国土绿化千人“大会战”行动，从县级领导到普通干部，从学校师生到宗教界人士全部上山绿化，一天参加春季义务植树造林“大会战”的人数就达5000多名。各乡镇按照县委、县政府的要求，在搞好千人“大会战”行动的同时，结合本地实际，打破地域界限，联乡联村布设造林战场，整区域、整片区集中连片绿化治理，每个乡镇每年新建1个千亩规模示范点。坚持“路修到哪里，树栽到哪里”，重点绿化国道、省道及新建成的乡村硬化道路，真正把绿色通道建成生态带、产业富民带。

二、“只要精神不滑坡，办法总比困难多”

坚定的信念是干好三北工程这项伟大事业的精神支柱。40多年来，三北地区各级党委和政府、广大人民群众始终抱定造林治沙事业必胜的信念和生活条件必定能改变的信心，始终保持初心不改，信念不变，创造了一个个工程建设的奇迹。

（一）李志远靠手支撑“爬”着去种树

宁夏固原市彭阳县农民李志远，用20多年时间，开拓了350余亩荒地，植树造林12万余株，为这里的荒山披上了绿衣。

李志远出生在彭阳县草庙乡和沟村一个贫困农民家庭，父亲早逝，他与母亲相依为命。1980年的冬天，一场意外改变了李志远的人生。热心的他在帮助邻居挖窑洞时被坍塌的土块砸伤，左大腿粉碎性骨折、右小腿断裂，因为治疗不及时，最终留下了残疾，架起了双拐，他右腿里的钢板至今还在。李志远在病床上苦闷地躺了一年多，他开始琢磨起来干点什么。

1983年春，正值国家大力提倡植树造林，李志远家门口就是大片的荒山。还不能下地走路的李志远决定从家门口开始种树。他托人买了一些树苗回来，将铁锹、镢头绑在身上，手撑在地上慢慢地向前挪动，挪到位置后就坐在地上用铁锹刨坑，将树苗种下去。就这样，日复一日，整整四年，李志远靠手支撑“爬”着去种树。家门口的荒地种完了，李志远每天种树的路开始越走越远。每天早上，他扛起铁锹、拄着拐杖出门，到中午时分，母亲会按时送饭过来。太阳落山后，他又拄着拐杖一瘸一拐地往回走，他种一棵树要比正常人付出更多的代价。

虽然没有一分钱的报酬，但李志远心甘情愿，他说：“这是我唯一能做的事。”他把所有的心血和希望都寄托在了这些小树身上，对于县、乡举办的林草科技讲座，他总想方设法赶去参加。一年一年过去了，李志远家门前的绿色在成片地增加。2001年，母亲病故，剩下李志远孤身一人。一个人，一孔窑洞，一副拐杖，一把铁锹，一把镢头，一个水壶，还有一棵棵日渐长大的树苗，这就是年过半百的李志远的全部。在他的带动和感召下，当地群众也开始植树。目前，他所在村子的山山岔岔、沟沟洼洼全都种上了树。

（二）这也难，那也难，有了持之以恒精神就不难

西树林屯地处科尔沁沙地南缘，连绵起伏的沙丘，一眼望不到头，狂风一刮，沙尘遮天蔽日，扑面飞来，毁了庄稼，毁了农田，村民深受其害。1951年7月，出生于刘家村西树林屯的侯贵，从小目睹了沙尘的暴戾，便暗暗立下宏愿，长大要当一位治沙人。侯贵初中毕业后被四合城公社党委抽调到广正村农业学大寨工作队工作，1975年入党后，回到西树林屯担任村党支部书记。后来撤乡并镇，西树林屯与老窝堡村合并，侯贵担任村主任。1999年春季的一天，看到村民们刚栽下去的一片秧苗一夜之间就被狂沙吞噬，侯贵忽然想起了儿时的心愿，萌生了造就一片林海，治住沙尘，为村里人带来幸福的念头。

要造林，先找地。在这长期受沙丘侵害的地方，寸土寸金，土地十分珍贵。

侯贵找了很多地方，都因种种原因没有谈成。苦思冥想，侯贵找到彰武县四合城国有林场，提出在林场难以治理的沙荒地带，与林场合作造林，林场出地，侯贵出资出力，造出的林子成材后三七分成。爽快的场长答应下来，并开班子会说服其他班子成员。2001年，侯贵和四合城国有林场达成3年造林试验协议。2004年，四合城国有林场检查侯贵的林子达标后，正式与他签订合同，这合同一签就是2073亩。为了专心造林，侯贵辞掉了村主任一职，从此深居山林，专心植树，一干就是20年。

造林的土地解决了，还得有住的地方。和林场达成协议后，侯贵以8000元的价格，买下山中的一处简易房。房子破旧，屋顶漏水，冬季很冷，但侯贵要求不高，有个住的地方就行。

开始造林的时候，一连串现实的问题摆在面前，资金哪里来？树苗何处找？人从哪里雇？问题再多，也难不倒侯贵造林的决心。没有钱，去贷款，可信用社一评估他的家产，只能贷给他1.1万元。这点钱远远不够，那就把家里仅有的存款拿出来，把家里能够变卖的东西都变卖成钱。没有树苗，侯贵想出了一个“笨鸟先飞”的土办法，把泥土和农家肥放在盆里，买回树种子，自己一小盆一小盆地育，育好后再移植出去。在侯贵住宿的简易棚里，除了炕头、厨房和一些生活用具，到处摆满小盆，而那盆里，就是一株株正在培育的小树苗。雇人植树要钱，刚开始20元一天，后来涨到80元一天，中午还得管饭，但侯贵觉得市场经济的时代，让人出力，就该付钱。工钱不够支付，就给人家打欠条。家里人看不下去了，抱怨：“这么大岁数了还劳神费力去栽树，能得到什么回报？”侯贵回答：“林子造出来了，风沙治住了，那就是回报。”

人有志，沙无情。经过无数个日日夜夜的准备，侯贵终于栽出了第一批树苗。然而，树苗第一天才栽下去，第二天就被风沙吞噬个精光。望着那片白茫茫的沙丘，这位饱经风霜的汉子仿佛一夜间苍老了许多，眼里的泪水禁不住扑簌簌掉了下来，那可是他的心血和汗水啊！如果此时回头，他还能过上安稳的日子，但那不是侯贵所为。树苗吹没了，再栽，栽下去吹没，再来……经过无数次折腾，经历不断的挫折和失败，侯贵渐渐地摸索出了一些因地制宜的治沙造林经验。老天不负有心人，当白茫茫的沙丘中终于出现了点点绿色时，侯贵激动万分，捧着小树苗亲了又亲，吻了又吻。此后树苗一株一株地增加，林地一片一片地延伸。肆虐无情的风沙，终于在这位东北汉子的面前停下了继续进犯的脚步。

栽树难，护林更难。随着林地数量的增加，林地管护也成为一大难题。附近一些村民见白茫茫的沙丘中出现了一片浓荫，立即赶着牛羊前来放牧。你不让他放，他的理由比你还多："这土地你买下来了吗？兴你栽树，就不许我放牧了？""你栽的是树子，我的牛羊吃的是地上的草，碍着你什么了？"然而，一不留神，刚刚成活的小树苗就被村民的牛羊糟蹋了一片。不得已，侯贵只好对幼林严看死守。一有空闲就去巡山。但他也知道严看死守不是长久之计，于是利用农闲或晚上休息时间，走家串户去讲解保护沙区植被的重要性，和他们拉家常、建感情。得知许多村民是因为草料不够才去林地放牧时，他又向畜牧技术部门请教了青贮饲料和羊群圈养技术，指导附近村民科学圈养。这些年来，他走遍了林地周围五六个村屯100多个养殖户家庭。周围的村民从开始的熟视无睹到后来的热情相待，林地内放牧的村民一年比一年少。此事也引起当地党委、政府的重视，指派四合城林场护林大队帮着管护，加之后来国家颁布了禁牧政策，侯贵护林的难度才逐渐减小，林地内的植被也恢复得一年比一年好。

20多年间，侯贵吃的是大米粥、地瓜，穿的是旧衣服、旧鞋袜，住的是全乡最破的房，但在植树造林上，却投资了40万元左右。他没有周末和节假日，没有回家和家人过过一个完整的春节。20多年间，侯贵有几十元钱就想去买20斤羊粪来种树；凑够几千元就想用这钱去栽树。刚开始栽树时向农村信用社贷的1.1万元，现在连本带利涨到11.9万元，房子和土地都作了抵押，他没有还账，并不是想赖账，只是想先实现了造林梦再说。人在，林在，国家的账不会赖一分钱。20多年间，侯贵把每年林作间种承包地收入和草原补贴收入全部投入到造林、治沙中，家庭生活非常艰苦，住房极其简陋，甚至不能防风挡雨，但他从不向组织提任何要求。20多年的汗水心血，20多年的艰苦奋斗，侯贵硬是把一片片流动沙丘变成了绿洲。如今，这里栽植树木26万余株，存活21万余株，造林面积达2400余亩，极大地改善了村里的生态环境。对于未来规划，这位近70岁的老党员还想利用5～7年的时间来植树造林，使这片林地上的各种树木达到30万株，把这块林地打造成一流的防风固沙林。

三、“栽活一棵，不愁一坡”

“星星之火，可以燎原。”三北工程启动之初，三北大地一片荒芜，绿色难见踪迹。正是三北地区人民群众不等不靠，坚定斗争意识，发扬斗争精神，才将绿色从身边燎原，随之蔓延到三北400多万平方千米土地上。

（一）永和的鱼鳞坑——一个北方干旱山区保土保水保苗的创新

20世纪80年代，在山西省永和县的黄土高坡上，一棵树都看不到。同时，永和县也是山西省10个深度贫困县之一。全县6.8万人中有1万多人为贫困人口。如何让这块贫瘠的土地增绿增收，是永和人一直以来的探索方向。

三北工程启动后，永和历届县委县政府高度重视，始终把林业建设摆在各项工作的首位，采取多种方式，投入大量人力物力，为改善永和生态恶化和经济落后现状，做出了不懈的努力。

任务艰巨，工作量大，环节多、参与人员多……重重困难，摆在面前，如何调动所有参与者的积极性，使每个人都尽心尽力，从而提高工程质量，保证苗木的成活率？县林业局探索出：先采用“专业队造林，按成活结算。”之后，再推出“育苗户栽植，保栽保活。”最后，又创新“用自己的人，办自己的事”。

“用自己的人”——就是充分挖掘内部潜力，组建专业队，实行常年施工。栽植、成活、保存、验收，做到环环紧扣，确保工程质量和进度，为带好专业队，又选用一批志同道合、技术过硬的骨干，让他们担当起工程建设的重任。在造林中，他们采取两招：实行“五定”——定岗、定人、定责、定时、定酬，做到“一人一事，职责明确，各负其责”。同时。实行严格奖惩，做到定期汇报，定期检查，定期考核，坚持一月一汇总，一事一兑现。早、严、勤、精，这四字方针，工程负责人牢记心头，并始终贯穿在三北防护林工程建设中。

永和是一座山城，大都是石头山。山上不见土星，光秃秃的，坚硬无比。要在这石头山上打坑，栽植无数棵绿色幼苗，此举艰难无比。

为留住黄土，工人们搬石上山，垒起无数个鱼鳞坑。为栽种绿苗，工人们又运土到坡，把一个个鱼鳞坑填满砸实。最难办的，就是往山坡运送黄土和树苗了。黄土要一筐一筐地从山上运到半坡，树苗要一棵一棵地从山下扛到山顶。山陡无路，工人们肩荷沉重的土筐和树苗，摸着石头，拽着杂草，一步一滑往上挪。挪着挪着，脚下突然一滑，惊得心跳加速，死死抱住石头不敢放。不然，人一旦从山头滚下去，就会有生命危险!

面对一个个鱼鳞坑，为加快工程进度，建设者们苦思冥想，推出了一项新发明：用聚氯乙烯（PVC）管子，从上向下溜土，填满鱼鳞坑。春季风大，沙土干燥。工人们顶风溜土，人人尘土满身，个个灰头土脸，一下又一下，一个又一个，艰难无比。

就这样，拉线定位，挥锹挖坑，填土填肥，修建了一个又一个标准的鱼鳞坑。终于，工人们把无数棵幼苗栽到荒山上，让这些小小的绿色生命占据了荒寂的山坡。

截至2018年，永和县森林覆盖率达28.4%，林木覆盖率达37%，发展生态林76万亩，持续实施的三北工程被誉为“教科书”工程，永和的鱼鳞坑也享誉国内外，成为写在大地上的新创论文。

（二）“一棵树”变绿洲——受到20多个国家的专家的称赞

白春兰身上有一股“柠条劲头”，兼具女性的柔美与力量。漫天黄沙中，白春兰的坚韧，就像最粗壮的那株柠条，而面对亲人的离去，她又会在深夜独自对着窗外树影，静静流露出最真实的感情。

最初来到“一棵树”时，27岁的白春兰没有宏大的蓝图，没有激昂的情感，只因生于贫瘠而别无选择。经年累月，这些树渐渐栽满了沙海，也栽满了她的心田，她便再不舍得离开。

“你既是勤劳致富的模范，又是治理沙漠的功臣。希望你今后更好地带领周围群众，走联合治沙的路子，使更多的沙漠变绿洲。”这是2000年5月5日时任国家主席的胡锦涛在宁夏考察时，对白春兰的嘱托。

白春兰是盐池县花马池镇沙边子村村民。1980年，她举家搬到一个叫“一棵树”的地方，与丈夫一起植树种草、打井开荒，发展多种经营，将“一棵树”的不毛之地变成了绿洲。

20世纪70—80年代，“一棵树”所在的沙边子村，举目望去只有无尽的沙海。“一棵树”除了沙子还是沙子，七八级以上的大风常常一夜间就将一座沙丘搬到十几米外。最初种下的3亩麦地，被沙埋，被野兔吃，到了年底颗粒无收。看来在这个地方，要想种庄稼非得先治沙不可。对于一对农民夫妇来说，在沙丘上植树种草谈何容易。每天清晨，夫妇俩顶着大风刨沙、挖坑、栽树，一阵狂风袭来，人都站不住，刚刚栽下的小树苗不是被连根拔起，就是被流沙掩埋。待风小时，他俩从地上爬起，一棵一棵将树苗捡回来，重新栽上。中午，烈日炎炎，大漠中没有遮阳的地方，他们就把铁锹插在沙里，上面搭上衣服，就算“歇歇凉”。

白春兰说，1984年是最难的一年，也是收获的一年。那一年，一起来的村民看不到希望都陆陆续续搬回了冒寨子村。白春兰也动摇了，哭闹着要搬回去。“有些树苗已经活了，怎么能舍得离开？再坚持坚持，我们肯定能摸索出一套防沙固沙的好办法。”丈夫当年说的那段话，白春兰永远忘不了。后来，她们夫妇俩琢磨着挖开1米多深的沙子，取出沙下的黄土，再把黄土扬到沙上，种上庄稼。秋天，白春兰破天荒地收获了4麻袋小麦。

初尝胜果的白春兰夫妇劲头更足了，他们不停地植树种草，可往往是一场大风就将几个月的劳动成果毁掉。

一天，白春兰得知县里办了一个治沙实验点，邀请中国科学院兰州沙漠所专家前来指导，夫妻俩决定上门讨教。科技人员教他们扎草方格固沙，并为他们选择了杨柴、花棒、柠条等耐旱沙生植物种苗。第二年，他们种植的灌木成活率达80%，栽下的葡萄、苹果树也活了。

白春兰夫妇勤奋好学，总结出以草挡沙、以柳固沙、杨树和果树防沙的“三行治沙法”。他们利用3条带子井，麦套玉米、麦套胡萝卜。他们还把养殖、种植与加工业结合起来，挖了一个4亩的水塘，投放鱼苗4000尾。1991年，白春兰一家收入达4万元，成了盐池县有名的治沙大户。

沙产业一天天兴旺起来，可白春兰的丈夫却因劳累过度患上了肝硬化。这以后，白春兰每天既要服侍卧床的丈夫，又要种田、植树、喂猪、养羊、饲鱼。

1997年冬天，白春兰的丈夫离开了她。但她没有停止治沙，事业越做越大。“一棵树”，这片昔日的不毛之地，如今已成为瓜果飘香的绿洲。来自美国、德国、以色列等20多个国家的专家学者曾到访这里，称赞白春兰的创举。

四、“生命不息，造林不止”

三北地区绵亘万里的风沙线，挟裹了太多“我以我血荐轩辕”的誓言，饱含了太多“虽九死其犹未悔”的决心，镌刻了太多“敢叫日月换新天”的激烈。那些“生命不息、造林不止”的三北人活得像棵白杨树一样力争上游，向着有阳光的地方绽放生命的色彩。

（一）1000棵树旱死了，又种活了40万棵树

王永瑞，一个住在甘肃省定西市安定区白碌乡录丰村的农民，40多年来，用一把镢头一把锹，凭一己之力造林40余万株，绿化荒山400多亩，被当地人称赞为“造林愚公”。除了农忙和冬天，他都会在山上整地、挖土、栽树、护树、补苗。谁也说不清他流了多少汗，挑坏了多少把扁担，磨坏了多少把镢头，挖断了多少把铁锹。寒来暑往，他栽活的白杨、旱柳、柠条、杏树、柏树等多达40余万株，他硬是用勤劳和汗水让昔日的荒山渐渐绿了起来。

“做人多读书，过家多栽树，有树就有了‘光阴’。”这是王永瑞常说的一句话。1980年父亲因病逝世后，20岁出头的王永瑞便开始了他的荒山“播绿梦”。这个梦想，既是为了响应国家号召，也是为了完成父亲弥留之际的心愿。就这样，从1981年起，王永瑞抛开一切顾虑，一头扎在植树上，一干，就是40多年。

20世纪70—80年代，农村生活极端困难，在人们连肚子都填不饱的日子里，王永瑞就抬着镢头，拿着铁锹种树、种树、再种树。“别人种粮，你栽树，头脑发昏了，还是闲着没事干？”周围人的嘲讽不绝于耳。“这是我和父亲共同的梦想。要是种不好树，我死了，也合不上眼！”执拗的王永瑞，单单为了父亲当年的一句话，以其“匠人”精神，豁出一辈子，献身绿化事业。种树、种树、再种树，并不简单的事情重复地认真去做，然后王永瑞的“奇迹”就发生了，这就是重复的力量。在“苦瘠甲天下”的定西，种活一棵树比养活一个孩子还难。每天天刚麻麻亮，王永瑞喝过罐罐茶就扛着镢头，拿着铁锹，背着买来的柏树、杨树树苗，挖坑、种苗、边走边种，从日头出来忙到日头落下。

40多年来，谁也说不清王永瑞流了多少汗，挑坏了几把扁担，磨坏了几把镢头，挖断了几把铁锹，双手脱了几层茧……可这就是王永瑞真实的日常生活，日复一日，年复一年，全都围着种树这一项事业打转。录丰村有成百上千个山头，哪个地方适合种什么树，怎样才能让种上的树活下来，他边种树边合计。然而，白碌的旱情令人难以想象，能旱到柠条、旱柳都枯死。1981年大旱，王永瑞栽种的1000棵树都旱死了。面对困难，老人从不气馁，继续面朝黄土背朝天，重复着种树。树苗死去，继续补种，直到成活。为了种树，王永瑞花费了一生的积蓄，没有给自己添一件新衣，没有给家里修一座像样的房子。天道酬勤，在王永瑞的不断努力下，昔日荒山坡现已草丰树茂，成为山雀、野兔等嬉戏的乐园。

（二）“甄傻”治沙——“活着干，死了算”

种树？那里可是遍地黄沙的“癞痢地”，树能种得活？治沙？9万多亩的“沙岛”，又是齐齐哈尔市风沙的重要源头，你能治得来？甄殿举不信邪：“活着干，死了算。古代愚公尚且能移山，我不信，有政府和社会各方的支持，还治不了这些沙子？江心岛，非得绿起来！”老甄不怕人说他，“我不傻，总得有人傻。”“你不治，他不治，总有一天沙子会把我们都给治了，那我们不就真傻了吗？”

江心岛位于齐齐哈尔市中心城区西南侧，与市区仅一江之隔。因地处嫩江沙带，加上过度养殖、沙石采挖，一度沙化严重，早些年间，鹤城出现的沙尘天，黄沙多半来自这里。2002年，江心岛一个老的国营畜牧场进行改制，甄殿举出人意料地出资接下这里，决定在岛上种树。他在荒岛上种树的举动，当时并没有得到太多人的支持，反而得了一个“甄傻子”的称号。

第一批300万株树苗种下去，有的因为风沙太大被连根拔起，一年之后只存活了100万株。第二年，他还要投资。已查出乳腺癌的妻子开始反对了，话说得掏心掏肺：“啥？你还要往那岛上砸钱？我不同意！之前投的钱算白瞎了，我认。但吃一堑长一智，咱能不能不造啦？”“你看我身体也不好，姑娘儿子年纪还小。这些钱，都是你进深山林、下土煤窑刨回来的，可不能再白白扔掉啊！你不是打算开发房地产吗？哪怕存银行吃利息，也好过砸那荒岛上啊！”朋友也来劝：“老甄你糊涂啊！江心岛，老鼠跑出二里地，都能分出公母来。在上面种树，不是拿钱打水漂吗？”“老甄，你就造吧，造多少年你也栽不活树。到死都不可能用岛上的树做棺材板！”……

好说歹劝，老甄还是“一根筋”，非干不可。“不是我唱高调、讲大话，当时我就想：我是个党员，又在部队待过，赚到了钱，总得干点事。想想那些风沙天，多闹心。既然江心岛到了咱手里，豁出去，也得让它变个样！总不能让它祸害了我们，又祸害子孙吧？！”在部队立过二等功，又在1987年大兴安岭森林火灾中抢过险，老甄铁了心，“就是要和黄沙斗一斗！”

2003年下半年，妻子的癌症已到晚期。因为肿瘤压迫神经，只能坐轮椅。上岛头几个月，中午一到老甄就往家奔，把热乎乎的饭菜端到妻子床头。张桂荣心疼：“我跟你上岛，可别这么跑了。”张桂荣闲不住，老甄在前面栽树，她转着轮椅跟在后面。有一天，老甄在前面刨沙，后面好一会儿没了动静。扭头一瞅，轮椅倒了，妻子被压在那儿，脸窝在沙子里，没了动静。掐了好一会儿人中才醒来，脸憋得青中带紫。抱着妻子，老甄心疼得泪如雨下：“你发话吧，现在只要你说不，我立马不干了。”妻子抱着老甄，久久没言语。“种吧！我支持你了。如果没有沙，轱辘也就陷不进去，我也就摔不倒了。”这次意外，让妻子从“反对派”变成了坚定的支持者。岛上，忙得热火朝天；妻子的身体，却一天不如一天。张桂荣对甄殿举说：“我的病没治就别治了。我死了，你就把我埋在岛上，我要看着你怎么种树，怎么治沙。”甄殿举说：“行！我就让你看着，咱能不能把这岛整起来。”丧妻之痛，痛何如哉！可时节不等人，办完丧事才3天，老甄就擦干眼泪，把子女送到妹妹家，回到了岛上。

2004年4月17日，老伴走的第4天，江心岛大种树开始了。半个月大会战，300万株树苗栽下了。老甄满心欢喜。可是，20多天后，本该冒出新芽的树苗，七八成都蔫头耷脑，成了柴火棍。一场辛苦，换来如此结局。委屈、不甘，老甄气得嗷嗷叫：“娘的！我就不信这个邪，明年再种！”风沙大。刚把树苗栽下，沙尘暴一起，都给糟蹋没了。沙土干旱，吸水力强，浇下去的水到不了根。时节紧。齐齐哈尔纬度高，每年只有4月中下旬到5月上旬适宜种树，满打满算不到30天。又要赶进度，又要保质量，都想兼顾到，难！江心岛四面环水，运树苗、运工具都得靠摆渡船；岛上没有路，不是沙包，就是沙坑，车辆常常趴窝。老甄并没有气馁。第二年，老甄继续栽树，将损失的200万株树苗全部补齐。第三年，依旧是栽树，直到岛上第一批树苗的树根穿透沙层，植树才初见成果。

20年，树，一棵一棵，年年栽，年年死，年年补；绿，一寸一寸，扩展着，增长着，延伸着。20年的奋斗，600多万株树给9万多亩沙地铺上了绿色。甄殿举从一个壮年汉子变成了六旬老人。20年，老甄把时间和精力都奉献在这座岛上，累出了心脏病、高血压、痛风等多种疾病。常年劳作，老甄已有些佝偻。而杨树，已水桶般粗壮，高大挺拔。雪地寒风，它兀自生长，把根深深扎下，把冠高高举起，为江那边的城遮风挡沙。

“我们既要绿水青山，也要金山银山。宁要绿水青山，不要金山银山，而且绿水青山就是金山银山。”老甄说，他有空就琢磨这段话，越琢磨越有味道。

第三节　依靠群众，兴林富民

我们党有依靠群众的优良传统。毛泽东同志说过，人民，只有人民才是创造世界历史的动力。习近平总书记也讲，人民是历史的创造者，群众是真正的英雄，人民群众是我们力量的源泉。每个人的力量是有限的，但只要我们万众一心，众志成城，就没有克服不了的困难……这些精辟的论述，都深刻指出了人民群众是历史的创造者。

三北工程40多年的历史，也充分证明了人民群众是历史的创造者。正因为有了三北地区广大人民群众40多年来坚持不懈的努力、团结一心的奋斗，原本集“老少山边穷”“缺林少绿”于一身的三北地区才能发生由量到质的嬗变，才能实现由“黄”到“绿”，由“穷”入“富”的转变。

一、为人民造林，靠人民造林

人民创造历史是唯物主义的基本原理。在三北工程启动实施前，三北人民世世代代为风沙所困、为水土流失所苦，千百年来，恶劣的生态环境犹如一只残忍的大手扼住了他们求生存求幸福的咽喉。

三北工程急人民群众之所需、解人民群众之所困，坚持人民至上的理念，充分发挥人民群众的智慧和力量，历经40多年的建设，将生态建设推上了快车道。

三北工程主要任务是水土流失和风沙危害的治理，还有解决饲料、木料、燃料的问题。为什么三北工程开始定的目标是解决燃料、柴火的问题？因为是沙地，烧的问题比粮食问题还要严重，没有什么可烧的，那时候只要能把烧柴问题解决了，就是三北工程的一大贡献。

有记者问：当时的情况有多严重，需要一个防护林带？当地的一位老人回答记者：因为当时这个地方基本上就没有树，森林覆盖率很低，只有百分之五点多。老百姓用的，盖房的椽檩都没有，烧柴也没有，铁锹把都很困难，要给老百姓解决这些实际问题。还有过去沙漠边缘的农地种上种子以后，一场大风就走了，房屋也是，为什么说沙进人退啊？房子因为挡风，沙子慢慢都上房顶了，逼迫老百姓搬家。你看现在，就没有这种情况了。所以三北工程对老百姓生活生产条件的改善作用是很大的。

（一）迁西人民的“围山转”工程

河北迁西县从20世纪80年代初森林覆盖率不足30%提高到2018年的61.36%，从林果年产值不足500万元提高到现在的5.74亿元……在近30年的发展中，经历了怎样的过程？秘诀就是“靠人民造林，为人民造林”。

“让山窝窝里长出‘金娃娃’的秘诀就是‘围山转’。”迁西自1986年被列入三北二期工程建设以来，大力推行“围山转”，全县形成了“山顶松槐戴帽、山间板栗缠腰、山脚苹果梨桃”的良好格局。

“围山转”改善了生态环境，拓宽了人们的生存空间，提高了人们的生活质量和生存质量；推动了整个迁西经济的发展，加快了农业产业化进程；农民直接从山区综合治理中得到实惠，为山区人民脱贫致富找到了新门路。

由于政策落实，农民认定荒山能植下摇钱树，挖出聚宝盆，全县农民将挖山植果当作主业。2018年，每年从“围山转”获得粮油收入5000万元，干鲜果品收入5.24亿元，合计年收入5.74亿元；全县17个乡镇、417个行政村中靠林果收入达小康生活水平的村占55%；县内还涌现出了王春怀、谢振全、王庆久、段卫林等多个户均年收入在10万元左右的造林大户。

“只有让群众实实在在享受到靠山吃山、以林致富的实惠，积极投身林业建设的人才会越来越多。”迁西县林业局负责人感叹道。

（二）庄浪梯田——“绘在黄土高原上的彩带”

看着层层叠叠、高低错落的梯田，如同一条条绿丝带，缠绕在连绵起伏的群山中，曾到访甘肃省平凉市庄浪县的以色列农业专家道夫·斯通惊叹：“这是绘在黄土高原上的彩带，一幅迷人的风景画，真是人间奇迹！”

50多年前，庄浪山大沟深，地陡土瘠，上百万亩坡地散落在山梁丘顶，蜷缩在2000多条沟壑当中。

庄浪全县，地形支离破碎，植被稀疏。绿，是这里最渴望的颜色。“那时候地没修平，陡地一见雨就被冲成沟，没雨的时候大地被晒得干裂。”大庄村党支部书记程力回忆说，曾经的大庄村和庄浪大部分村子一样，“天上下雨地里流，肥土冲到沟里头”。跑水、跑土、跑肥，田变成了“三跑田”，麦子长得像马身上的毛般粗细，亩产很难达百斤。

在77岁的何振军老人记忆中，那时“黄风一刮就是好几天。地里光秃秃的，鸟儿落爪的树都没有”。

穷则思变。穷怕了的庄浪人开始与梯田结缘。“全国梯田看庄浪，庄浪梯田看赵墩，赵墩梯田看大庄。”因为庄浪县的第一块梯田就在大庄诞生。

1964年，庄浪县5万多名干部群众上山下沟修梯田，拉开了改造贫瘠土地的序幕。“那时候反复学愚公移山的故事，干劲儿大着哩！为了完成每天12立方米土的任务，大家挑灯夜战，远远地看，分不清是灯还是星。”回想起当年修梯田的激情岁月，当时家喻户晓的“铁姑娘突击队”队长陈英十分激动，说到动情处不时落泪。1967年，11岁的陈英和15个跟自己一般大的女孩编成“娃娃组”，修建梯田。由于卖力又不服输，陈英当上“娃娃组”组长，后来“娃娃组”被称为“铁姑娘突击队”。

那时候，修梯田有吃不完的苦。一把铁锹，一辆手推车，就是建造梯田使用的工具。沉甸甸的背篓压弯了庄浪人的腰，嘎嘎响的独轮车磨破了庄浪人的手。那时候，修梯田有道不尽的痛。

把娃娃留在家，娃娃饿醒了哭，哭累了就睡着了。移动土方是高强度体力劳动，当时多数人还挣扎在温饱线上，体力严重不支，为了赶工，有些身体孱弱的人累倒在了田埂上。

虽然苦，虽然痛，庄浪人没有怨言。50多年来，庄浪县委、县政府一张蓝图绘到底，一任接着一任干。在20世纪90年代末，庄浪成为中国第一个“梯田化模范县”。

通化镇阳坡河村村民朱宝仓有一个记账本，清晰记录着梯田建成前后家里收成的变化：“地没修平的时候，一亩地产量只有几十斤到百来斤，1964年开始修梯田以后，亩产量达到300多斤，最多的是2014年，一亩地产量有900多斤。”据统计，1964年，全县粮食总产量5.3万吨，人均产粮242.2千克。而到了1998年，全县拥有梯田面积83.19万亩，占耕地总面积的88.74%，粮食总产量达13.3万吨，人均产粮328.6千克。

作为当年“吃螃蟹”的一批人，何振军喜欢吃过晌午饭后在自家田埂上转一圈，看看山，瞅瞅田。“你瞧，现在树都种到梁上了。”站在永宁乡陈湾村村口，陈英曾经参加修建的堡子嘴梯田清晰可见，层层梯田缠山绕梁，成了陈湾村最美的风景。“不为别的，就为把这山头改个颜色，给子孙后代留下一片绿色。”

2015年起，庄浪人启动了大规模国土绿化五年行动。每年以8万亩至10万亩的造林速度植树播绿，累计植树48.8万多亩，全县森林覆盖率28.72%，人均享有绿地11.4平方米。

因黄土而穷困的庄浪人，说起植树造林，根本不用动员。这里植树都是通过异地调劳、义务投劳的方式，村民自觉参与植树，不管是不是在自己村土地上种树，都会参加。每年春天，庄浪干部群众都会自发地在山梁沟峁上挥锹舞镐，植树播绿。

经过修梯田，大规模绿化，昔日满目疮痍的黄土高原已变成“绿水青山”。百万亩梯田，连绵的山间林海已成为庄浪最大的资源。现在庄浪县委、县政府琢磨的是，如何更好地让土地盖上“绿被子”，让老百姓挣得“红票子”？

近年来，庄浪县以“山地梯田化、梯田产业化、沟道坝系化、流域生态化”为目标，相继实施小流域综合治理，建成淤地坝63座，配套梯田产业道路8400千米，种植苹果树65万亩，实现了适宜区全覆盖。梯田特色产业收入中，仅苹果一项就达到20亿元。庄浪苹果，带着“中华名果”的美誉远销海内外，让村民的日子越过越红火。梯田里种下的核桃、山毛桃，鼓了农民的钱袋子。

朱店镇朱河村的建档立卡贫困户贾四有2021年脱了贫，2012年，他种了4亩苹果树，如今已有3亩挂了果，一下就收入3万多元，日子越过越舒坦。

如今，越来越多的庄浪人享受着梯田的馈赠和福利。“梯田王国”的名号也成为生态旅游的招牌。一批农业观光园、苹果采摘园、休闲农庄如雨后春笋般涌现，生态红利成为发展绿色产业、实现绿色发展的“金钥匙”。2019年，全县接待游客90万人次，实现旅游综合收入3.5亿元。

（三）为生民立命的工程——麦盖提县百万亩造林工程

新疆麦盖提县位于塔克拉玛干大沙漠西南边缘，三面环沙，是全国唯一一个嵌入沙漠的县。在“沙进人退”与“绿进沙退”的拉锯战中，麦盖提县已初获胜果。这背后不仅有政府的投入，还有很多居民的默默付出。

麦盖提县库木库萨尔乡尤库日哈迪勒克村村民木卡热甫·艾海提是默默付出的其中之一，他不仅主动植树造林、防沙治沙，而且作画宣传防治风沙、造林播绿，被誉为当地治理沙漠的“塞罕坝人”和宣传植树造林、防沙治沙的农民画家。2017年，他被评为全国防沙治沙先进个人。

“尤库日哈迪勒克村，以前是一个出门扬沙子的地方。我出生在尤库日哈迪勒克村，可以说是吃着沙子长大的。我从小就对植树造林、防治风沙情有独钟，因村里缺水，植树造林的梦想迟迟难以实现。”木卡热甫·艾海提说。

绿色是生命的颜色，孕育着生命的无限可能。从沙漠到连绵绿洲，从一棵树到一片片林海。为了改善麦盖提县脆弱的生态环境，打造宜人、宜居、宜业的社会生活环境，2012年以来，麦盖提县在塔克拉玛干沙漠西南边缘启动了百万亩防风固沙生态林基地建设工程，每年春秋两季率领10万余名干部群众，战天斗地、攻坚克难，历时40余天，在沙漠上挖坑换土、植树造林。

该工程规划造林面积100万亩，整个规划区域南北横跨50千米、东西纵深15千米，总面积667平方千米。其中：近期规划面积30万亩、中期规划30万亩、远期规划40万亩。规划以南北走向为主线，沿库木库萨尔乡、克孜勒阿瓦提乡的外围荒漠区，打造一条绿色屏障。计划利用20年左右时间完工，计划投资45亿元以上。

这项工程的建设，给木卡热甫·艾海提植树造林的梦想提供了时机，帮他将植树造林的梦想逐步实现。

“随着百万亩防风固沙生态林工程开工建设，我们乡新架了输电线，开凿了机井，铺设了滴灌设施。我主动请缨，参与到这项工程之中，在植树季节参与植树，在苗木管护期参与苗木管护。我把苗木成长放在心坎上，把苗木管护工作落实到行动上。坚持走遍每一条滴管、每一棵苗木，发现问题及时解决。从不把当天的问题留到明天，做到当天解决。我虚心向苗木管护员请教苗木栽植技术，并尝试自己栽种苗木，栽种的苗木成活率达90%以上。”木卡热甫·艾海提自豪地说。

“植树造林给我们村的环境带来了很大变化，现在出门的风沙少了，房子周围和耕地四周的树多了，变绿了。我也喜欢植树，感觉每一棵栽种的苗木像自己的孩子，我十分爱护它们。我在植树中体会到植树的快乐，收获了一片片新绿。”木卡热甫·艾海提说。

植树造林是造福后人的千秋大业。四年来，木卡热甫·艾海提一直坚持沙漠添绿的信念，在防风固沙的第一线始终都有他的身影，累计栽植各类苗木5000余棵。他用自己的汗水和执着换来了沙漠中的新绿，在当地群众中树立了良好形象，成为库木库萨尔乡植树造林带头人。

木卡热甫·艾海提从小就学习农民画绘制，7年前他就开始在疆内经营农民画，而且在库木库萨尔乡境内的刀郎画乡文化旅游景区有自己的画室。他创作的坎土曼、植树造林等农民画作品分别被自治区文化厅、艺术馆等授予一等奖、二等奖。

为了鼓励和提倡村民个人进行植树造林，他充分利用自己会画刀郎农民画的特长，画起一幅幅以“防风固沙、植树造林”为主题的农民画，宣传植树造林的好处。

“在很长一段时间里，我绘的画和其他画师们绘的画有相同性。我多次想创新求异，拓展绘画风格，却没有突破口，直到当了护林员和自己植树造林之后，才找到了突破口。我将自己看到的、做的画出来，目的是宣传植树造林，引导更多的村民参与防风固沙、植树造林活动，一起改变居住环境。我的绘画作品出来后，很多村民过来围观，感召着他们坚定地向沙漠挑战，很多村民除参加乡政府组织的植树活动之外，和我一样自己购买树苗，为家园防沙播绿。”木卡热甫·

艾海提说。

绿水青山就是金山银山。为了实现以林养林，麦盖提县先后开展了红枣、沙棘、枸杞、葡萄、开心果、金银花、黑莓牧草等各种经济型植物的种植实验，努力探索周期短、见效快、效益高等适生植物的栽培管理技术，确保建立以林养林的模式，循环推进麦盖提县百万亩防风固沙生态建设。目前，百万亩防风固沙生态林工程一期30万亩造林面积已经完成。虎视眈眈的沙漠，面对绿色林带的守护，变得望而却步。

“我是麦盖提县百万亩防风固沙生态林工程建设中的普通一员，百万亩防风固沙生态林工程二期工作才刚刚开始，以后还有三期。我会继续参与到这项工程建设中，让沙漠实现更多的黄变绿，让当地各族百姓都能在绿色的环境中安居乐业。我有植不完的树，管不完的树，我的孩子、孙子会继续植、继续管。我会将矢志不移、艰苦奋斗、防沙治沙、播绿惠民的防沙治沙精神，一代又一代传承下去。我的女儿已经跟着我开始学习绘画，我要把她培养成一名农民画家。我要让她成为和我一样的人，做植树造林的榜样，做宣传植树造林的公益达人，为家乡的防治风沙工作做贡献。”木卡热甫·艾海提表示。

绿色是生命的颜色，也是人类永续发展的必要条件，谋发展必须坚持绿色发展理念。

二、为致富栽树，靠栽树致富

国家的投资有限，三北工程实际上主要是地方和农民去建设。为了保证地方和农民有持续不断的积极性和承受能力，也为了满足人民群众对根本利益的基本诉求。三北二期工程确定了建设生态经济型防护林的思路，树立了兴林为了富民、富民才能兴林的理念。自此，三北工程建设更加注重生态治理与经济建设的协调统一，使生态建设同地方经济发展、农民利益紧密结合，以增强工程建设的自我积累、自我发展、自我革新的能力。

（一）静宁小苹果创造大财富

地处六盘山西麓的静宁县，无以计数的苹果树连片成海，宛如一个硕大的苹果乐园。

2016年以来，静宁县苹果种植面积持续保持在100万亩以上，是名副其实的全国最大的苹果园。“天下苹果看静宁”——这里也是全国苹果价格最高、储藏能力最强的果品大县。大面积、高品质，释放出巨大的品牌效能——截至目前，静宁苹果区域品牌价值已达133.99亿元。

1986年，静宁县发出了栽种果树的倡议。1988年开始，县里以行政力量推动苹果产业发展。至2002年，全县苹果栽植面积达到20万亩，出现了第一批苹果“千亩村”“万亩乡”，涌现出了一大批果品收入“万元户”。特别是脱贫攻坚工作开展以来，静宁县将扶贫项目与苹果产业发展相结合，整合有关项目资金，多措并举帮助贫困群众发展苹果产业，全县苹果栽种面积以每年数万亩的速度迅速扩张，苹果产业驶入高质量发展的快车道。

2016年，静宁县苹果种植面积达101.2万亩，位列全国第一。2017年，这个县果品收入超过亿元的乡镇就有10个，82个村超过千万元，1.5万余户家庭超过10万元。2000年以来，依靠苹果产业，全县17.6万人稳定脱贫，贫困发生率由47.5%下降到目前的0.78%，全县226个建档立卡贫困村有112个发展为果品专业村，苹果产业已经成为静宁富民强县的支柱产业。

经过30多年的发展，静宁县先后获得“中国苹果之乡”“中国果菜无公害十强县”等多个国家级荣誉称号。同时，静宁苹果也获得国家地理标志产品、绿色产品、中国驰名商标等多张国家级名片。2005年以来，静宁苹果已是国内苹果价格的风向标，静宁由此成为全国苹果价格最高的区域。

静宁苹果能有今日之辉煌，离不开历届县委领导班子的持之以恒，可以说是“30余年谋一果、一张蓝图绘到底、一届接着一届干”。在静宁，很多干部群众亦有同感。30多年来，静宁县历届领导班子始终将苹果产业高质量发展作为增加农民收入、壮大县域经济的重中之重，使得静宁苹果产业成为富民强县的重要支柱，有力地带动了当地经济社会快速发展。

如今，静宁48万干部群众一年到头所有的工作几乎都围绕着“一棵树”，这棵树就是“苹果树”。种出好苹果、卖出好价钱，果农高兴、干部高兴、全县人民都高兴。

小苹果带来“金山银山”，也造就了绿水青山——全县栽植苹果林，对当地森林覆盖率、森林蓄积量指数提升作出了重要贡献，局部气候发生明显变化，年均蒸发量减少125毫米，湿润度提高13%。如今，全县年涵养水源量达到2亿吨，年减少水土流失2.4亿吨。

（二）大宁“购买式造林”——创新生态扶贫路子

山西省大宁县地处贫困人口集中的吕梁山区，全县国土面积966平方千米，常住人口6.8万人（其中，农业人口5.2万）。这里是黄土高原残垣沟壑区，是生态脆弱与生产落后的高度重合区。“三川十垣沟四千，周围大山包一圈”是大宁的真实写照；“贫困和生态脆弱互为因果、恶性循环”是大宁的县情特点。大宁县是全国扶贫开发重点县，全县贫困村70个、贫困户7727户，贫困人口18651人，贫困发生率为35.9%。

扶贫攻坚战役打响以来，大宁县按照习近平总书记“既要金山银山，又要绿水青山”的指导思想和山西省委、省政府“一个指引、两手硬”的重大思路和要求及“走出既要金山银山，又要绿水青山的新路径”与“着力促进生态富民”的决策部署，在脱贫攻坚中践行新发展理念，将“生态建设”和“脱贫攻坚”紧密联系起来。把“常青树就是摇钱树，生态优势就是经济优势”的思想根植于每一位贫困群众心中；把生态建设的过程变成经济增长方式转变的过程、发展观念不断进步的过程、人与自然关系趋向和谐的过程，融生态文明于脱贫攻坚全过程，在山区宜农则农、宜林则林，推动绿色发展、建设美丽大宁，让绿色成为美丽大宁的“底色”。

大宁县在县第十二次党代会上明确提出：实施购买式造林与脱贫攻坚相结合的“生态扶贫”创新之路。即以购买式造林为主要抓手，以生态建设为战场，以增收脱贫为目的，实现在“一个战场”打赢生态治理、脱贫攻坚“两个战役”。

“购买式造林”就是通过政府购买社会服务，调动社会力量参与植树造林，实现政府主导与市场配置资源有机结合的一种造林方式。以政府花钱买活树为理念，变以往的“要我造林”为“我要造林”。此举，极小地调整了生产关系，极大地促进了生产力，大大提高了造林绿化的效率和质量。在实施中，由建档立卡贫困户组建的造林专业合作社进行造林、营林、护林，让贫困户从中获得收益，在推进生态扶贫攻坚中，把建设绿水青山的过程变成群众增收脱贫的过程，在兴林增绿中让群众增收脱贫。

大宁县通过“购买式造林”模式将造林任务和资金向贫困乡村、贫困户倾斜，鼓励和引导有劳动能力的贫困户，在造林专业合作社的组织带领下，直接参与造林工程，并对新造林地进行抚育管护，由乡政府出面组织实施造林的村级组织和造林承接主体签订合同，县政府按国家、省、市级造林工程投资标准确定收购价格，以购买社会化服务的办法给予资金支持，贫困农民就地转化成造林产业工人和生态护林员，通过身份转变，实现就业脱贫、稳定增收。

在整体脱贫攻坚规划中，县委、县政府确立了“县要有重点，乡要有工程，村要有精品”的原则，做到点面结合，点上出样板、出思路、出政策，面上出规模、出效果。同时，规划设计中坚持因地制宜、实事求是，充分尊重群众意愿，让群众自主选择，结合脱贫攻坚的需要，以发展经济林、阔叶林为主，注重发展混交林。在造林过程中，栽植药材，发展林下经济、干果经济，注重集中连片，注意填漏补缺，打造全县生态建设精品工程。

2017年，大宁县已按照贫困人口不低于合作社社员80%的总体要求，组建扶贫攻坚造林专业合作社37个，已全部申领造林专用资质，合作社员1991名，其中建档立卡贫困人员1578名。2018年总面积为6.282万亩的造林绿化工程建设前期准备工作、作业设计全部编制完成，6个乡镇议标程序全部结束，已经整地9300余亩，全面铺开了购买式造林工程。

购买式造林实现了造林由“过程管理”向“结果购买”的转变，变计划经济体制下的“要我造林”为市场经济体制下的“我要造林”，为党中央、国务院高度重视的生态扶贫、精准扶贫打开了通道，建起了桥梁。购买式造林还可以撬动庞大的社会资金流入林业领域，促进林地、林农和社会资金的有机结合，可以提振信心，激活投资，拉动经济增长，应对经济下行。

当前，大宁群众投资造林的热情空前高涨，造林任务需求非常庞大，大量林农迫切要求购买他们的林分，投资、劳动、林地等各种生产要素活力竞相迸发的局面正在形成，植树造林、生态文明建设实用的办法正在破茧而出。

群众是真正的英雄，一旦真正发动了群众，他们就一定能够用众志成城的力量，做出惊天动地的成果。设立公益林赎买资金，建立林价体系，组建评估机构，建设林分交易所，建立森林市场，允许林分（绿地）的交易和流转，再把新造林管护、生态效益补偿等保障服务体系及时跟进，就能用市场经济的办法，靠市场这只看不见的“手”，调动千军万马，靠市场主体的获利机制，开创生态文明建设的新局面。“花钱买结果，花钱买活树”“点土成林，指山变绿”的预期目标将很快变为现实。

（三）把黄沙变“黄金”，治沙致富“铁娘子”崔爱萍

崔爱萍如今已经50多岁了，身高只有1.58米的她，在外人看来是一位瘦弱女性，但她20年前做出了惊人的决定：治理沙患，保护生态，改善人居环境，加快家乡脱贫致富步伐。

崔爱萍从小生活在被腾格里沙漠和巴丹吉林沙漠包围着的民勤县。她的家在民勤县西渠镇制产村，20世纪90年代，制产村周边的个别村社在300米的深处打出了甜水井，乡亲们看到了希望。崔爱萍动员乡亲们多方筹款22万元打甜水井，谁料连打了3个最后都以失败告终。打井队怕群众找麻烦，丢弃井架、带上打井款逃跑了，崔爱萍也为此损失了6万多元，这使本来就贫困的家庭更是雪上加霜。这年春天，崔爱萍连儿子的20元学费都凑不上了。面对生活的艰辛，崔爱萍不知流了多少次泪水。

崔爱萍流泪的原因很多，但最主要的是没有找到一条改善生态环境的办法。村头的西北边是莽莽的巴丹吉林沙漠，全村被沙丘团团围住，田间地头，流沙叠起的小沙梁，漫过沟渠，漫过田埂，水波浪似的向村庄围来。大风一年四季刮个不停，群众每年春天种植的茴香、棉花、葵花等农作物被连根拔掉，辛辛苦苦培育的籽瓜，刚刚看到瓜苗，就被大风卷得连地膜都荡然无存。爱学习、爱看农业科技读物的崔爱萍，从科技资料和外地致富的先进典型上看到了“向沙漠要效益”的信息，这些信息给苦苦探索致富门路的崔爱萍指明了一条努力的方向。崔爱萍认定改变家乡面貌的唯一途径在于治理生态环境，治沙造林，向沙漠要效益。

在总结2003年梭梭栽植经验的基础上，崔爱萍他们除重视原产地梭梭苗木的质量外，还特别注意苗木拉运过程中的水分保持，并采取先在挖好的树坑里浇水、再栽植梭梭幼苗、再浇足水的办法，使梭梭栽植成活率达到了95%以上。经过整整10年的艰辛拼搏，到2013年崔爱萍他们在西山岗的压沙植树面积已达到3500多亩。制产村及周边村社因为“西山岗”的风沙治理，生产生活环境日趋改

善，每年沙尘暴、乱大风日数明显减小，全村的年经济收入也达到400多万元。群众看到了生活的希望，有100多户子女上大学有了学费，有40户盖上了新房，有20户用上了暖气、太阳能，有40户买了小汽车。

2007年，压沙、梭梭栽植初见成效后，崔爱萍和她的同伴们又大胆寻找“多采光、少用水，向沙漠要效益、变黄沙为‘黄金’”的治沙致富之路。她多次赴省城，请兰州大学生命工程学院的教授传授梭梭嫁接肉苁蓉的技术和办法，兰州大学的教授被崔爱萍的执着和诚心感动，从试验室给崔爱萍特供了2千克价值18万元的肉苁蓉种子。在专家的指导下，崔爱萍他们的梭梭嫁接肉苁蓉种植技术取得了成功，经营好一点的亩收入可达6000元，差一点的亩收入也有1000多元，用一位姓黄的种植户的话讲就是：一棵梭梭根部成活的肉苁蓉就等于养了一只商品羊，梭梭嫁接肉苁蓉，就好像嫁接了一座采不完的小黄金矿。崔爱萍自己掌握了梭梭嫁接肉苁蓉的种植技术后，无私地向愿意学习的群众传授，后来又组建了芸丰苁蓉专业合作社，到2012年，西渠镇周边乡镇的农民梭梭嫁接肉苁蓉已达2050多亩。

青土湖是石羊河流域治理工程的核心区，青土湖沙漠大，梭梭林多，是嫁接肉苁蓉的理想地段。2017年5—6月她们采用“地膜覆穴人工接种肉苁蓉方法”与甘肃荒漠肉苁蓉有限公司在民勤县青土湖区域接种肉苁蓉2万亩，建成了全国最大的肉苁蓉种植基地，为当地群众创收约500万元，带动周边群众种植嫁接肉苁蓉3万亩。他们探索出的“地膜覆穴人工接种肉苁蓉方法”荣获甘肃省科技厅科技进步奖二等奖。

三、发展为了人民，发展依靠人民，发展成果由人民共享

恩格斯说过，随着“人成为自己社会关系的主人”，他们也就成为自然界的真正的和自觉的主人翁。人民群众是真正的英雄，具有无尽的创造力，他们创造了历史，创造了物质文明和精神财富。三北工程作为一项人民的事业，自始而终都秉持着坚持向人民负责，所有的物质、精神各方面的发展都是为人民服务的发展思路，始终如一坚持着为人民谋福利，让人民安居乐业，发展成果由人民共享的建设目标。

（一）农民成了山林的主人

三北一期工程上马不久，各地结合农村联产承包责任制的落实，大力推行承包造林、“谁造谁有，允许继承和转让”和“国家、集体、个人一起上”的政策。

这一政策的推行，促进了造林生产责权利的结合，明晰了产权关系，调动了农民的造林积极性。推行这一政策之后的三年（1983—1985年）成为三北工程二十多年建设历程中完成造林最多的时期。其中1984年，三北地区人工造林作业面积达到222.2万公顷，为三北工程建设历年之最。

伴随国家体制改革深化和政策的调整，营造林机制进行了重大调整与改革。20世纪90年代后期发展非公有制林业、林权制度改革等政策措施的实施，把集体林分到户，国有林家庭承包，明确了林地的使用权，放活了林地经营权，落实了林木的处置权，农民成了山林的主人，极大地促进了农民造林的积极性。

（二）内蒙古连续10多年每年造林1000万亩

党的十八大以来，内蒙古强力推进三北防护林体系建设、天然林资源保护、退耕还林、京津风沙源治理、野生动植物保护和自然保护区建设六大林业生态重点工程，生态建设以每年超过1000万亩的速度向前推进，森林面积和林木蓄积量实现持续双增长，占全国净增面积的近1/10，森林覆盖率提高到22.10%。在敖汉旗、在呼伦贝尔市、在阿拉善盟、在内蒙古12个盟（市）的90个旗（县），各族人民栽下一棵棵杨树、一棵棵樟子松、一片片梭梭林，像先民一样用朴实而充满智慧的劳动，缔造了一道道绿色长城缚住肆虐黄龙的奇迹。

内蒙古完成了从风沙源头到祖国北方生态安全屏障的蝶变，生态环境实现了“整体遏制，局部好转”的历史转变。在北方，这道生态防线护佑着2390万各族人民的福祉，护佑着华北乃至全国的生态安全。

充分调动各方面造林育林护林的积极性，阐明了发展林业“依靠谁、为了谁”的重大问题。在漫长的防沙治沙保家卫国的历程中，内蒙古形成了以国家重点工程为主体、广大农牧民和各类工商资本等社会力量为两翼的“一体两翼”荒漠化防治格局，汇聚起全社会办林业的强大合力。

内蒙古积极完善政策体制机制，吸引大量有识之士和技术资金涌向防沙治沙事业。1994年出台了《关于深化改革加快造林绿化步伐的决定》，1997年出台了《关于加快沙区山区生态建设步伐的决定》，2004年出台了《内蒙古自治区实施〈中华人民共和国防沙治沙法〉办法》，2008年出台了《内蒙古自治区人民政府关于切实加强防沙治沙工作的决定》，地方性法规和政策不断丰富完善。目前，全区共出台了260多个防沙治沙政策性文件，在财政投入、信贷支持、税费减免、权益保护等方面，明确了一系列扶持政策。

内蒙古不断深化改革，落实“谁造谁有，合造共有”“谁治理、谁投资、谁受益”等政策，形成了从“要我造林”变为“我要造林”的喜人局面。结合集体林权制度改革，推行了建设、经营、利益、责任主体“四统一”，任务、产权、责任、补助、服务“五到户”管理模式，实行了国有造林、企业造林、家庭承包、个体承包、大户承包、联户承包、股份合作等多种治沙造林形式。严格招投标制、报账制、监理制等管理制度，推广了合同制造林、先造后补、专业队造林等造林机制。

发展林业为了人民，发展林业依靠人民，发展成果人民共享，内蒙古的治沙成果令人瞩目。据荒漠化监测结果，全区荒漠化和沙化土地面积实现“双减少”，近8000万亩农田、1.5亿亩基本草牧场受到林网的保护，2.6亿亩风沙危害面积和1.5亿亩水土流失面积得到了初步治理，每年减少入黄（河）泥沙1.1亿吨。四大沙漠周边重点治理区域沙漠扩展现象得到遏制，沙漠面积相对稳定。四大沙地林草盖度均有提高，沙地向内收缩。

保护绿水青山造就金山银山。内蒙古正确处理经济发展同生态保护的关系，防沙治沙为工业化、城镇化和新农村建设提供了良好生态条件，促进了生产力发展，为经济社会可持续发展提供了保障。

在认真落实国家“三禁”制度的基础上，自治区制定了“五个严格”的保护制度，即对国家重点生态工程项目区和自然保护区、生态移民工程迁出区和封育区、严重沙化退化和生态脆弱区、农区严格实行禁牧；对草原牧区严格实行草畜平衡制度，全面推行禁牧、休牧、轮牧。同时不断加强执法能力建设，加大执法力度，依法划定沙化土地封禁保护区，推行舍饲圈养，实施草原奖补机制和退牧还草，积极推广保护性耕作，发展沙区设施农业，优化沙区能源结构等综合措施，使荒漠生态系统得到有效保护和恢复。

把荒漠化防治与农牧业结构调整、围封转移、扶贫开发、生态移民等结合起来，使农村牧区由二元经济结构向多元结构转变，农牧业生产条件得到改善，综合生产能力得到增强。目前，自治区牲畜头数稳定在1亿头只以上，粮食产量达到250亿千克以上。

自治区还把发展林产业、沙产业、草产业纳入国民经济发展规划，出台了加快发展林沙草产业的相关政策。各地充分利用沙区独特的资源，发挥比较优势，大力发展林沙草产业，有力地带动了沙区产业结构调整，成为地区经济发展和农牧民增收新的增长点。目前，自治区林业总产值达到280.1亿元，农牧民年人均林业收入460元左右，初步形成了荒漠化防治与产业发展、农牧民增收的良性互动局面。

四、全党动员，全民动手，全社会办林业

习近平总书记强调，“我们最大的优势是我国社会主义制度能够集中力量办大事。这是我们成就事业的重要法宝。”40多年来，在党的集中统一领导下，三北工程区各族干部群众戮力奋战，战天斗地，各行各业积极投身国土绿化事业，呈现出全党动员、全民动手、全社会办林业的生动局面。

（一）掀起义务植树的热潮

1980年3月，三北防护林建设领导小组第一次会议召开。会议提出，“要坚定不移地执行依靠社队集体造林为主，积极发展国营造林，并鼓励社员个人植树的方针。”并强调，“三北地区的工厂、矿山、机关、学校、部队、国营农牧场以及铁路、交通、水利等单位和部门，都应把建设防护林体系作为自己的一项重要任务。”这次会议对三北工程建设来说具有划时代的重要意义，为全民义务植树的开展奠定了基础。

1981年12月13日，在邓小平同志的倡导下，第五届全国人大四次会议通过了《关于开展全民义务植树运动的决议》。次年，国务院颁布了《关于开展全民义务植树运动的实施办法》，将群众性植树活动首次以国家法定形式固定下来。40多年来，邓小平、江泽民、胡锦涛、习近平等历代党和国家领导人率先垂范、身

体力行，带头参加义务植树，对全民义务植树运动的深入开展起到了巨大的示范和带动作用。习近平总书记多次作出重要指示，为不断推进全民义务植树运动指明了方向。“共和国部长植树”“百名将军植树”“地方四套班子植树”等活动，也对推进义务植树活动起到了很好的引领和促进作用。

全民义务植树运动加快了国土绿化步伐，扩大和巩固了生态建设成果。20世纪80年代末90年代初，通过开展义务植树，各地荒山荒地绿化速度大大提高，进入21世纪以来，义务植树成为工程造林的重要辅助手段，有力地推进了三北工程建设。各地通过广泛开展义务植树运动，积极推行“身边增绿”行动，开展创建国家森林城市、全国绿化模范城市活动和“创绿色家园、建富裕新村”行动，推进了乡村绿化和城市森林建设，不仅让森林上山，还让森林进城，极大地改善了城乡面貌和人居环境。

交通、铁路、水利部门积极推进绿色通道建设，农业部门积极开展草原建设保护、垦区绿化，教育部门积极开展校园绿化活动，解放军、武警部队广泛开展营区绿化美化，大力营造国防林，积极支援飞播造林。各级共青团组织积极开展保护母亲河行动，各级妇联精心组织“三八林”建设等造林绿化活动。石油、石化、冶金、煤炭等行业加大厂区绿化和矿山复垦造林力。

另一方面，全民义务植树运动推进了生态文明建设，形成了宝贵的精神财富，促进了绿色理念和绿化工作格局的形成，促进了爱绿、植绿、护绿良好社会风尚的形成，促进了全社会生态文明观念的树立，促进了国家形象和国际影响力的提升。

（二）各行各业参与建设的成功实践

全长562千米的塔里木沙漠公路，穿越被称为“死亡之海”的世界第二大流动沙漠塔克拉玛干沙漠。塔里木沙漠公路两侧的防护林生态工程，是中国科学院新疆生态与地理研究所的科技人员经过12年的攻关研究、历时3年建造的。塔里木沙漠公路防护林生态工程是世界上第一条建设在沙漠中的绿色长城，其规模之大、环境之恶劣举世罕见。

去往塔克拉玛干沙漠途中，两侧由沙拐枣、柽柳和梭梭等构成了宽度72～78米的防护林带。塔里木沙漠公路建成之初，被人们叫作“鬼路”，沙漠公路两侧黄沙弥漫。通过十多年的研究，中国科学院新疆生态与地理研究所塔克拉玛干沙漠研究站认为沙漠公路生物防沙，植物种植应以沙拐枣、柽柳和梭梭等优良固沙灌木为主，局部地段也可种植胡杨、沙枣等乔木和一些草本植物。确定了主要植物的适应灌溉水矿化度范围，并形成沙漠公路防沙和绿色走廊建设的技术体系。

长436千米的生态防护林带，每隔4千米就要打1眼水源井，抽取地下水利用滴灌方式为植物供水。为了与狂虐的沙漠进行对抗，中国科学院新疆生态与地理研究所的科研人员跑遍中国大西北，在塔克拉玛干沙漠里进行选种和植物耐盐、耐旱实验。塔中沙漠植物园高级工程师常青从植物引种筛选到植物园圃的建立一直参与其间。她说，塔中沙漠植物园针对流沙生境适宜生存的沙生植物开展引种与利用试验示范，先后从区内外和国外共引进各种植物400多种，目前有200余种荒漠植物在塔中沙漠植物园保存了下来。

（三）凝结着全国人民的贡献

“蚂蚁森林”自上线以来，积极融入三北工程建设中来，在三北大地上遍地植绿，每个人都是亲植者。在阿拉善盟可以看到自己种植的梭梭、沙棘，在张掖可以看到自己种植的花棒、柠条，在酒泉可以看到自己种植的沙柳，在榆林可以看到自己种植的樟子松……

2016年8月，支付宝正式上线“蚂蚁森林”。目前，接入支付宝“蚂蚁森林”的低碳场景超过20多种，涵盖减纸减塑、线上办事、绿色出行、循环利用等多个方面，累计碳减排量超过1200万吨，重量相当于200艘辽宁舰。

截至2020年5月底，“蚂蚁森林”的参与者已超5.5亿人，累计种植和养护真树超过2亿棵，种植面积超过274万亩，相当于2.5个新加坡的面积。

除了超5亿的庞大参与人群，目前“蚂蚁森林”还吸引了包括公益组织、科研机构、城市、高校、明星、品牌等在内的800多个各类合作伙伴贡献出专业能力和社会影响力，倡导并推动全社会共同为“美丽中国”行动起来。

第四节　锲而不舍，久久为功

三北工程获得习近平总书记作出的“重要标志性工程”的高度肯定与三北地区广大党政干部和人民群众锲而不舍、久久为功，探索绿色发展道路、开辟绿色发展空间密不可分。

一、一任接着一任干，一张蓝图绘到底

三北工程是世界上规划时间最长、规模最大、条件最艰苦的生态建设工程。如今，世界上其他重大造林工程已相继夭折，唯有三北工程仍然按照规划稳步推进。新中国成立以来，党和国家领导人高度关注生态建设，接续在祖国大地谋划国土绿化的伟大事业。

毛泽东同志发出了“绿化祖国”的号召；邓小平同志作出了“绿化祖国、造福万代”的论断，并将植树造林确定为公民的法定义务；江泽民同志作出了“绿化美化祖国、再造秀美山川”的批示；胡锦涛同志提出了“建设祖国北方重要生态屏障”的要求；习近平总书记在三北工程建设40周年之际作出重要指示，明确要求“巩固和发展祖国北疆绿色生态屏障”。党中央、国务院推动三北工程建设的力度一刻也没有放松。

1981年3月，中共中央、国务院出台《关于保护森林发展林业若干问题的决定》，提出“继续抓好三北防护林体系和速生丰产林基地建设，因地制宜地大力发展各种经济林木”。

1993年2月，国务院出台《关于进一步加强造林绿化工作的通知》，提出“三北、长江中上游、沿海和平原农田四大防护林体系建设及速生丰产用材林基地、全国治沙工程建设，是国家的林业重点建设工程。抓好这些重点工程建设，对于全面实施2000年全国造林绿化规划，搞好国土整治，改善我国生态环境，解决国民经济建设对木材和各种林产品的需要，具有举足轻重的作用，而且在国际上也将产生重要影响”。

2003年，中共中央、国务院出台《关于加快林业发展的决定》，确定了以生态建设为主的林业发展战略，明确提出“继续推进三北、长江等重点地区的防护林体系工程建设，因地制宜、因害设防，营造各种防护林体系，集中治理好这些地区不同类型的自然灾害”。

2009年，国务院办公厅出台的《关于进一步推进三北防护林体系建设的意见》提出“要进一步优化工程建设布局，强化科学营造和依法管护，加大政策扶持力度”。

2015年4月，中共中央、国务院印发《关于加快推进生态文明建设的意见》，提出“实施重大生态修复工程，扩大森林、湖泊、湿地面积，提高沙区、草原植被覆盖率，有序实现休养生息”，要求“加快重点防护林体系建设”。

2018年1月，中共中央、国务院出台《关于实施乡村振兴战略的意见》，提出“继续实施三北防护林体系建设等林业重点工程，实施森林质量精准提升工程”。党中央、国务院一直高度重视三北工程等林业生态建设，持续不断从顶层设计推动三北工程的永续发展。

山西省中阳县以生态立县、通过核桃富民、一代接着一代不仅实现了绿化，还丰富了生活。中阳县的发展，印证了党中央以“绿化祖国”到“乡村镇兴”的发展目标。

绿树成荫，万木峥嵘，见证着山西省中阳生态文明发展的足迹；滚滚绿涛，郁郁葱葱，凝聚着中阳生态文明建设的汗水。新中国成立70多年来，中阳县生态文明建设取得巨大成就。2016年山西省公布的数据显示，中阳县森林覆盖率56.6%，位居全省第二，是吕梁市首个获得山西省政府命名的“林业生态县”。喜人成绩的背后，是中阳历届县委、县政府在林业生态建设、林业产业发展、林业资源保护等方面做了大量富有成效的工作，在中阳大地上浓墨重彩地描绘出一道绿色生态长廊，谱写了一曲绿涛惠民生的壮丽篇章。

“40多年的接续奋斗，有了今天的绿水青山、金山银山，这是中阳县举全县之力实施‘生态立县、核桃富民’战略，立志把绿色打造为中阳的最美底色，一代接着一代干，一茬接着一茬栽，久久为功，一张蓝图绘到底，才有了今天的骄人成绩。”吕梁市委常委、中阳县委书记乔晓峰指着远处青翠葱郁的山川、蜿蜒流淌的碧水深情地说道。中阳的生态建设能取得这样超常规、跨越式的发展，还得从20世纪70年代说起。

中阳县地处吕梁山黄土高原，境内沟壑纵横、梁峁起伏、立地条件差，年平均降水量不到300毫米，致使森林覆盖率低下，每到冬春季节，黄土裸露，风沙漫天，但只要有集中性降雨，水土流失严重，容易形成山洪。当地有句俗语，“没雨沙土扬，有雨水土流”，形象地描述了当时生态环境的恶劣。

中阳县委、县政府痛定思痛，认真研究，清醒认识到，中阳要发展，生态必先行。1977年，县委、县政府把植树造林工作摆上重要议事日程，在全县发出号召，动员干部职工、人民群众汇集在君山上整地造林2500亩。时任吕梁地委书记的王国英亲临工地视察林业工作时，看到这一如火如荼的造林场面，高兴地将此地命名为“军山”。从1978年起，中阳县将军山列为绿化重点，谋划出台了“蹲一点（军山）、带三片（金罗、张子山、武家庄）、促全县”的造林绿化总体布局。从1982年起，持续组织开展了全民义务植树活动，先后绿化了军山、卧龙岗、瓦场山和雷家沟，到2004年年底，全县完成造林54.5万亩，年均造林9.08万亩。从2004年开始，中阳县实施“一企绿化一山”，采取政府引导，厂矿企业出资造林的办法，实行大苗、大坑、大水造林，实现了当年栽植、当年成活、当年成林。2016年以来，本届县委、县政府主要领导，从上任开始，就对中阳的林业建设高度重视，连续四年，县委书记、县长亲自带领全体干部职工和人民群众进行春秋两季义务植树，给全县人民树立了榜样，掀起了植树造林新热潮，在中阳大地上营造出一片又一片绿色海洋。

从1977年时任县委书记的曹新仁亲自带头开始植树造林以来，先后9任县委书记，坚定信念、接续奋斗，带领全县干部和群众经过40多年的不懈努力，人工造林达到80余万亩。昔日荒山秃岭如今满目葱茏，走进军山管护站，茂密的油松林错落有致地排列着，一阵清新扑鼻而来，这是中阳人经过40多年的艰苦奋斗，一代又一代人逐步建起的一片绿水青山。

按照全省林业“绿化、彩化、财化”的总体发展思路，中阳又将“绿化”与“财化”有机结合，让生态与生计并驾齐驱。2014年，脱贫攻坚战打响以来，中阳县坚决落实中央、省委和市委总体部署，按照“一个战场打赢脱贫攻坚和生态治理两场攻坚战”的战略要求，大力推进生态文明建设，为贫困群众创造了一条农民增收、大地增绿的新路子。经过不懈努力，中阳县于2018年8月8日经省政府批准退出贫困县，成为全省首批脱贫摘帽的3个国家扶贫开发工作重点县之一。可以说，生态林增绿、经济林增收为脱贫攻坚作出了重要贡献，这其中核桃经济林建设发挥了重要作用。自实施“核桃富民”战略以来，漫山遍野的绿色给中阳带来了实实在在的经济效益，核桃已成为全县农业最主要的产业，成为广大农民最主要的收入来源。中阳核桃发展到今天，同生态建设一样，得益于历届县委、县政府的坚持不懈。从1997年每个乡镇试种到2015年，这是中阳县核桃大栽植阶段，全县优质核桃经济林达20万亩，覆盖了全县65%的农民，农民人均核桃栽植面积达2亩。他们通过培养组建专业技术员队伍，实施核桃提质增效，改良品种，建设核桃示范园和有机肥料厂，建设节雨旱井提水工程，核桃园园区道路硬化，种植、农机累加补贴，禁止青果采摘，核桃入险等一系列政策、措施，核桃产量大幅提高，产值达1.28亿元，全县农民人均核桃收入达到1280元。

中阳，这片古老的厚土，发展的热土，这颗镶嵌在吕梁山上的绿色明珠，正意气风发地站在新的历史起点上，全力实施“大生态大发展大民生”战略，努力谱写一篇“绿水青山”与“金山银山”交相辉映的壮美华章。

二、功成不必在我，功成必定有我

习近平总书记指出，要以“功成不必在我”的精神境界和“功成必定有我”的历史担当，既要做让老百姓看得见、摸得着、得实惠的实事，也要做为后人作铺垫、打基础、利长远的好事。胡适曾经说过：“功成不必在我，而功力必不唐捐。”建功立业绝非易事，依靠的是集体，需要的是时间，每个人每时每刻的付出都是在为干成事业添砖加瓦。只有聚众、积久之“功力”，方有一事之“功成”。

（一）彭阳37年的生态立县之路

出“功成”之力，而不求“功成”之誉，是中国共产党人的鲜明品格。“以大地为媒，以山川为证。”用诗一样的语言描绘彭阳建县以来在生态建设方面取得的成效却恰如其分。

彭阳的绿压弯了几代人的脊背，透过这弯弧度，我们看到的是彭阳人苦中求进、难中思变的面貌。但我们更为关注的是，今天的彭阳人如何站在前人的肩膀上破题，让这镌刻在彭阳大地上永不褪色的绿，成为下一代人崛起的桥梁。

彭阳的秀色山水是一部厚重的书，这片土地上的人们穷尽37年的心血和汗水书写了战天斗地的鸿篇巨制。所有山河岁月，一同见证。面对穷山恶水，彭阳人不信穷、不信命，不甘落后、顽强不息，用37年的时间开辟了一条独具特色的“生态立县”之路。

建县37年，彭阳人用铁锹挖出的带子林可以绕地球两圈半。彭阳建县的37年，是抓基层、打基础的37年，是战天斗地、改造山河的37年。

面对彭阳那么多山，那么多梯田，光种庄稼就能发展？就能致富？就能实现现代化？不少彭阳人都有这样的疑问。彭阳县大力调整产业结构，通过三北工程建设把彭阳变成了一个大花园、大果园。同时，深化县情认识，再绘一张蓝图，一任接着一任、一代接着一代干下去，走出一条符合彭阳实际、具有彭阳特色的高质量发展之路，走出一条符合彭阳实际的现代化之路，在固原率先实现小康社会。

针对彭阳发展现状，县委、县政府召集乡镇干部、党外人士、村民代表征求各方意见，发起“彭阳今后干什么，怎么干”的大讨论，研究出台了《关于加快推进生态、经济、社会科学发展若干问题的决定》。借前人铺陈的纸，彭阳另起一行：实现生态效益与经济效益的统一。

这片土地上的人们从来都不缺少“敢教日月换新天”的革命豪情。1986年，城阳乡陈沟村农民杨万珍率先承包了生产队的80亩荒山，开始了造林绿化的奋斗历程。他带领全家以愚公移山的精神，治理大小沟壕100多个，移动土方4万余立方米。新时期，“彭阳精神”仍然在指引这里的人民勇敢前行，继续书写梦想照进现实的奇迹。而千百个杨万珍，他们的大胆实践和他们身后云环绿绕的山山岭岭，已经为彭阳腾飞做了一个最恰当的注脚。

正是有了彭阳县委、县政府解放思想，谋划的生态建设长远路径，才有了今日的“四个一林草工程”；正是有了彭阳人民群众苦干、实干、巧干打下的良好基础，才有了“彭阳造林模式”，才能以大生态推动大产业、大旅游、大扶贫融合发展，创造百万亩桃杏花海、百万亩旱作梯田、百条生态示范流域等独具特色的生态价值。

（二）38年的坚守，“一夜北风沙骑墙，早上起来驴上房”的境地终于被彻底改变

高台县黑泉镇位于巴丹吉林沙漠边缘，受地理位置的影响，这里的人们对于“风沙肆虐”这四个字有着切身体会，要说体会最深的，要数该镇的胭脂堡村。

胭脂堡全村仅有148户548人，整个村庄沿着天合公路两侧布局，出了农户后院走上几十米便已身处巴丹吉林沙漠。20世纪60—70年代，常常是“一夜北风沙骑墙，早上起来驴上房”，刮一夜大风，第二天起来家家户户要用簸箕、洗盆清理落在院子里的黄沙。因为深受其害，所以胭脂堡人很早就意识到必须治沙造林，保护环境。

随着国家三北工程的启动和实施，胭脂堡人也开始了治沙造林的漫漫征程。那时候，村民雷成宏年仅22岁，他在屋后亲手栽下了一排白杨树。现如今38年过去了，雷成宏从血气方刚的青年变成了两鬓斑白的老汉，屋后的白杨树历经风沙的磨砺，已然长成了参天大树，守护着他的家。

在沙漠中植树，水是命根子。为此，胭脂堡村村民开挖土渠，引水灌溉，遇到地势较高的沙丘，水过不去，只能靠男女老少手提肩挑。遇上大风，土渠就被风沙填满了，还要组织村民挖沙，疏通渠道。“种活一棵树不容易啊，我们胭脂堡人没少出力气！”回忆起昔日治沙造林的点点滴滴，雷成宏不无感慨地说。

通过治沙造林，村民们发现，落在院子里的黄沙逐年减少，再也不用组织干部群众清扫被黄沙覆盖的天合公路了，这些看得见摸得着的变化让村民们颇感欣慰。由此，不论是树木的种类还是造林的规模都逐年增加。

最初，村民们栽植的树种主要是杨树、红柳和沙枣树，栽植方法主要是插条。后来，高台县治沙站不仅为村民提供梭梭、花棒等苗木，还带来了实用技术。技术人员让村民先用麦草设置方格沙障，然后在沙障里面栽植树苗，并总结出“一棵树、一把草、压住沙子防风掏”的经验，从而大大提高了树苗的存活率。此外，梭梭嫁接肉苁蓉技术的推广应用，实现了生态效益和经济效益的“双赢”。

年复一年，通过一代又一代人的接续努力，现如今，一个乔、灌、草结合的荒漠绿洲在胭脂堡滩延伸开来。经测算，这一绿色屏障南北长约15千米、东西宽

约1千米。38年间，胭脂堡人累计栽植防风林带超过3500亩，昔日移动的沙魔，现如今已被牢牢地固定住了。“风沙现在把我们的粮食打不掉了，把房子埋不掉了，把渠道填不掉了！”雷成宏这样感慨治沙造林的好处。

诚如雷成宏所说，正是因为有了防风林带的捍卫，胭脂堡村才得以驶上发展的快车道。现如今，胭脂堡村积极调整产业结构，种植露地辣椒、制种西瓜等高效经济作物面积达730亩，家家户户养殖胭脂鸡，全村累计养殖超过5000只，2018年人均可支配收入达到13698元，全村走上了一条种养结合的致富路子。

“这些年来，村子的环境面貌逐渐改善，村民的经济条件逐渐宽裕、文化生活不断丰富，但胭脂堡人治沙造林、保护环境的初心一直不曾改变！”胭脂堡村党支部书记杨开文说。

三、献了青春献终身，献完终身献子孙

《礼记·礼运》有云“大道之行也，天下为公”，儒家提倡“仁者爱人”，墨家提倡“利天下为之”，范仲淹提出“先天下之忧而忧，后天下之乐而乐”，顾炎武提出“天下兴亡，匹夫有责”“大公者，集天下之私”……三北精神正是体现了中华优秀文化中“天下为公，无私奉献”的价值内核，在建设工程中才涌现出了一批终身只做造林事的务林人。

（一）一家两代人的漫漫治沙路

“大风一起不见天，沙骑墙头驴上房；一茬庄稼种三遍，大风绝收小风歉。”76岁的王天昌老人依然记得这首在红水村传唱多年的童谣。

甘肃省武威市凉州区长城镇红水村地处腾格里沙漠边缘，风卷狂沙常年起，把人刮得睁不开眼、看不清路。地里的庄稼不是被埋掉，就是被打掉，沙丘不断前移，土地逐年沙化，风沙成了一大害。乡亲们苦言道：“这日子，难道就越过越穷了吗？”

到了王天昌的儿子王银吉这一辈，乡亲们依然望沙空叹。那年一场沙尘暴过后，看着被沙打得七零八落的庄稼，王银吉坐在地埂上反复想：“人活着，总要有个盼头，总不能眼睁睁地看着风沙毁了祖祖辈辈生活的家园，应该想办法把沙

治住。”

此后，王银吉一家人商量了好久，一辈子把土地当成命根子的老父亲王天昌最后拍了桌子：“娃子，你干吧！我支持你！”几天后，王银吉和老父亲扛着工具、背着干粮走进沙漠，在一个叫“庙儿墩”的沙窝，开始了一家两代人的漫漫治沙路。那一年，是1999年。

王银吉如今50多岁了，回想起20多年来的治沙路，他无奈地直摇头。要想在沙漠里种活一棵树，可不是件易事。种树最关键的是水，可沙漠里没有水源，他们只能回到3千米外的家里取。“当时没有运输工具，我硬着头皮从亲戚朋友那里东借西凑买来了两只骆驼，每天驮着4个水桶，在家与沙漠间来回驮水。”王银吉回忆道。直到后来，他借钱修了一条便道，开始用四轮拖拉机拉水、运树苗、运麦草，才结束了靠骆驼驮水的历史。

相对于缺水，恶劣的自然条件更是让治沙人头痛不已——夏天晒得脸上脱皮，冬天冻得直打哆嗦。“人受罪就不说了，有时候头一天挖好的树坑，一夜间就被风沙填平了；刚刚栽好的苗木，一场大风就被刮跑了；好不容易栽活的苗木，遇到连续几天的高温天气就被晒死了，先前所有的投入和辛苦一下就没有了。望着茫茫黄沙，心里那个难受啊！”王银吉说道。

治沙之难历历在目。可王银吉不仅要面对大自然的严苛，还要应付村民的冷嘲热讽。有人劝他再不要劳神费力了，人是不能和老天爷斗的；也有人说他傻着哩，把钱白白地往沙窝里甩，祖祖辈辈都没有把沙治住，你一家人能行吗？还有人挖苦王银吉就是想出个风头！

“说实话，听到这些话，我动摇过。但既然选择了治沙，就不能退缩。”为了摸清风沙的流动规律、提高苗木成活率，王银吉父子迎寒风、冒酷暑，背着干粮常年在流沙最严重的风沙线上行走，仔细察看风势和流沙走向，寻找压沙植树的最佳坡面。就这样，由点到线再到面，“星星之火”在这片荒芜之中，呈现出“燎原”之势。

治沙，让王银吉一家终生难忘。由于常年在沙漠里干活，王银吉皮肤晒得黝黑，手心都是血泡，手掌压起了老茧，手指头上的肉刺起了又蜕、蜕了又起。“可这些相对于治沙给家人带来的磨难，又算得上什么？”王银吉也在反复问自己。在那段艰难的岁月里，治沙人吃的苦、受的煎熬，只有他们自己记得。

治沙间隙，王天昌唯一的爱好就是抱着三弦，弹唱他自编的《治沙歌》，一为解闷儿，二也能鼓劲儿。从治沙开始到如今的20多年里，王天昌从没有离开过脚下这片黄沙。由于常年住在阴暗潮湿的“地窝铺”，他得上了严重的风湿病，每到阴雨天腿和胳膊就钻心地痛。到了2004年，王银吉和父亲逐步扩大了治沙面积，但那时候他们既缺钱又缺人。他和父亲决定让即将上高中的妹妹辍学回家，帮助一家人料理家务，解决眼前的困难。妹妹知道不让她再上学后，非常难过，好长时间都在埋怨他这个当哥哥的。

2005年春天，正是压沙造林最忙的时候。王银吉上初中的小儿子腿脚有些不利索，但全家人只顾干活，也没在意。直到一个月后经老师提醒，王银吉带孩子去医院检查，才发现已是脑瘤晚期。那年端午节前，王银吉年仅14岁的小儿子永远离开了。弥留之际，孩子对王银吉说：“爸爸，你一定要把我埋在沙窝里，我要陪着你们把这片沙漠治好……”

“地窝铺”里战黄沙。20年来，这片让王银吉一家又爱又恨的沙窝窝，埋藏了太多不舍。20多年过去了，如今的“庙儿墩”沙窝变样了。登上王银吉家旁边13米高的瞭望台远眺，一望无边的沙漠里，花棒、榆树、沙枣树昂首挺立，正向沙漠深处顽强延伸。

风小了，沙少了。现如今，风沙口上“织”出了一道南北长4千米、东西长3千米的防风固沙林带，栽植各类苗木620多万株，成活率达85%以上，治理沙漠已超过8300多亩。到了夏天，野生动物和各种飞禽也来安家。

在治沙道路上，王银吉也不再是一个独行者。越来越多的人主动加入防沙治沙队伍，很多社会爱心人士和绿化公益组织伸出援手，捐款捐物，主动参与压沙造林，同王银吉一起并肩与风沙作斗争。这其中，也包括先前对王银吉的行为不太理解的乡亲们，他们高兴地说：“还是王银吉看得远！”

有人问王银吉，你的治沙经验是什么？他说就两个字：坚守！“绿水青山就是金山银山，我只想多栽些树，在改变家乡面貌中尽一点力，为子孙后代的生存留一点东西。我有个‘小目标’，那就是再奋斗几年，争取绿化1万亩沙地！”王银吉满怀信心地说。

这也是从20多年前走进沙漠植树的第一天，王银吉和父亲对这片土地的承诺：“虽然这条路还很漫长，但我相信，在党的领导下，只要我们矢志不渝，坚定不移走好防风固沙、脱贫攻坚之路，就一定会留给后代一个绿色、幸福的美好家园！到那时，我可以骄傲地说：值了！”

（二）他为治沙献出了生命

董福财，生前系辽宁省阜新市彰武县阿尔乡镇北甸子村党支部书记。他任职的村地处科尔沁沙地南缘的彰武县，是辽宁省荒漠化最为严重的县区之一，曾被认定“不适合居住”。1996年起，董福财带动村民治沙，让当地“从一片白变成一片绿”，被誉为“最美基层干部”。

2014年11月，董福财被检查出肝癌晚期，2015年3月经医治无效去世。2015年7月26日，作为第五届全国道德模范评选表彰活动的候选人之一，他的事迹经央视《焦点访谈》报道后，重新受到关注。

虽然董福财已经离开了，但这里的村民还在想念他。村民说董书记家好找，房子最破的那几间就是。在这个简单得甚至有些寒酸的家里，董福财住了几十年，在这里度过了人生的最后岁月。2015年3月，董福财因病去世后，家人送走了他用过的物品，只留下了一个水杯和一把铁锹，那是老董栽树时总带着的两样东西，跟了他10多年。董福财的儿子董伟告诉记者：我爸上山提着水杯拿一把锹，总是这样，在他心里没有比栽树更重要的事。

北甸子村地处科尔沁沙地边缘，沙地南缘一条长430千米、南北宽100千米的豁口更是素有“辽宁沙窝子”之称。而阿尔乡镇三面与内蒙古相连，是“辽宁沙窝子”北面第一道防线。半个世纪前，这里寸草难生，终日风沙漫卷。1996年，春季大风，庄稼被埋进了黄沙中。那一年，国家相关部门派来工作组，给出了北甸子村进行整体移民的规划。董福财难以接受整体移民的方案，他和沙子较上了劲，决定自己带着村民干，保住自己的家。

治沙并不容易。如果不能挡住流动沙丘前移的脚步，用不上多少年，整个村子就要被沙子吞没，只有走栽树固沙这条路。村民对《农民日报》记者回忆称，这个想法当年一讲出来，就被当成了笑话。在沙上栽树，怎么能栽得住，栽住了怎么成活？很多村民根本不相信能靠栽树治住风沙。

董福财只好自己带头，贷款1万元，包下200亩荒地，还硬把亲戚拉进来。起初3年几乎看不到什么效果，树苗的成活率还不到30%，家里养猪种地的收入全还了贷款。沙丘上没有实土，往往坑还没挖成，流沙又回流把挖走的沙坑填满。困难丝毫没影响董福财的决心，他顶住压力坚持下来。经过琢磨，终于想出了解决办法，就是先浇水，再挖坑。湿的沙子能成形，一边浇水，一边挖沙，直到找到实土。这样下来，也只能栽上七八十棵树。

在董福财的坚持下，沙地上有了绿意。周边的耕地也受了益，产量有所提升。事实胜于雄辩。第二年，越来越多的村民和他一起干起来。大家“摸着石头过河”，找出一整套在沙地上造林的方法。2002年，国家开始实施全面退耕还林，好法子配上好政策，村里开始大规模造林。在董福财的严格要求下，北甸子村通过一年栽树，二年补栽，硬是把树苗成活率提高到了85%以上。如今，北甸子村的森林覆盖率高于全镇和彰武县的平均水平。

造林治沙初见成效后，董福财并没有松口气，又开始考虑修路。北甸子村离阿尔乡镇只有6千米，但在十几年前只有一条土路，汽车很难通行，进出物资大多靠马车运输。所以他在第一时间想到了修路。

2002年秋，经过多次争取，阿尔乡镇通往北甸子村的6千米村级公路正式立项，但施工方实地考察后，认为北甸子村沙土多，路基太软，不符合修路标准，不能施工。要夯出硬土地基，首先要搬走那100多米高的沙丘，填平那一大片水泡子，然后再用实土和石头把路基垫起来。村里的积蓄并不足以承担这样“移山填海”的工程，董福财就带领村民自发施工。2个月后，施工方再来考察时已经达到了施工要求。2003年，修路工程正式启动；当年8月，这条路全线贯通，村民从此走上了致富之路。

沙子治了，路修通了，董福财却积劳成疾，在家中病逝。遗体告别时，村民家家来人，自发送老书记一程。如今，北甸子村的森林覆盖率达到48%，全村2014年的人均纯收入达到9700多元，比2000年时增加近8倍。

（三）女子民兵治沙连的“铁娘子”

干事创业就像接力赛跑一样，除了要自己跑好外，关键还得接好棒、传好棒。1974年5月，为了改变恶劣的生存环境，54位平均年龄只有18岁的女民兵，积极响应党中央“植树造林，绿化祖国”的号召，拿起背包，扛着红旗，来到当时风沙侵蚀最为严重的榆阳区补浪河乡，成立了女子民兵治沙连，开启了搏战风沙的艰难历程。

多年来，女子民兵治沙连前前后后300多人，一任接着一任干，一代跟着一代学，一茬续着一茬做，不畏艰苦，将榆林治沙精神薪火相传，在沙漠之中绽放生命之美，书写着绿进沙退的大漠传奇。

连队成立之初，在不毛之地的沙漠种树，何其困难。在沙地挖个三尺见方的坑往往要耗时近半小时；树苗刚刚栽下，一场大风刮过，就被风沙淹没；冬天的沙漠寒风凛冽、滴水成冰，手冻肿、脚冻裂、耳朵冻烂是常事；没有吃的，露天砌灶台，从家里带来了炒面，用开水泡着吃；没有住处，自己动手，用柳条和泥巴搭起柳笆庵；没有水洗头，干脆剪掉心爱的长发，留起了小平头……

“当时我们种树，根本没有机械化工具。种好的树苗一夜之间就被大风沙全部掩埋了，经常要用双手把埋在沙子里的树苗挖出来，挖得久了，沙子把手都磨破了，钻心地疼。”第一批民兵贺沙莲忆及当年的情景，依然历历在目。

恶劣的自然环境并没有让治沙连的姑娘们退缩，她们在沙梁上栽柳笆墙，用蒿草、麦草埋防沙格，控制沙丘流动，向沙漠要回了土地，曾经人迹罕至的茫茫荒漠，一点点呈现出了勃勃生机。

如今，贺沙莲虽已退休，但是每年春天，她还是闲不住要去种种树，带带新队员。她知道治沙连需要更多的人，“我现在已经组织了一部分志愿者每年去义务植树，治沙连培养了我，我必须回报。”

边兆芳也曾是女民兵中的一员，“带着白开水和高粱青稞面馍，我们就向沙漠进发了。没有树苗，大家一起把柳枝截成一尺长左右栽。头一天栽的树苗，晚上就被沙埋住了，第二天挖出来重新栽。挖得手指头上全是血，一边挖一边哭。”当年受的苦和罪，边兆芳想起来还是会热泪盈眶，她说大家只有一个信念：一定要治住沙！

因为当时条件太艰苦，连队规定队员一旦结了婚就可以离开，席永翠为此三次推迟了婚期，在治沙连待了八年。1979年，席永翠作为“全国新长征突击手”和“三八红旗手”，在人民大会堂受到邓颖超等党和国家领导人的亲切接见。邓颖超语重心长地对她说：“与沙漠搏斗可得需要几代人的努力呀！”席永翠坚定地回答：“等我老了，就把孩子送去治沙。”席永翠兑现了当年的庄严承诺，先后把三个外甥女、两个侄女送到了治沙连，把对治沙的决心和希望寄托到了下一代。

治沙连第14任连长席彩娥，正是席永翠的侄孙女。23岁刚从部队退役，她就直接来到了治沙连。枯寂的沙梁上到处都能看到她忙碌的身影，时而和老民兵栽树，时而去取树苗。如今她已经在治沙连干了十多年。“趁着现在还年轻，多种几棵树为家乡人多挡一点沙子！”“有时候实在累得不行，就跑回家里向爸爸抱怨几句，但是第二天起来我还是跑到了这里，想看看昨天种的树苗活了没，就是舍不得！”

多年来，先后有14批300多位“铁姑娘”来到治沙连，用青春和热血给毛乌素沙漠添绿。如今的补浪河已形成防风固沙林带33条，绿化沙漠14000多亩，被联合国环境专家盛赞为“世界治沙史上的奇迹”。

（四）肆虐几百年的沙魔被降服了

37年躬耕不息、37年艰苦卓绝、37年接力坚守。从1982年起，一代又一代白二爷沙坝人披星戴月、战天斗地，用青春和芳华将昔日黄沙漫漫、寸草不生的12万亩“魔鬼大三角”改造成如今的北疆林海屏障，成为全国闻名的防沙治沙典范。他们用实际行动诠释着“绿水青山就是金山银山”的理念，铸就了“牢记使命、实干担当、科学求实、绿色筑梦、久久为功”的白二爷沙坝精神，引领着内蒙古和林格尔县广大干部群众向着绿色生态发展迈进，锻造了一个又一个生态文明建设的生动范例，彰显了在传承中坚守绿色林海的红色使命担当。

“一年一场风，从春刮到冬，小风难睁眼，大风活埋人……”一段乡间民谣是对曾经的白二爷沙坝的真实写照，和林格尔人的奋斗史和白二爷沙坝精神的传承史也从这里开始。

白二爷沙坝地处和林格尔、清水河、平鲁三县交会区域，横卧在黄河中游的古力半基河与浑河之间，生态区位非常重要。1980年以前，该区域是和林格尔县境内风沙灾害最严重的地区之一，每年有约200万吨泥沙经浑河输入黄河，沙丘借助风力每年以3～5米的速度向东西扩展，每年冬春，黄沙滚滚、遮天蔽日，周围一万多亩农田被流沙吞没，村民被迫搬迁他处。

风沙漫天，植被不足，沙进人退的恶性循环让人们意识到青山绿水的重要性，不仅仅因为这是白二爷沙坝人赖以生存的家园，更是因为这是祖国的大好河山！

1981年新上任的县长云福祥认定，和林县穷就穷在土地沙化、水土流失上。和林县地下无矿、地上3000多平方千米土地上，十几条大小流域，水土流失非常严重，再不治理，和林县就会变成名副其实的大沙漠！既然地下无宝，和林县唯一的出路就要在地上做文章，向荒沙要财富！“请允许我带一个专业队治理白二爷沙坝。”县委常委会上，云福祥的话像一声惊雷，语惊四座！

1958年和1962年两次飞播种草，没有成功；1972年国营林场设点治理，收效甚微；1979年200多人开进沙坝造林大会战，不见成效。如今，云福祥偏要啃这块硬骨头，能行吗？“白二爷要是能治好，除非炭也能洗白。”怀疑、困惑、不解，众说纷纭。

“白二爷沙坝能治好咱和林就能治好！治不好白二爷，我就没脸当这个县长啦！”云福祥迎着议论和疑问从容坚毅，斩钉截铁。1982年6月，云福祥亲自带领由120名青年组成的专业治沙队，肩负“为黄河阻沙源，为内蒙古、山西两省（自治区）三县涵水源”的神圣使命，集结上坝，拉开了“大战白二爷”的序幕。

“我们是专业队的年轻人，有一颗为革命火热的心……不怕沙大，不惧日晒，治不住白二爷沙坝的沙，绝不下山……”一首治沙队员自编的歌谣唱出了这个集体的初心和使命。这是一支政治强、业务精、素质高、活力满的队伍，他们凭着一股韧劲，真抓实干，践行着当初立下“破釜沉舟与肆虐的沙暴抗战到底，治不好白二爷沙坝决不收兵”的誓言。

1982年，32岁的乔义加入到了第一批治沙队伍中。他干活卖力，表现优秀，面对沙魔不退反进，主动请缨担任了第一批治沙队队长。按照专业队的规定，春、夏、秋三季每天早晨4点半起床，晚上8点收工，他带领120名治沙队员一天工作10多个小时，这样没日没夜地在白二爷沙坝一干就是3个多月。好不容易可以回趟家，可是没等在家里坐热屁股，天空就开始飘雨。这可是种柠条难得的好时机啊，于是他冒雨顶风赶了好远的山路，回到工地，上山点柠条、撒蒿籽。现在年近古稀的乔义，闲暇之余经常会带着家人回沙坝里走一走、看一看。乔义老队长常与身边的亲人、朋友和同志们讲，“这里是我年轻时走过的路、为后人留下的福，有我吃过的苦，我不能忘，更不能让我的子孙后代忘记作为一名共产党员的初心。”

当初的另一名治沙队队长李俊说："那时候根本不知道什么是苦和累，就是特别有激情，觉着日子有奔头，队里都是年轻人，每天早上天微微亮，就排着整齐的队伍、唱着歌去上工，那时候，吃不好、穿不好，但是治沙的劲头足。"

从一棵树到一片林海。白二爷沙坝治沙队坚持劳作躬耕在沙坝，用一滴滴汗水换取了大漠里的绿色，治沙成效得到了上级党委和政府的肯定，被团中央、全国绿化委员会授予"全国教育绿化祖国突击队"称号，被自治区妇联评为"全区三八红旗集体"，被全国绿化委员会评为"全国造林绿化千佳村"，被自治区党委命名为"爱国主义教育基地"……白二爷沙坝治沙队已获20多项荣誉。

在治沙工作中，云福祥不仅是领导者，更是践行者。他干起活来生龙活虎，赛过小伙子，可有谁知道他患有多种疾病，肝病、眼病、腰伤、糖尿病、脚跟骨质增生等，病痛常常折磨得他睡不着觉。多少次，他晕倒在沙地上，有一次高烧41摄氏度，人们哭着喊着掐着人中把他喊醒，他却只淡淡说了句："中暑算甚，离心远着哩，都干活去吧。"过度的劳累，他肝病复发，再一次倒下了，醒来时发现自己躺在内蒙古医院。第四天清早来打针的护士却找不到病人，原来云福祥早已悄悄赶回了白二爷沙坝。

云福祥这种对党和人民高度负责的政治品格和实干、苦干的工作作风深刻影响着年轻的治沙队员。治沙队员们深知，只有拼命地开展治沙造林种草，才能让老县长放心高兴。他们白天干活，夜里挑灯学习，学党的方针政策、学植树造林技能，在学中做、在做中学，信心满满，收获颇丰。每天清晨四点半，哨声一响，治沙队员钻出被窝，洗漱完毕，带着干粮排队出发。从驻地到6号山来回21千米，在沙窝子里走路，迈三步退两步，鞋里灌满了沙子，治沙队员干脆光着脚丫提着鞋，踩在滚烫的沙子上，手上脚上的血泡一次又一次磨破，一次又一次结了痂，终于磨出厚厚的一层老茧。午休时，铁锹一插，褂子一搭，脑袋枕着鞋子，一小片荫凉就算避暑了。趁着队员们休息，有人悄悄地提前干开了，待赶回营地已是繁星满天。面对与沙暴抗战这场硬仗，治沙队的每一位同志都能勇挑重担，迎难而上，从不推脱，在造林繁忙季节，全体治沙队员积极加班加点、分组作业、分工负责，无半点怨言，大家只有一个信念："咬定青山不放松。"经过连续18年的苦战，肆虐了几百年的"白二爷"沙魔被降服了，昔日的沙漠已被现如今的鸟语花香、林茂草丰取代，绝迹多年的野生动物前来安家落户，迁徙他乡的乡亲们又搬回来了，周边的农田可以不误农时地播种了。

白二爷沙坝的治理成为当时世界治沙史上的一个奇迹，英、美、法、日、俄等国的20多名治沙专家都对白二爷沙坝的治理给予了高度评价。一位外国专家感慨道："没有这样的建设，就没有人类的文明。"

艰苦创业永远都是中国人的传家宝，经过白二爷沙坝治沙人的不懈努力，如今白二爷沙坝已经披上了绿装，白二爷沙坝精神也在激励着和林格尔人走出一条独具特色的生态文明建设之路。更令人欣喜的是，白二爷沙坝的这片绿色，已在和林大地蔓延开来。和林格尔县要走生态文明之路，就是要让"一点绿"变成"一片绿"，让"一片绿"汇成"和林绿"。建设生态文明，造林绿化不仅要面积、要规模，更要质量。从"消灭荒山"向"身边增绿"转变，将"山上治本"与"身边增绿"相结合，通道、城区、村庄，绿色离人们的生活越来越近。特别是党的十八大以来，和林格尔县大力弘扬白二爷沙坝精神，开展大规模的国土绿化，全县每年完成造林绿化面积都在5万亩以上，造林规模、质量均居呼和浩特市各旗（县、区）前列。目前，全县造林绿化总面积达到220万亩，比20世纪80年代初增长了160多万亩。

"生态美"带动着"百姓富"。全县育苗面积达到3万亩，培育各类大小苗木5000多万株，全县每年苗木收入达到2000万元以上；随着生态的改善，文化旅游产业的经济社会效益更为突出——大南山生态文化旅游园区、南天门林场、白二爷沙坝等地年接待国内外游客80多万人次，每年直接及间接创收达5000多万元。当地农民人均来自林草产业收入逐年提高。

让"呼吸新鲜空气、观蓝天白云、看绿水青山"成为最具竞争实力的发展优势。中国乳都、中国云谷、中国草业之都、中国肉羊产业等一批品牌的打造，无疑都彰显着和林格尔县在绿色产业上做足文章的信念和决心。正是因为坚持绿色发展理念，和林格尔给自己赢得了新的发展机遇，预留了广阔的发展空间。

第五节　科学求实，改革创新

三北工程是我国在百废待兴的时代背景下开始的。从新中国成立到开展《实践是检验真理的唯一标准》大学习大讨论的近30年时间里，特别是在“文化大革命”期间，科研人员极度短缺，从事林业建设的工程技术人员更是寥寥无几。据1990年10月编制的《榆林市林业志》记载：榆林市林业职工和科技人员在20世纪70年代有89人；1985年为302人；到1989年有335人，其中大学生16人、中专生253人、高小61人、文盲5人。

技术人员短缺、几乎没有可借鉴的经验和模式。三北工程就是在诸多“不利”的条件下诞生的，说它是开创性的林业建设工程也不为过。面对重重困难，三北地区的广大人民群众、各级林业科研单位和管理者，充分依靠人民群众的智慧和不屈不挠的意志摸着石头过河，不断总结经验、攻坚克难、与时俱进。

40多年来，一片片绿色构筑的“万里长城”，记录着广大人民群众“土办法、大作用”的勤劳智慧，书写着各级林业教学科研部门“好栽树、栽好树”的辛勤付出，见证着各级林业管理部门“三分造、七分管”的科学举措，坚守着“实事求是，一切从实际出发”的初心，展示着“百折不挠，勇攀防护林科技高峰”的信心，践行着“与时俱进，守正与创新融合发展”的理念。

一、实事求是，一切从实际出发

三北工程建设之初，三北地区的广大人民群众面对的是“风沙弥漫、沙进人退”“吃粮靠返销，花钱靠救济”的生产生活条件，工程建设面对的是“树种少、技术缺”的状况，即使巧妇也难为无米之炊，更何况哪来的巧妇？

（一）就地取材，不等不靠

栽树是阻挡风沙的最好办法，但栽什么树，树苗又从哪里来是摆在人民群众眼前的首要困难。

当时三北地区的当家树种是以杨、柳、榆为主的乔木和以沙柳、柠条为主的灌木，杨、柳可以从枝干扦插成活，又因为杨木是农民盖房搭屋的主要木料，这就极大地调动了群众栽植杨树的积极性。

为了栽好杨树，群众创造出了“捣（倒）坑埋干造林法”“挑沟埋干造林法”等栽植方法，单从字面理解“捣（倒）坑埋干造林法”就是在挖好第一个深坑并将枝干放入后，不急于埋土，而是将挖第二个坑时的上面“熟土”填到第一个坑的最底部，然后再将第二个坑的底土填在第一个坑的上部；“挑沟埋干造林法”是在人工挖好栽植沟的基础上，分直立栽和斜栽两种方式进行栽植。这两种方法都是为了让砍枝苗充分接触湿土，有利于枝干成活，并使枝干部位有充足的土壤养分供应。

随着植树造林的深入推进，从杨（柳）大树上砍枝为苗用于栽树，已不能满足林业生产的需要。各级林业部门组织群众开展了杨树等树种的播种育苗，特别是在杨树种子育苗中探索出了“泥浆育苗法”。由于杨树的种子非常小并有毛絮，净种费时、费力，非常困难，群众在生活中发现，落在水沟或背风地方的毛絮受河水影响或雨水击打后，能够长出杨树小苗，受这一现象的启发，群众开始不对杨树种子净种，而是在畦田灌水后将毛絮直接撒在水面上，然后用树条抽打毛絮，一是将聚在一起的毛絮打开，二是通过抽打形成泥浆，用泥浆将毛絮包裹。这一方法，提高了杨树苗的生产量，为大面积植树造林奠定了坚实的种苗基础。

在进行杨柳砍枝造林、杨树播种育苗造林的同时，各地也发动群众采集灌木树种种子和草籽，通过种子育苗和撒播，不断提高林草覆盖率。据《榆林市林业志》记载，1989年，市林木种子站收购经营的林木品种多达29个，数量10多万千克，彻底改变了60年代收购品种单一（多为柠条和紫穗槐）、数量少（在5000千克左右）的局面。通过一系列的种植保障措施，榆林市“大地园林化”也从单一栽植树木向乔灌草有机结合方向发展。

（二）因害设防，步步为营

1981年，三北地区有沙漠、沙地面积约10亿亩，占全国沙漠、沙地总面积的92.2%。长期以来，这些沙漠、沙地严重威胁着人们的生活和生产。摆在沙区人民面前的一个重要课题是：必须采取断然措施，保护沙生植物，阻止沙漠扩张，坚决制止沙化。新中国成立后，沙区人民在治沙斗争中，总结了许多好的经验，涌现了一批“绿进沙退”的先进典型。实践证明，只要大力植树造林种草，沙漠就可以征服，沙化就能够制止。

新疆和田地区地处塔克拉玛干沙漠南缘。20世纪50年代，和田地区已有少数地方建设农田防护林网；60年代初，新疆维吾尔自治区党委发出建设农村“五好”（好条田、好渠道、好林带、好道路、好居民点）的指示，和田地区掀起了建设农田林网的第一个高潮，部分农村已呈现出了渠道笔直、道路平坦、条田成方、林带成网的景象；由于多种原因，到70年代末，和田地区的绿洲失去了天然屏障，农田失去了绿色长城，沙漠乘虚而入，吞噬绿洲，淹没农田，皮山县木吉公社（现木吉镇）有31户社员被风沙赶出家园，沙漠向策勒县策勒公社（现策勒镇）十七大队逼进了5千米，策勒县城离最近的沙丘不足1.5千米；80年代，和田地区拉开了新一轮的植树造林高潮，向沙漠、戈壁、河滩、碱滩进军。到1984年，一片片新营造的沙枣林、红柳林、胡杨林、柳树林、白杨林建立在沙漠前沿，林草包围了绿洲，成为绿洲忠实可靠的保卫者。绿洲内建成完备的农田防护林网，到1984年年底，和田县和洛浦县已实现了农田林网化。据《林业部三北灌区农田防护林建设现场会材料汇编》记载，1983年与1979年相比，全地区粮食产量由2.80亿千克增加到4.41亿千克，棉花由5.85万担增加到18.13万担、牲畜由208万头（只）增加到278万头（只）。

杨海清是土生土长的辽宁省彰武县四合城乡王家村人。彰武县位于科尔沁沙地南缘，新中国成立前，这里沙化面积达到524.2万亩，占全县总面积的96%，占全省沙化面积的四分之一，是辽宁最大的风沙区，沙漠化程度严重。并且在西北季风的助推下，科尔沁沙地不断南侵，“沙进人退”一度成了彰武人民必须面对的现实。

40年前，杨海清所住的四合城乡王家村由于风沙太大，白亮亮的沙坨子围着村子，粮难种、人难活，九十多户村民中有二三十户被迫搬走了。故土难离的情怀，使杨海清艰难地留了下来，穷则思变，特别是在1984年国家允许个人承包荒沙时，他不顾家人反对和群众另眼相看，毅然决然地承包了1400亩沙地，从此踏上治沙路。由于他不懈地防沙治沙，现已成为辽宁省个体成功固沙第一人，2019年被评为“辽宁好人”。

杨海清的治沙路是坎坷的。今年70岁的杨海清老人清楚地记得，1984年他承包荒沙时的情景。当时的村支部书记开会动员村民搞承包，但开了三天会就是没人敢干这事。时任村会计的他想承包，可家里人反对。街上不少人都笑着说，你这人有钱没处扔了，这么大的老白沙坨子，这么多年集体、国营林场都没治了沙子，飞机播种播了好几年也没成功，你能整了吗？但他还是做了。

要治沙就得栽树，可买树苗的钱哪里来？当时辽宁省固沙造林研究所技术人员告诉他，栽树先种草，要先将沙子固定下来。他开始向县林业局和水利局的人员求援，弄几麻袋的沙达旺草籽。可雇人播草籽还得用钱，买草籽已花了不少的钱，再雇人种又需要钱，无意中他发现羊第一天踩出的蹄印第二天就被风吹平了，踩出小蹄坑不深不浅，正适合种沙达旺，受此启发，他发明"蹄坑种草"这一技术。当时生产队的羊还是集体管理，他根据农时和天气情况，在要下雨的前几天，羊在前面走，他和羊倌儿在后面撒草籽，没用三天时间1000多亩地的草就种完了，下雨后没用几天地就变绿了。

草长出来了，沙地固定了。1985年和1986年，他又分别种植樟子松8万株和6万株，几年后形成了郁郁葱葱的松树林。在他的带动下，王家村乃至全乡、全县都掀起了固沙造林的承包热潮，仅王家村就有33户村民陆续承包了近万亩沙地。如今，王家村的森林覆盖率由1984年的10%增加到50%；耕地面积也由原来的1500亩增加到2200亩。

（三）因地制宜，变害为利

沙害，是萦绕三北地区人民群众的心头病。如何让沙子变成财富，三北地区人民因地制宜，有针对性地创造并采取各种有效措施防沙治沙和开展山地丘陵小流域综合治理，让沙害变沙利，让光山秃岭变成绿水青山、金山银山。

赤峰市敖汉旗曾经是内蒙古中东部地区沙害最为严重的地区。1981年，当地一场大风沙埋了刚通车不久的京通铁路，铁路受阻72小时。解放军奋勇清沙的事迹登上《人民日报》后，对当地旗委、旗政府振动很大。铁路沿线的沙源来自黄羊洼，1982年3月19日，中共敖汉旗委讨论通过了《关于植树种草的决定》，打响了绿化铁路沿线及几条主要公路的硬仗。不久，三北工程重点建设的"敖汉旗黄羊洼沙化退化草牧场防护林工程"启动，建设范围涉及"三场三乡"的沙化草原45万亩。工程建设前，黄羊洼地区土地沙化退化严重，风沙吞噬农田，粮食产量低而不稳，群众生活贫困。敖汉旗委、旗政府在科学规划的基础上，用了3年（1990—1992年）时间，共营造“宽林带，大网格”草牧场防护林5.08万亩，构建起50米宽的主副林带294条，总长726千米，建设起500米×500米和500米×400米的网格877个，保护草牧场43.3万亩，占沙化草牧场面积的96.2%。

黄羊洼草牧场防护林体系建成后，实现了“绿进沙退”。极大地改善了当地生态环境、生产生活条件，发挥了显著的防护效益。1996年，“三场三乡”种植玉米5万亩，水稻2.2万亩，小麦0.3万亩，粮食总产量5000万千克，平均亩产在600千克以上，是治理前的10倍。人均粮食产量达到1250千克，成为敖汉旗的粮食主产区。工程区年产饲草1.27亿千克，可饲养草食家畜16.93个羊单位。敖汉旗黄羊洼沙化退化草牧场防护林工程只是敖汉旗众多生态建设工程之一，是一个缩影。2002年6月5日，联合国环境规划署向敖汉旗颁发了“全球500佳”奖牌。2009年8月，时任国务院总理温家宝考察敖汉旗，当看到黄羊洼沙化退化草牧场防护林工程现场时，高度评价敖汉旗走出了一条“林多、草多、畜多、肥多、粮多、钱多”之路。

榆林市地处毛乌素沙地南缘与黄土高原过渡地带，是三北防护林体系建设重点区域。经过反复试验与摸索，确立了以生物措施为主，生物措施与机械措施相结合的治沙造林模式，总结出了“设置沙障”“前挡后拉”“引水拉沙”“撵沙造林”等技术措施，特别是榆林人发明的“引水拉沙”法，即以水为动力，对不同类型的沙丘采取“抓沙顶、羊麻肠、梅花畔、麻雀战、野马分鬃、黑虎掏心”等手段，将沙拉平，建设农田，并通过建设农田林网，实现治沙、用沙。治沙造林技术的突破，使广泛发动群众参与治沙造林成为可能，创造出了一系列行之有效的沙区治理措施。

经过60多年的不懈努力，榆林治沙造林取得了巨大的建设成效。目前，全市林木保存面积达到2157万亩，林木覆盖率由新中国成立之初的0.9%提高到33%。沙区造林保存面积1364万亩，林木覆盖率43.5%，860万亩流沙全部得到固定和半固定，沙区樟子松保存面积达130多万亩。南部丘陵沟壑区造林保存面积793万亩，林木覆盖率23.3%。集中建设了百万亩红枣基地、“两杏”基地，以及核桃、海红果等经济林基地。

2016年，全市林业产值72亿元，其中红枣产量55万吨，产值20亿元，佳县、清涧等县农民人均红枣收入达3000元。在北部风沙区建设长柄扁桃基地，并与高等院校联合进行丰产栽培技术攻关和产品开发，已成功研发出长柄扁桃食用油等系列产品。积极开展樱桃、油用牡丹、红树莓、花椒等经济林引种栽植试验，取得很好的效果，林下养殖、药材种植、生态旅游产业也在蓬勃发展。全市育苗面积达10万亩，年产各类苗木8亿多株，苗木花卉产值达20多亿元。

斯日古林出生在内蒙古鄂尔多斯市鄂托克旗阿尔巴斯苏木敖伦其日嘎嘎查。此地位于毛乌素沙地西北缘，发展草原畜牧业是当地的主要生产方式。斯日古林虽然只读完小学五年级就开始放羊，但他凭着对草原的热爱，对美好生活条件的向往，在放羊过程中仔细琢磨柠条的生长习性、羊对饲草的啃食习性，并通过多年的努力，成功探索出“柠条密植、科学放牧、改良种畜、林牧双赢”的灌草深度发展模式。

20世纪60年代，由于农业生产力水平较低，加上受广种薄收农业种植观念的影响，大量的草原被开垦成农田，以满足人们对粮食的刚性需求，同时受干旱影响被开垦出的农田又弃耕，沙化日趋严重。20世纪80年代初，当时的伊克昭盟林业局开始在沙化弃耕地用拖拉机带状播种柠条，并在播后的第2年和第3年进行补播，以改善不断沙化的生态环境。

辍学在家放牧的斯日古林一边放羊，一边对播种后的柠条地进行认真保护，当时自家的3000多亩草场还没有分区设围栏，他就有意识地赶着羊群一块地接着一块地地放，这是他划区轮牧的雏形。在放牧中他发现已有的柠条不够羊吃，他就开始在柠条密度较小的地块播种柠条种子，加大密度也就是增加了柠条的“饲草”量，收到了很好的效果。同时，他还发现柠条经羊啃食后的生长表现要好于用镰刀割。

通过30多年的摸索，他总结出了“柠条密植（1米×1米）、羊啃食平茬、分大少羊划区轮牧、饲养改良的羊”等饲草培育和养殖技术，草原的生产力水平得到大幅度提升，草场载畜能力由原来的每20～30亩养1只羊，提高到现在的每5亩就能养1只羊，同时柠条草场还能保持非常好的生产趋势。在对草原生态精细化管理的同时，辅以种畜改良技术，山羊平均产绒量达到1000克以上，绒细度在15微米以下，基本实现了两年三茬接羔目标，家庭年收入达到30万元以上，走上了一条草原保护和利用两不误、靠生态致富的绿色可持续发展之路。

斯日古林总结出的柠条密植、科学放牧的模式，有效解决了生态保护、建设和利用的关系，为实现林（灌）草深度融合发展提供了宝贵的经验。他的经验曾在“第七届库布其国际沙漠论坛”上与中外专家分享。

二、百折不挠，勇攀防护林科技高峰

三北工程的建设，为科技工作者提供了广阔的用武之地，一大批专家学者走向三北大地，创造出一个又一个造福人民、享誉世界的科技成果，为三北工程建设提供了科技支撑，也留下了可歌可泣的动人故事。

1956年，毛泽东主席发出“绿化祖国”“实现大地园林化”的号召后，在全国上下掀起了植树造林的高潮，在宅旁、村旁、路旁、水旁以及荒地荒山上，在一切可能的地方种起树来，实行绿化。受当时的经济和技术条件所限，没有树苗就从杨柳的大树上“砍枝为苗”，按照带状、格状等形式进行栽植，但是两条带间多长距离最好、格子大小以多少为宜，没有一个规范的参数，这些都是当时需要解决的现实问题，因为在1983年之前，我国还没有防护林学这一学科。以曹新孙为代表的老一辈科学家担起了防护林学研究的重任。

曹新孙先生，1941年从法国留学回国后，受中国科学院林业土壤研究所（现中国科学院沈阳生态研究所）之邀于1957年到达该所，从此开始了长达二十余年的研究工作。1959年，他受命组建农田防护林研究组，带领这支研究力量通过科研基地的定位试验、与多省份科研院所的攻关协作、对晋、豫、皖、吉、黑等农田防护林建设重点省份系统考察，从理论与实践的结合上，通过研究找到了最适疏透度指标、带间距离的确立依据，提出了绝对有效防护距离和相对有效防护距离两个设计参数及其界定方法，对有效防护距离赋予了更加明晰的内涵等，解决了农田防护林建设的一系列重大问题和关键技术。

通过在辽宁昌图基地引种油松、樟子松、蒙古栎，并应用他提出的中间林带理念设计营造的油松林网获得成功，为实现农田防护林树种多样化、效益的连续开启了新思路。通过实践—认识—再实践—再认识，摸清了农田防护林建设规划设计、树种选择、营造技术、经营管理与森林保护五个关键环节的诸多共性问题，通过科研会战的形式，在充分吸纳各地实践经验与科研成果的基础上制定了“东北西部、内蒙古东部农田防护林营造技术试行方案”。

曹新孙先生带领他的科研团队历经多年凝心聚力、细心整理，终于使原本仅属于森林土壤改良学一个分支的农田防护林学提升为一门独立的学科。1983年，中国林业出版社出版了由曹新孙主编的我国第一部《农田防护林学》。1986年，《农田防护林学》获中国科学院科技进步奖二等奖。由他开辟的农田防护林研究在不断传承和发展中，逐渐走向成熟。

防护林如何才能可持续地发挥多功能多效益，更好地服务于社会经济建设，以朱教君为代表的新一代研究人员，在老一辈防护林研究成果的基础上，对防护林可持续经营的理论和实践进行了深入研究，研究成果填补了我国防护林经营理论的空白。

作为《农田防护林学》奠基人所在的中国科学院沈阳生态研究所，通过多年研究，建立了界定防护成熟龄的量化方法，确立了防护林防护成熟与阶段定向经营原理，并针对防护成熟的不同时期分别建立了幼林综合抚育技术、最佳结构调控技术及多种更新技术；根据研究提出的防护林稳定性原理，据此制定了区域性杨树与其他树种6:4混交构架，确定固沙林与水保林系列经营密度，提出了保留带与更新带1:3纯林更新改造、人工诱导近自然更新及栽阔保针等9种更新技术模式；提出了防护林衰退早期诊断新理论，并从生态因子和生物因子途径分别建立了防护林衰退早期诊断新技术；提出了“树种单一、经营技术失误及干扰频发”的防护林衰退“三元论”。

至此中国拥有了防护林经营技术核心自主知识产权，形成了防护林经营学的基本框架。1998年，一项涵盖近40年的科研成果“农田防护林研究”获第三世界科学组织网络（TWNSO）农业奖。

（一）为荒漠打造绿色屏障

推开刘铭庭的家门，这位退休20多年的老人还是天天忙工作，满脑子都是治沙、红柳、大芸（肉苁蓉）。

“如果流沙把它全部掩埋，它会又往上长两三米，这是真正抗风沙的红柳种类。”在塔克拉玛干沙漠，生长着一种生命力异常顽强的植物，那就是与胡杨、梭梭齐名的中国三大荒漠造林树种之一——红柳。红柳为小乔木，通常高2～3米，根系发达，最深可达10余米。红柳寿命可达百年以上，耐旱、耐热，尤其对沙漠地区的干旱、高温及严寒有很强的适应力。

1956年，还在兰州大学生物系学习的刘铭庭到新疆进行毕业实习。在荒漠中，他第一次见到红柳，便被这能与风沙、盐碱奋力抗争的植物深深吸引。毕业分配时，刘铭庭主动要求，如愿来到中国科学院新疆分院，开始了与红柳结缘60年的漫漫科研生涯。1959年，他参加了中国科学院组织的塔克拉玛干科学考察队，走进了荒漠。“当时，遇见的一个沙丘很高，孤零零的，上面长满了红柳。”刘铭庭回忆，“那种红柳枝条比较细，很硬、很干；最主要的是它的叶子不一样，我当时就意识到这可能是一个新种，可能会在防风治沙中发挥很大作用。”于是，他对这种红柳的分类学特征进行了深入研究。1960年，他将其命名为“沙生柽柳”。1979年，学术界正式将其更名为“塔克拉玛干柽柳”，业内也称为“刘氏柽柳”。

“这些柽柳高两三米，如果流沙把它全部掩埋，它会又往上长两三米。它的枝条柔性比较大，大风刮不倒它。它的叶子是针形，风沙打不掉，还能进行光合作用，在沙漠生存就成了可能。”刘铭庭强调，“这是真正抗风沙的红柳种类，生态意义非常大。”我国科学家一直寻觅的优良固沙植物终于有了！此后，刘铭庭又相继发现了莎车柽柳、塔里木柽柳、金塔柽柳、白花柽柳4个新种，成为柽柳属植物研究领域公认的权威。曾因风沙掩埋而3次迁址的策勒县，在刘铭庭和同事的指导下，开展了防风治沙，使威逼城区的沙丘群后退近5千米。20世纪60年代起，刘铭庭开始潜心研究红柳的育苗和造林，他根据当地实际情况，发明了一种繁育红柳的办法——利用山上的季节性洪水，撒播红柳种子，种子经过冲刷、浸泡、沉淀，进而生根、发芽，成活率高，还节约了大量人力物力。这种简单有效的好办法，得到大面积推广。此外，他将红柳的育种、产苗量由每亩5万株提高到了50万株；扦插育苗的亩产苗量也达到了12万株，比当时在红柳育苗中一直处于领先地位的苏联高出6～20倍，达到世界领先水平。这项技术为红柳用于恢复生态环境提供了保障。

从20世纪70年代中期开始，刘铭庭着手将红柳研究成果大面积应用于荒漠化固沙造林。1982年，新疆维吾尔自治区在策勒县召开现场办公会，研究治沙，这次又请来了刘铭庭。刘铭庭当场签下军令状。5年后，专家组验收时惊呆了：治沙15万亩，流沙前锋后退了4～5千米，投入产出比达1:7.5。

多年来，刘铭庭跑遍了南疆的每个县市，红柳在南疆已发展到500多万亩。1995年，联合国环境规划署在第一个“世界防治荒漠化和干旱日”，将首次设立的“全球土地退化和荒漠化控制成功业绩奖”，授予了刘铭庭主持研究的“盐碱地、沙地引洪灌溉大面积恢复红柳造林技术”项目。刘铭庭作为主要完成者的“策勒流沙治理研究”成果，也同时获得了这一奖项，两项成果占了当年获奖成果数的1/4。

刘铭庭退休后又扎进大漠，研究大芸人工接种技术。大芸（肉苁蓉）寄生在红柳根部，能活血、提高人体免疫力，被医学界誉为“沙漠人参”。近年来，随着国内外需求量不断上升，大芸每千克价格从几元涨到了几十元。历经艰苦摸索，大芸终于试种成功。2003年，刘铭庭在全国获得大芸种植的第一个发明专利，紧接着又成功研发出大芸“开沟播撒高产法”。大芸人工接种率达100%，亩产最高达200千克以上，亩产值最高能达8000元左右，相当于10亩棉花的收入。他无偿地把技术传授给农民，仅于田县就发展了16万亩红柳、大芸，让众多农民摆脱了贫困。于田县奥依托克拉克乡农民买提库尔班·阿不都艾尼说，“原来我们家毛驴车也没有，种了大芸后我们买了汽车、盖了新房，太感谢刘教授了！”

（二）染绿黄土高原

朱清科，出生于黄土高原贫困山区，从小时候起，水土流失带来的危害记忆尤深。1978年，朱清科第一志愿考入北京林学院，学习水土保持专业。此后的30多年来，他完成了从本科到博士研究生、教授、博士生导师的跨越，但一直没有偏离水土保持这个研究方向。从陕西省渭北高原淳化县、山西省晋西黄土区吉县，到陕北半干旱黄土丘陵沟壑区吴起县，朱清科的脚步几乎踏遍了研究区域的每一片土地。他以黄土地区防护林体系构建为研究对象，攻克了一个个技术难题，突破性地提出了一系列技术解决方案，培养了一大批林业技术骨干，为林业生态工程建设作出了突出贡献。

1986年，朱清科获得了第一次主持完成科研项目的机会，这个项目是三北防护林建设局的三北防护林体系总体规划设计专题调查研究项目。自此，他的科研重点便放在三北防护林体系等林业生态工程建设急需解决的科技问题上。随着研究基地的防护林建设自然条件越来越难，他的研究方向也从农林复合系统高效经营到水土保持林体系构建，再到困难立地植被构建。2006年，为了进一步攻克困难立地防护林构建技术，朱清科将研究基地由半湿润地区的吉县移到了半干旱黄土丘陵沟壑区及农牧交错带的陕西省吴起县。在吴起县全县3790平方千米的土地上，通过建立10千米的网格点的方法，找到了39个小流域开展定位调查研究。研究提出了基于黄土坡面微地形的困难立地水土保持林精准结构配置近自然造林理论与技术，解决了林业生态工程建设面临的造林困难立地植被构建技术难题，为我国黄土高原的生态建设研究做出了不可替代的突出贡献。

“越是遇到技术难题，他越是干得有劲头。”科研团队的老师们总是这样形容朱清科。20世纪80年代末至90年代，防护林体系建设面临工程区水土流失严重、自然条件严酷与区域经济发展缓慢互为因果的恶性循环问题。朱清科以陕西渭北高原淳化县和晋西黄土区吉县等地为研究基地，通过10多年的科技攻关，提出了打破这种恶性循环的关键是优先发展经济的同时尽可能保护生态环境的开发治理理念，并创造性地构造了三环结构发展模式，即养殖业环居中结合农业环和林果业环的有机农林复合生态经济系统模式。在此基础上，通过不同类型农林复合配置机理的试验研究，提出了坡面林草带状复合、川塬缓坡果农复合和雨季集流贮水时空调水适度胁迫水肥耦合调控等高效农林复合技术体系。他的这些技术揭示了黄土高原农林复合系统结构配置机理，同时受到了当地人民群众和政府的热烈欢迎和支持。同样，对于半干旱农牧交错带的陕北吴起县黄土陡坡造林，不少人提出采取封育。朱清科通过大量的调查指出，封育比造林的治理效果至少晚50年以上，不能有效解决问题。但是在这样困难的立地条件下如何成功造林绿化？朱清科通过大量野外调查研究与试验分析，提出了基于黄土坡面微地形林分结构精准配置的近自然造林理论与方法。他将黄土坡面的微地形划分为5种类型，根据各种微地形在不同立地条件类型造林地中的土壤水分、养分等微生境条件及其分布规律，设计造林乔灌木树种结构及其种植点。他突破了传统的以等距离株距和行距设计，以及以行间或株间设计混交林的理论方法，丰富了混交林理论与技术，推动了水土保持林学的发展。

“我的这一生，三分之一在固原，三分之一在陕西，三分之一在北京，各二十年左右。”朱清科这样概括自己的前半生。在这60多年的人生字典里，留下印记最深的是两个字：水土。一方水土养育一方人，朱清科做的一切就是为了让这方水土造福更多人。

（三）科技是三北工程建设的第一生产力

广大林业科技工作者，在对三北地区的风沙活动规律、沙地成因、水文及地质结构、植物种分布规律等研究的基础上，综合运用物理学、生态学、气象学等原理，研究出一系列沙地植被恢复与重建等防沙治沙技术，这些技术的推广应用，为我国经济社会可持续发展发挥了重要作用。

众所周知的包兰铁路，虽然6次穿越腾格里沙漠，但从1958年建成通过后，至今畅通无阻。穿越我国第一大沙漠——塔克拉玛干沙漠的塔里木沙漠公路，自建成后畅通无阻地保障着国家石油能源安全。新疆绿洲“窄林带、小网格”农田防护林网，极大地改善了新疆的生态环境条件。

1952年，中央人民政府决定修建酝酿已久的包兰铁路。1953年线路勘察，1954年开始修建，1958年8月1日建成通车。在线路勘察时，一个现象让勘察人员放弃了地质构造复杂、建设成本过高的南线，选择了6次穿越腾格里沙漠的北线。

据《铁道工程学报》2005年12月增刊记载：“1953年8月，勘察人员在沙坡头遇到了一次较大的沙霾，刮得天昏地暗，跑到茶房庙内避风沙，进庙门后，只见沙尘弥漫院落厅堂，但沙子不见了，感觉到奇怪就跑到庙门外观看，发现沙子都顺着地面，依着墙角，似流水状向黄河倾泻，这才悟出了茶房庙不被沙埋的道理。联想到把铁路建在茶房庙前的黄河阶地上，从阶地边缘通过，使吹来的沙子越过铁路，吹入黄河。阶地陡坎下又正是黄河拐弯处的主要冲刷段，沙子极易被水冲走；同时，线路靠近河边，引水植树造林，固沙条件好，从生态环境保护方面也是有利的。最后决定以通过沙坡头的北线方案作为主要方案。”

1958年8月1日，世界上第一条长距离穿越沙漠的交通大动脉——包兰铁路建成通车。通车并不意味着最后的成功，当时世界上已有一些沙漠铁路在通车以后，因流沙侵袭祸患无穷，最后被迫改道或停运。在一些国家，即使是穿过固定或半固定沙丘地带的铁路，沙害也从未间断，常常妨碍全线运输。

（四）科技治沙大显身手

竺可桢《向沙漠进军》一文提到："我们向沙漠进军，不但保护了农田，开辟了绿洲，而且对交通线路也起了防护作用。包兰铁路从银川到兰州的一段，要经过腾格里沙漠，其间中卫县沙坡头一带，风沙特别厉害。那里沙多风大，一次大风沙就可以把铁路淹没。有关部门在1956年成立了沙坡头治沙站，进行固沙造林。这一工作已经提前完成。包兰铁路通车以来，火车在沙漠上行驶，从来没有因为风沙的侵袭而发生事故。"

这里提到的"沙坡头治沙站"就是中国科学院兰州沙漠研究所的前身。他们与来自中国科学院林业土壤研究所（现中国科学院沈阳生态研究所）治沙队、中卫固沙林场职工和中卫县人民，围绕包兰铁路沿线，展开了一场人类降伏沙魔的伟大斗争、伟大工程。

治沙过程是一个艰苦探索、不断失败不断尝试的过程。为了战胜沙害，保证沙漠铁路的畅通，他们探索尝试各种各样的治沙方法，先后用卵石铺面、黏木加水玻璃、沥青拌沙、草席铺面等治沙方法，但一场大风过后，防沙物品掩埋殆尽，治沙效果微乎其微。植物固沙是治理沙害的永久性措施，但这个理论在沙坡头遇到了严峻挑战，罕见的风蚀、沙埋使造林试验屡试屡败。

再总结、再试验。开始采用麦草固沙，先后用麦草试扎了"带状""格状""圆形""菱形""三角形"等多种类型的"沙障"，同时注意观察这些沙障的固沙效果，通过反复试验，终于探索出固沙效果十分突出的"1米×1米规格的'麦草方格'固沙法"，解决了一个十分古老且极为复杂的科学难题，不可一世的狂暴沙魔终于被降服。麦草方格固沙具有就地取材、简洁实用、成本低廉、无废弃物等优点，且易于推广，便于大规模施工，能保护人工树种不受侵害，有利于沙生植物自然繁衍，对任何类型的流动沙丘都有立竿见影的固沙效果。

1985年，经过科研人员和生态工程建设者的不断探索实践，在包兰铁路通过腾格里沙漠东南边缘的55千米两侧各500米范围内，逐步构筑了卵石防火带、灌溉造林带、草障植物带、前沿阻沙带和封沙育草带"五带一体"治沙防护体系，阻止了流沙对铁路的侵害，确保了包兰铁路的安全畅通。打破了"沙坡头将成为包兰铁路的'盲肠'"的论断，创造了世界奇迹，标志着中国治沙事业迈上了一个历史新起点。

包兰铁路沙坡头段的治沙经验和模式，向全世界展示了一个在荒漠地区进行生态工程建设并通过人工生态系统改造沙漠的成功典范。1984年，沙坡头治沙成果被联合国授予“全球500佳”称号；1988年7月，“包兰线沙坡头地段治沙防护体系的建立”以其卓著的科技成果名列榜首，荣获国家科技进步奖特等奖，这一国家最高科技奖项，是新中国成立以来，与“两弹一星”“载人航天”科技成果并列的、为数不多的几个重大奖项之一。

塔中油田位于“死亡之海”塔克拉玛干沙漠腹地，1989年4月，塔里木石油勘探开发指挥部在新疆库尔勒市成立。随后，中国各大油田的两万多人以及相应专业设备，移师西进塔里木，在广袤的戈壁沙漠中，打了一场高水平和高效益的油气勘探开发大会战。

为了保证塔中油田所使用的物资、设备等生产资料能够顺利进出，修建一条公路迫在眉睫，1990年中国科学院新疆生态与地理研究所的雷加强研究员就带领治沙专家团队参与了沙漠公路的徒步踏勘，编写了线路可行性研究报告，使沙漠公路建设有了一个良好开端。公路建设者迎风沙、顶酷暑、冒严寒，终于在1995年建成了南北贯穿世界第二大流动沙漠——塔克拉玛干沙漠，全长522千米，世界上连续穿越流动沙漠里程最长的等级公路。但这条公路能否畅通无阻，公路两侧的防沙治沙是关键。

雷加强研究员带领的治沙团队在公路踏勘时就已开始研究用什么方法进行公路两侧的防沙治沙。历时12年研究，揭示了流动沙漠地区公路风沙危害形成过程，创建了沙害类型划分标准；创立了流动沙漠立地类型划分指标体系，填补了“非宜林区”立地类型研究的空白；攻克了流动沙漠地区高矿化度水灌溉育苗的难题，发展了高抗逆性防风固沙植物种选育技术；突破了高矿化度水直接灌溉造林的技术瓶颈，解决了沙漠地区高矿化度地下水资源利用方式，为流动沙漠地区的生态建设提供了示范；创建了流动沙漠地区大型防护林结构模式和高效种植技术，创造了种植当年即可成林和发挥防护效益的奇迹；开展了流动沙漠地区公路防护林工程稳定性和维护技术研究，为沙漠公路防护林生态工程的可持续管护提供了科学依据。

塔里木沙漠公路防护林生态工程建成以来，风速降低了50%～77%，林带内输沙率仅为流沙地的0.98%～12.55%，有效预防了流沙对公路的危害，保证了公路的安全畅通，公路沿途的生态环境得到明显改善，动植物种数不断增加，昔日荒芜的流动沙漠充满了生机。

经过对防护林布局、灌溉系统、供水系统、苗木繁育和种植技术的优化，节约开支7486万元，较原有机械防沙每年节约开支1680万元，确保了沙漠公路的安全畅通，促进了沙漠腹地油气资源的开发和新疆南部的经济发展，产生了巨大的间接经济效益。

这项技术和工程也引起了国内外的高度关注及评价，并于2006年被评为中国十大科技进展新闻，2008年被评为国家科技进步奖二等奖，获评国家环境友好工程。

目前，该项技术成果已成功地推广到塔里木盆地的沙漠油田基地和油田公路、南疆铁路等防沙绿化工程中。此外，技术成果也向北非和中亚地区进行了推广，完成了利比亚海岸公路（150千米）和沙漠公路（25千米）风沙灾害防治项目工程设计和技术人员的培训工作，完成了“土库曼斯坦阿姆河右岸天然气项目绿化工程”方案设计。

三、与时俱进，守正与创新融合发展

三北工程这些年，有过失败，有过坎坷，有过成功……但无论怎么样，三北工程始终坚持不断与时俱进，始终服务国家重大战略，从解决三北人民的“四料俱缺”问题，到今天不断满足三北人民的生态需求，不断地总结经验教训，丰富工程建设内容，坚持理论创新，坚持实践探索，坚持改革创新，才有了三北工程旺盛的生命力。

（一）理论和技术创新不断引领工程建设取得新突破

三北工程是我国政府兴建的第一个大型生态工程。在40多年的建设历程中，广大建设者和管理者在实践中，运用生态学和经济学理论指导工程建设，并在实践中不断丰富和创新，形成了一套具有实践指导意义的防护林建设理论。

三北工程是我国第一个以体系的思想进行大规模建设的林业重点工程，林业工程建设并非是简单的植树造林，而是涉及农业、牧业、水利等多个行业。在工程建设中，需要针对不同的治理对象和需求实行防护林与用材林、经济林、薪炭林、特用林因地制宜，各有侧重地进行多林种结合；需要根据自然条件和建设实际需要实行林带、林网和片林结合；分不同地区和立地条件，实行乔、灌、草相结合；本着适地适树原则，集约经营原则，实行造林、封育、飞播和林业管护相结合；在功能上实行生态效益、经济效益、社会效益相结合；在全面发展林业生产的同时，合理利用林业资源开展深层次加工利用，发展林业商品经济，实行林工商、产供销一条龙。

这些措施的应用，突破了以往防护林建设就是建设单一结构、单一林种的思想，把人为的能动作用和自然的自我修复结合起来，建立起一个高生产力的自然与人工相结合的以木本植物为主体的生物群落，形成一个农林牧、土水林、多林种、多树种、带片网、乔灌草、造封管、多效益相结合的防护林体系。

在建设理论上进行创新的同时，在技术上也进行了大胆的实践和创新，不断丰富和完善理论和技术基础。

——在防沙治沙方面，突破了过去被动的以防和治为主的技术方案，提出了防、治、用相结合的全面治理的思路，实现了在防沙治沙上生态效益和经济效益的良性循环。

——在水土流失治理方面，突破了单一治理的模式，提出生物措施和工程措施相结合，以山系和流域为单元，坡、峁、垣、梁、埂综合治理。

——在造林方式上，突破过去以造为主的技术政策，从注重人工造林向人工造林、封山（沙）育林、飞机播种造林相结合转变，把封山（沙）育林摆在突出的位置；加大了封育和飞播造林力度，加快了工程建设步伐。

——在发展方式上，从单纯造林向造林、保护、经营、利用相结合转变，把管护放在第一位。

——在林分结构上，从营造纯林向营造混交林、覆层林、异龄林相结合转变，把营造混交林作为首要任务。

——在林种结构上，从营造防护林为主向营造防护林和经济林、用材林等多林种相结合转变，把适地适树作为基本遵循。

——在树种结构上，从造乔木为主向乔灌草、针阔叶树种相结合转变，把灌木林放到了优先发展的位置。

——在种苗培育上，从引进外来树种为主向因地制宜大力发展乡土树种为主转变，把乡土树种作为各地工程造林的首选品种。

——在干旱、半干旱地区，突破了造林成活率的技术难关，探索出了以径流林业、深栽造林为主的系列抗旱造林技术，使造林成活率提高了23个百分点。

——在飞播造林方面，突破了年降水量200毫米的禁区，飞播成效提高20个百分点。

（二）始终围绕服务国家战略大局寻找支点

三北工程紧紧围绕我国经济和社会发展不同时期、不同阶段的战略目标和战略任务，在国民经济和社会发展大局中找准支点，把握方向。始终把农田防护林建设作为首要任务，大力发展平原林业，优化农业生产环境，保证粮食的高产稳产，保障粮食安全。始终把防沙治沙作为主攻方向，结合西部大开发和振兴东北老工业基地战略，加大了毛乌素沙地、科尔沁沙地、河西走廊、新疆绿洲治理力度，维护国家生态安全。始终把水土保持和水源涵养林作为建设重点，加快黄土高原和京津周围治理速度，改善黄河和大型水库的水质，维护水资源安全。始终坚持服务农村、农业和农民，结合社会主义新农村建设，推进城乡绿化一体化进程，改善人居环境，促进了人与自然和谐。

一期工程（1978—1985年），确立了构建“符合三北地区自然和经济规律，高生产力的自然与人工相结合的以木本植物为主体的庞大生物群体”的防护林体系建设思想，提出了“以防护林为主体，多林种相结合”“实行网带片相结合”“乔灌草结合”“封山（沙）育林和人工造林并重”“因地制宜、因害设防”的建设思路。开展以营造农田防护林、牧场防护林、重点地区防风固沙林、水土保持林为主体的防护林建设，为农牧业发展提供强有力的基础保障。

为了解决粮食生产“三刮四种”、粮食生产低而不稳的问题，在三北地区的平原农区、绿洲区开展了大规模的农田防护林体系建设，1982年，在甘肃张掖召开了“甘肃、宁夏、内蒙古三省（自治区）灌区农田林网建设现场会”；1983年，在吉林省召开了东北西部、华北北部农田防护林建设现场会；1984年，在新疆和田召开了“三北灌区农田防护林建设现场会”。三次现场会的与会代表，实地参观了甘肃张掖县、高台县、临泽县，吉林榆树县、德惠县、农安县、乾安县，新疆和田县、洛浦县的农田防护林建设情况，认真分析和总结了各地在农田防护林建设中的好经验、好做法、好模式，为三北一期工程农田防护林体系高质量建设打下了坚实基础。

二期工程（1986—1995年），确立了建设生态经济型防护林体系的指导思想。坚持生态治理与经济建设、生态建设与群众脱贫致富协调统一，启动毛乌素沙地防风固沙林、科尔沁沙地防风固沙林、京包—包兰铁路两侧绿化、京津周围两市三地绿化和青少年黄河护岸林5个重点工程。在重点平原区开展了高标准农田防护林体系建设、主要风沙区防沙治沙示范区建设，重点水土流失区生物措施与工程措施相结合的水源涵养林和水土保持林建设。选取10个县（市、区、旗）建设生态经济型防护林示范区。

三北地区是我国生态环境条件脆弱，经济欠发达地区，生态建设任务繁重。为了充分利用好国家的生态建设资金，使国家的生态建设资金起到“四两拨千金”的作用，三北工程从三北地区生态建设的大局出发，审时度势地提出了“生态经济型防护林体系建设”，逐步将国家的生态建设与老百姓的需求紧密联系在一起，与老百姓的收入联系在一起，使生态建设由“要我造”向“我要造”转变，为源源不断地增强生态建设的可持续发展提供了不竭的内生动力。

三期工程（1996—2000年），确立了区域性防护林体系建设思想。按照先易后难、先急后缓、由近及远、突出重点的方针，有计划、有步骤地建成一批区域性防护林体系。这一思想的形成源于1993年的一场特大沙尘暴，1993年5月4日，一场特大沙尘暴从新疆西部边境出发，途经甘肃西部、宁夏中北部和内蒙古西部。这场风暴就像原子弹爆炸后的蘑菇云，剧烈翻滚，飞沙走石。当时无论室内室外都伸手不见五指，狂风呼啸，仿佛天塌地陷，末日来临。不幸的是，人们对它的到来毫无防备。仅仅在5月5日下午的4个小时里，它就穿过新疆、甘肃、宁夏、内蒙古的18个地、市，在金昌、武威、古浪这几个县里，造成了85人死亡、264人受伤、31人失踪，影响范围达到100万平方千米，更有37万公顷耕地因黑风带来的沙土掩埋而绝收。这次灾难造成的直接经济损失高达5.6亿元。

面对风沙危害的实际，三期工程重点建设以农田防护林为主的区域性防护林体系，率先在东北三省、京津和西部八省份共73个县建设区域性防护林体系，在计划资金、科技推广和政策措施上予以保证和扶持。

四期工程（2001—2010年），继续坚持生态经济型防护林体系建设思想。突出了以防沙治沙为主攻方向，按照“建设一个亮点、统筹三大区域”的工程建设思路，推进新农村建设试点、农田防护林更新改造和重点农区、重点沙区、水土流失区的高标准防护林建设。在科尔沁沙地、毛乌素沙地、呼伦贝尔沙地、河西走廊、新疆绿洲外围等重点区域，安排70%以上的工程建设任务，实行区域治理与重点突破相结合、人工治理与自然修复相结合，推进沙化土地治理。

五期工程（2011—2020年），坚持突出重点、规模治理的思想。以生态修复为核心，以植树造林为重点，以防沙治沙和水土流失治理为主要任务，以百万亩防护林基地建设为抓手，大力推进科技、机制、管理和政策创新，促进“四个转变”，即：工程建设由数量型向数量和质量并重、由分散治理向规模化治理、由单一造林向造林和经营并重、由人工措施为主向人工措施和自然修复相结合转变。确定了18个重点建设区，规划了32个百万亩防护林基地，涉及11个省份和新疆生产建设兵团，占五期工程人工造林总任务的27.1%。为打造工程建设“局部优化的微环境”，集中科技、管理、资金等要素，选择10～15个有代表性的防护林基地，开展综合试验示范造林，带动和引领防护林基地建设科学、健康、可持续发展。

（三）以政策创新激发发展活力，以管理创新提升质量效益

资金支持力度加大激发工程建设活力。随着我国经济发展水平、物价用工费用上涨以及国家对生态建设的投入增加等因素，中央投资标准不断提高。三北工程建设第一、二、三期工程人工造林中央投资定额补助标准分别为每亩3.6元、3.9元和8元。进入四期工程后，2001年人工造林、封山（沙）育林的中央投资定额补助标准分别调整为每亩100元和50元，2009年又分别提高到每亩200元和70元。五期工程人工造林中央投资定额补助标准再次提高到每亩300元。从2016年起，重点防护林建设中央投资每亩补助标准为：人工造乔木林500元、人工造灌木林240元、封山（沙）育林100元、飞播造林160元。2015年开始推进退化林分修复和灌木林平茬复壮试点，中央财政分别按每亩200元和100元给予补助，2019年中央预算内退化林修复投资标准为每亩补助500元。持续加大的中央投资

力度，有效激发了三北地区人民投身生态建设的热情，推动了三北工程持续健康发展。

多元化投资带动工程大发展。中央投资发挥了巨大的撬动作用，加快了政策性金融资本、社会资本向防护林建设流动聚集。特别是按照“政府主导、市场主体、社会参与”的原则，转变营造林补助方式，实行补助普惠制和奖补政策，各地区先后推行了先造后补、以奖代补、贴息贷款、以地换绿、赎买租赁、购买服务等多种方式，推进造林、管护等任务由各类社会主体承担，引导社会资金投入国土绿化。20世纪90年代后期，一些地方逐步建立了中幼龄林买卖市场，创办家庭林场、股份制林场，盘活林地和林木资源，大力发展非公有制林业。这一政策的推行，为有经济实力的投入主体参与林业建设提供了一个广阔的空间，促进了林业投入主体的多元化。四期工程建设以来，坚持以“明晰林木所有权、放开使用权、搞活经营权、落实处置权、保障收益权”为主线，全面落实“谁造谁有、合造共有”的政策，进一步明确了各类社会主体投入林业建设的法律地位，极大调动了民营企业、社会团体、个人投入工程建设的积极性，非公有制林业取得了长足发展，由“另册”进入“正册”，三北工程建设的多元化投入格局已经形成。

政策红利激活工程建设内生动力。2008年以中共中央、国务院出台的《关于全面推进集体林权制度改革的意见》为标志，国家大力推进集体林权制度改革，集体林依法明晰产权、放活经营、规范流转、减轻税费，进一步解放和发展林业生产力，三北防护林建设也逐渐趋于规范，出现了不栽无主树、不造无主林的局面，实现了“山定权、树定根、人定心”，造林也初步形成“权、利、责相统一，种、育、管相衔接”的局面。集体林权制度改革分山（沙）到户、确权到人，极大释放了人的潜能、林地的潜力、林业的多种功能，为广大农民群众积极投身工程建设搭建了平台，开辟了渠道，实现了资金、土地、劳动力等生产要素向三北工程的涌动和聚集。实践证明，集体林权制度改革的推行，调动起了广大群众参与工程造林的积极性，促进了工程建设向产权利益明晰化、发展动力多元化、生产经营规模化的方向发展，推动了工程建设的全面发展。2014年12月12日，国家林业局下发《关于进一步深化三北防护林体系建设改革的意见》，对深化工程建设改革进行了有益探索。首次提出了“以水定林”的技术方针，在年降水量400毫米以下的地区以灌草为主，营造多种形式的混交林；首次提出了建立生态风险评估制度，对工程区内开发建设项目开展环境影响评价；首次提出了造林面积报损核减的概念。在投入补贴政策方面，将造林基础设施建设、抚育管护纳入投资范畴；凡纳入工程建设范围的造林不分林种树种、不限比例、不分所有制，同等享受工程建设补助政策；将退化林分修复纳入工程新造林范围，享受新造林补贴政策。在生态效益补偿方面，提出三北工程营造的生态公益林，原则上纳入国家和地方生态公益林补偿范围。同时，探索建立政府直接收购公益林、跨区域生态补偿等市场化机制。在金融扶持政策方面，强调要建立和完善工程建设林业信贷担保机制，拓宽信贷担保物范围。完善政府扶持的林业保险机制，积极推进政策性森林保险工作。在考评验收机制上，强调要建立工程建设标准体系，合理确定防护林初植密度，完善封山（沙）育林考核验收标准，将藤本植物纳入工程建设内容。这些政策红利为工程建设激活了动力。

管理创新提升工程建设质量。在工程建设的各环节，通过制定标准规程、出台规范化管理文件等方式，加强管理，特别是将工程的质量管理纳入工程建设全过程、触角延伸到工程建设的各个环节。在三北工程第一阶段，制定了《三北防护林体系建设计划管理办法》《三北防护林体系建设资金管理办法》等11项管理办法，形成了一套较为完善的管理体系和组织实施措施。四期工程实施以来，在工程组织、计划、质量、资金管理等方面不断创新完善工程管理制度。先后出台《三北防护林重点区域建设项目管理办法》《三北防护林体系重点工程建设检查验收办法》《三北工程科技推广项目管理办法》《三北防护林优质重点工程项目评选办法》和《优秀办站考评办法》等工程管理制度。辽宁、陕西、山西、甘肃、宁夏、新疆等省份先后出台《三北工程检查验收办法》《三北工程资金管理办法》等管理制度。进入五期工程，结合工程管理的重点领域与关键环节，国家林业局下发《三北防护林体系建设工程计划和资金管理办法（试行）》；三北防护林建设局出台《三北防护林体系建设工程重点项目检查验收暂行办法》《三北防护林体系建设年度优质工程评选办法》《三北工程黄土高原综合治理林业示范建设项目管理暂行办法》等工程管理制度。河北、山西、黑龙江等省份结合实际，先后修订本省份《三北防护林工程管理办法》。在三北五期工程百万亩防护林建设项目执行期间，高度重视监督检查工作，按照拟定的《三北工程体系建设百万亩防护林基地管理办法》的要求，实行县级自查、省级复查、国家林业局三北防护林建设局检查的三级检查体系，对于项目执行不力，质量不佳的进行通报批评，限期整改。青海省在项目建设中严格落实造林检查验收制度，严格实行“谁验收、谁签字、谁负责”。辽宁省实行各乡镇林业站人员包片、包村，护林员包地块的做法，严把造林质量关。做到了没有设计不施工，整地不合格不调苗，苗木不合格不上山，栽植不合格不验收，验收不合格不补助的政策。这种从上到下完整的管理制度，为全面推进三北工程提供了有力保障。

第六节 惠及子孙，造福人类

我国的万里长城自构筑的那时起，就成为中华民族大一统的象征，是中华民族的伟大创造，是世界古代文明的七大奇迹之一。三北工程则是中华民族的又一伟大创举，是世界生态建设史上的奇迹。1988年，在三北工程建设10周年之际，邓小平同志为三北工程写下了“绿色长城”的题词。这座“绿色长城”跨越三北，与古老长城共同挽起了这片土地的历史和未来，见证着中华民族的苦难、忧患、奋斗与梦想，是当代中国人民抵御自然灾害、造福子孙后代的千秋伟业。正所谓“古有万里长城抵御外敌，今有绿色长城造福人类”。

一、前人种树，后人乘凉

习近平总书记多次强调，前人种树，后人乘凉，我们每个人都是乘凉者，但更要做种树者；我们这一代人就是要发扬前人栽树、后人乘凉精神，多种树、种好树、管好树，让大地山川绿起来，让人民群众生活环境美起来，用自己的努力造福子孙后代。

清代翟灏的《通俗编·卷一·俚语对句》中也有相关表述：“今年种竹，来年吃笋；前人种树，后人乘凉。”建设三北工程，就是惠及当代、荫及子孙、造福人类的“生命工程”“富民工程”“鱼水工程”，是世界生态建设史上的伟大创举。

（一）构筑了生态屏障，拓宽了生存和发展空间

40多年来，三北工程建设在党中央、国务院的坚强领导下，经过各族干部群众自力更生，艰苦奋斗，战天斗地，历经几代人、亿万人民群众的接力奋斗，三北工程取得了令人瞩目的建设成就。累计完成造林保存面积3174.3万公顷，工程区森林覆盖率由1977年的5.05%提高到2020年的13.84%，在我国北疆筑起了一道抵御风沙、保持水土、护农促牧的绿色长城，为生态文明建设树立了成功典范。

在东起黑龙江西至新疆的万里风沙线上，坚持以治理沙化土地为重点，采取“封、飞、造、改”相结合的办法，累计治理沙化土地30多万平方千米，保护和恢复沙化草原1000多万公顷，结束了“沙逼人退”的历史。工程区沙化面积由2000年前的持续扩展转变为目前年均缩减12.64万公顷，沙化土地连续15年持续净减少，实现了土地沙化由扩张到缩减的历史性转变。重点治理的毛乌素沙地、科尔沁沙地、呼伦贝尔沙地进入了恢复利用沙漠的新阶段。

在以黄土高原为主的水土流失区，坚持以小流域治理为重点，坚持山水田林路统一规划，生物措施与工程措施相结合，按照流域治理、集中连片、整体推进的原则，大力发展水土保持林、水源涵养林和生态经济兼用林，累计治理水土流失面积44.7万平方千米，工程区水土流失面积相对减少了67%。黄河、海河、松花江等流域森林覆盖率大幅提升，输沙量逐年下降。

在东北、华北、黄河河套等平原农区，大力营造农田防护林，初步建成了以农田防护林为框架，多林种、多树种并举，网带片、乔灌草结合，农林牧彼此镶嵌，互为补充、互为一体的区域性防护林体系，形成带网结合、规模宏大的防护屏障，有效防护的农田面积达3021.41万公顷，彻底根除了危害农业生产的“三刮四种”现象，减轻了干热风、霜冻等灾害性气候对农业生产的危害。通过工程建设，有效地缓解了三北地区生态状况进一步恶化的趋势，重点治理地区的生态状况得到了明显改善，提高了抵御自然灾害的能力，改善了人居环境和生产条件，拓宽了人们的生存和发展空间，为中华民族伟大复兴夯实了生态根基。

中国四大沙地之一的毛乌素沙地，总面积4.22万平方千米，其中一半面积在陕西榆林境内。历史上，这里曾水草丰美、牛羊成群，自唐代起至明清，由于人类的不合理开发利用，毛乌素地区逐渐变成茫茫大漠。新中国成立之初，“风刮

黄沙难睁眼，庄稼苗苗出不全。房屋埋压人移走，看见黄沙就摇头”仍是榆林地区恶劣生态环境的真实写照。历史上榆林城曾被迫三次南迁，形成“沙进人退”的被动局面。

绿色，是榆林人千年的梦想。播种绿色，是陕西人70年的坚守。三北工程启动实施以来，榆林市经过40多年持续治理毛乌素沙地，以年1.62%的荒漠化逆转速率，不断缩小毛乌素沙地面积，沙化土地治理率已达93.24%，沙区860万亩流沙全部得到治理。栽种的树木按1米株距排开，可绕地球赤道54圈；林木覆盖率由新中国成立之初的0.9%提高到34.8%，昔日的“沙进人退”变成了如今的“绿进沙退”。同时，动植物种群与数量不断丰富，“生命禁区”变成“塞上绿洲”。

在当地政府与群众的共同探索下，毛乌素治沙既不是一味投入的“砸钱工程”，也不是仅凭觉悟的“无尽付出”，而是发展出了沙、林、电、藻一体化的循环产业链，孕育了大棚蔬菜、大棚养殖、育苗、沙漠旅游四大产业。从“生命禁区”到“塞上粮仓”，毛乌素沙地的案例是“两山理念”的又一个生动证明。

（二）厚植了生态资源，增强了持续发展能力

三北工程始终坚持服务于国家发展战略，同西部大开发、京津冀协同发展、黄河流域生态保护和高质量发展等战略紧密结合起来，大力发展防护用材兼顾、针阔乔灌混交、保土蓄水双优的后备森林资源基地，初步建成了晋陕峡谷、子午岭等地以油松、侧柏为主的防护林基地；甘肃华家岭和青海海东以云杉为主的防护林基地；山西晋西北、陕西毛乌素沙地以樟子松为主的防护林基地；六盘山区以落叶松、栎类为主的防护林基地；内蒙古通辽市科尔沁沙地、呼伦贝尔市呼伦贝尔沙地以樟子松为主的防护林基地。这些防护林基地不仅发挥出显著的生态效益，也为我国培育了十分宝贵的后备森林资源。经过40多年建设，工程区森林资源面积由1978年的2060万公顷增加到5910万公顷，森林覆盖率由5.05%增加至13.57%；活立木蓄积量由1978年的7.2亿立方米增加到33.3亿立方米，森林蓄积量由6.13亿立方米增加至30.42亿立方米；木材储备量达18.3亿立方米；营造薪炭林92.9万公顷，年产薪材近800万吨，解决了700多万户农民的烧柴问题。三北工程营造的后备森林资源基地，守住了青山绿水，为中华民族伟大复兴提供了丰富的生态资源，也给子孙后代留下一片碧水蓝天。

千沟万壑的黄土高原，自三北工程启动实施后，作为重点治理区域，不断探索实践，在保持水土、涵养水源、兴林富民等方面做出了积极贡献。40多年来，三北工程坚持山水林田路统一规划，生物措施与工程措施相结合的原则，按山系、流域规模推进，综合治理，黄土高原地区森林覆盖率由工程建设初期的11%提高到21.83%，林草覆盖度从48.33%提高到59.06%，水土流失面积和土壤侵蚀强度均呈下降趋势。三北工程对黄河流域水土流失面积的减少贡献率达67%，对控制区域水土流失、涵养水源发挥了重要作用，黄河流域生态状况明显改善。水利部黄河水利委员会发布的《黄河泥沙公报》显示，1981—2016年间，黄河干流的唐乃亥、兰州、头道拐、龙门、潼关等水文站输沙量下降了78%～89%，河流含沙量减少了60%～68%。年入黄河泥沙减少4亿吨左右，黄土高原实现了由“黄”到“绿”的历史性巨变。

绿色深刻地改写了黄土高原社会经济发展的新轨迹，奠定了绿色增长的物质基础。黄土高原地区积极响应国家政策，推行封山禁牧、退耕还林、退牧还草，转变思想观念，黄土高原长期延续的单纯以量增产的传统耕作方式和畜牧模式开始转变，改善了农业生态环境，增强了农业综合生产能力，注重耕地和草原单位效益成为农牧业发展的主要方向。营造农田防护林保护了基本农田，提高了耕地生产力。生物措施与工程措施相结合的治理模式，使许多水、土、肥流失严重的“三跑田”变成了“三保田”。建设生态经济林型防护林，使农民群众在播绿治黄中实现了增收致富。保护性耕作方式、旱作节水农业模式、禁牧舍饲等措施，较大幅度提高了旱作农田的粮食单产水平，促进了种植业结构调整，长期以粮食为主的种植业向粮经结合的种植结构转变，减少了水土流失，改善了土壤结构，提高了土壤肥力；畜牧业生产方式开始迈向规模化、集约化，为黄土高原农业增效、农民增收、农村发展提供了丰厚的绿色资源，奠定了坚实的物质基础。黄土高原40多年的变迁，走出了一条沙漠增绿、资源增值、农牧民增收、企业增效、地方增税的治黄兴绿之路，开辟了黄土高原的新天地，为黄河流域生态保护和高质量发展创造了有利条件。

（三）保障了粮食安全，端牢了“中国饭碗”

习近平总书记指出，我国是个人口众多的大国，解决好吃饭问题始终是治国理政的头等大事，要确保中国人的饭碗任何时候都牢牢端在自己手中，中国人的饭碗应该主要装中国粮，必须坚持以我为主、立足国内、确保产能、适度进口、科技支撑的国家粮食安全战略，实现藏粮于地、藏粮于技，确保谷物基本自给、口粮绝对安全。国家统计局2019年8月发布的《新中国成立70周年经济社会发展成就系列报告之十三》指出，随着粮食综合生产能力不断巩固提升，2018年粮食产量6579亿千克，比1949年增长4.8倍，年均增长2.6%；人均粮食产量472千克，比1949年增长1.3倍，守住了国家粮食安全底线。

三北工程启动实施以来，始终把农田防护林置于工程建设的优先发展地位，作为工程建设的重要内容，精心组织，扎实推进，农田防护林得到了全面快速发展，三北工程农田防护林体系建设整体规模和总体水平迈上了一个新的高度。在东北、华北、黄河河套等平原农区，坚持以改善农业生产条件为重点，以保障粮食生产安全为目标，营造带片网相结合、集中连片、规模宏大的区域性农田防护林165.6万公顷，有效庇护农田3021.41万公顷，林网化率由1978年的13.96%增加到2017年44.13%。初步建成了以农田防护林为框架，多林种、多树种并举，网带片、乔灌草结合，农林牧彼此镶嵌，互为补充、互为一体的区域性防护林体系，为促进三北地区农牧业综合生产力提高、农牧业稳产高产提供了有力的生态保障，结束了农区“三刮四种”的历史，实现了由“南粮北调”到“北粮南运”的转变。40多年来，农田防护林对粮食的累计增产量共计4.23亿吨，平均年增产量1060万吨（按照玉米作物进行折算）。三北地区粮食总产量由1977年的7391.5万吨增加到2017年的23966.2万吨，占全国粮食总产量的38.79%，年均增长2.98%。2017年全国十大产粮县全部在三北地区。三北地区羊只存栏量由1978年的16994万只增加到2016年的30112.02万只，占全国的61.59%，年均增长1.52%。

黑龙江省两大平原区保存农田防护林面积达40多万公顷，75%以上的农田得到庇护。多年实地定点观测表明，农田防护林粮食增产的平均幅度可达15%～20%。全省粮食总产量由1977年的1192万吨增加到2017年的6018.8万吨，年均增长4.13%。风沙、干旱、干热风等自然灾害明显减轻，粮食产量提高15%，成为我国“北粮南运”的主要输出省份。内蒙古重点治理区初步形成了乔灌草、点线面、带网片相结合的区域性防护体系，有近536万公顷农田、1000万公顷基本草牧场受到林网的保护，粮食产量从1978年的500万吨提高到2017年的2768.4万吨，增长幅度为453.7%，由1978年全国的第22位跃居到第10位；牲畜存栏由1978年的4162.3万头（只）发展到2017年的1.26亿头（只）。宁夏农田防护林保护的耕地面积由工程治理前的6.83万公顷提高到现在的68.34万公顷，牧场防护林保护的草原面积由工程治理前的6.50万公顷提高到现在的69.14万公顷，草原覆盖度由封山禁牧前的35%提高到60%，单位面积产草量增加了3～5倍，全区58%的草原得到了有效的休养生息，粮食总产量由1977年的100万吨增加到2017年的368.2万吨，年均增长3.31%。新疆469多万公顷耕地中的95%受到林网庇护，全区基本实现了农田林网化。粮食总产量由1977年的327.5万吨增加到2017年的1447.6万吨，年均增长3.79%；粮食单产由1977年的100千克/亩提高到2015年的420.63千克/亩，增幅达320.63%；农田防护林对农业增产的平均贡献率约为12%，在自然灾害严重地区的贡献率甚至超过20%。

二、三北地区已成为全球最大的果园

人民对美好生活的向往，就是我们的奋斗目标。因此，三北工程建设始终牢记党的根本宗旨，把人民群众的利益放在至高无上的位置，作为工程建设的出发点和落脚点。为了人民群众，依靠人民群众，建设成果由人民群众共享，全心全意为人民群众谋福祉。充分发挥各地现有森林资源潜力，大力发展林下经济，开展林产品加工利用，不断壮大绿色富民产业，切实让人民群众在工程建设中获得看得见、摸得着的现实利益。

（一）三北工程“种”出硕果累累的果园

工程建设坚持以市场为导向，以基地建设为基础，以广大农民为主体，大力发展特色林果业，工程建设增收致富功能日益彰显。建设苹果、红枣、梨、杏、核桃、葡萄、桃、板栗、花椒、樱桃、猕猴桃、枸杞、大果榛子、李子、仁用杏、红松（嫁接）等特色林果基地406万公顷，形成了一批集中连片的经济林产业种植优势产区和基地。其中有包含陕西渭北地区、山西晋南和晋中、甘肃陇东地区在内的黄土高原苹果优势产区；山西黄河沿岸百万亩红枣、核桃基地；陕西黄土高原以核桃、红枣为主的干杂果百万亩水土保持兼用林基地；陕西西部高原沟壑区以核桃、仁用杏、柿子为主的百万亩生态经济型防护林基地；新疆阿尔泰地区以沙棘为主的生态经济型防护林基地，以核桃、巴旦杏、红枣等为主的新疆兵团百万亩生态经济林防护林基地；宁夏黄灌区枸杞集中产区等。这些基地的建设不但大大改善了当地的社会经济状况，一些经济林产业已成为该地区农民收入的主要来源，也改善了当地的生态环境，初步建成了生态与经济协调可持续发展生产基地，成为所在地区农牧民脱贫致富奔小康的重要产业。据统计，进入盛果期的经济林每年产出干鲜果品4800万吨，与1978年相比增长了近30倍，年总产值可达1200亿元，约占全国总产值的1/3。绿色带来了物阜民丰，苹果、红枣、梨、核桃等十大品种，年产量均占全国总产量50%以上，有1500万人依靠特色林果业实现了稳定脱贫。

新疆具有发展林果业得天独厚的自然条件，是世界六大果品生产基地之一。近年来，新疆把特色林果业作为区域经济发展支柱性产业来培育发展，积极推进林果业供给侧结构性改革，围绕乡村振兴、脱贫攻坚，狠抓林果业提质增效，强力推进“基地建设、加工转化、科技支撑、市场开拓”四大能力建设，在国家和广东省等19个对口援疆省份的大力支持和鼎力帮助下，新疆特色林果业进入了发展快车道。目前，新疆林果种植总面积2200万亩，占全国林果面积的13%，已经培育形成以红枣、核桃、香梨、杏、苹果、葡萄六大树种为主的环塔里木盆地周边林果主产区，以及吐哈盆地、伊犁河谷、天山北坡三个林果产业带。据测算，2018年新疆果品总产量约1000万吨，产值900亿元。其中南疆环塔里木盆地特色林果面积达1700多万亩，林果收入占农民人均收入的30%以上，主产区达40%～50%。特色林果产业是生态林业与民生林业的最佳结合，对农民增收、脱贫攻坚，特别是对南疆地区农业产业结构都发挥了很大的作用。目前在南疆地区，林果业是仅次于粮食和棉花的第三大产业，对南疆地区脱贫发挥着不可替代的作用，已成为南疆覆盖范围广、惠及人口多、发展潜力大的富民产业。

（二）三北地区变成最大的苹果产区

我国是苹果生产大国，苹果是我国种植面积最大的水果，全国栽培苹果的地区主要有北京、天津等20多个省份。近30年来，我国苹果生产地域格局逐步调整，形成了环渤海湾、西北黄土高原、黄河故道、西南冷凉高地四大主产区的格局，随着气候变化和新品种选育技术成果的推广，苹果产业布局呈现“西移—北扩”趋势，新疆以阿克苏地区、伊犁河谷为代表的苹果主产区异军突起，规模逐渐壮大，“寒富”品种的育成与推广，使我国苹果栽培的北界向北推移超过300千米。经过多年发展，我国已成为世界最大的苹果生产国，苹果种植面积和产量均占世界总产量的50%以上，居世界首位，其中西北干旱区苹果栽培面积占全国三分之二。国家林业局全国经济林发展专项调查结果显示，截至2015年，全国苹果栽培总面积达216.4万公顷，其中三北地区苹果种植面积186.4万公顷，占全国苹果种植面积的86.1%。从2015年开始，国内苹果种植面积基本没有明显的面积增长。据《中国林业统计年鉴》统计，2015年，全国苹果总产量达到4079万吨，其中三北地区苹果年产量由1981年的137.67万吨增加到2015年的2573万吨。2006—2016年，全国苹果产量年均增长率达到5.1%，其中三北地区苹果产量年均增长率达到7.3%。

我国苹果进口量历来较少而出口量较多，2016年以来我国连续两年成为世界上最大的苹果出口国。根据海关进出口统计，2016年我国苹果出口量133.9万吨，比2015年增长60.7%，出口额146586万美元，比2015年增长42.2%。我国鲜苹果出口远大于进口，常年保持贸易顺差，每年有大量苹果和浓缩苹果汁出口，且出口主要集中在以孟加拉国和泰国为代表的亚洲国家。随着苹果品种结构不断优化，上市档期更趋合理，优质果率大幅提升，市场竞争力日益增强，我国正从苹果生产大国向苹果产业强国迈进。

黄土高原是世界公认的苹果最宜生长区，是世界苹果的最大产区之一，也是中国着力发展的苹果产业优势区。陕西是联合国粮农组织认定的世界苹果最佳优生区，是全球集中连片种植苹果最大的区域。陕西苹果主要分布在黄土高原的延安、铜川、咸阳、渭南、宝鸡5市27个县（市、区），占全省苹果面积的82%。2018年，陕西苹果种植面积达896.35万亩，产量1008.69万吨，是中国苹果栽培面积最大、产量最多的省份。中国每四个苹果、世界每七个苹果中就有一个产自陕西。2015年12月，陕西苹果被外交部礼宾司选为国礼，作为中国抗日战争暨世界反法西斯战争胜利70周年阅兵活动中的外交专用礼品果，先后赠送给蒙古国总统等多位国家元首，并以果形端庄、色泽鲜艳、口感纯正、香甜清脆而受到外国元首的称赞。以苹果作为国礼，这在中国外交史上尚属首次。苹果产业已成为陕西打赢脱贫攻坚战、促进产业振兴的重要抓手，也是陕西农业开展对外贸易、扩大国际影响的亮丽名片。

三、三北精神已影响世界

三北工程是中华民族关爱地球、心系人类的造福工程，体现和展示了中国政府对事关人类共同命运的国际事务高度负责的强烈责任感。40多年的建设成就，奠定了经济社会全面振兴和持续健康发展的生态基础，培育了人和自然和谐共处的文明道德风尚，奠定了经济社会全面协调可持续发展的坚实基础；40多年的历程证明，三北工程建设合乎民心、顺应民意，是坚持以人为本、执政为民、改善民生、惠及子孙的生动体现。

三北工程是世界生态史上的壮举，是全球生态治理的典范。当今世界，生态问题是全球发展面临的共同的重大问题。全球气候变化、荒漠化治理、碳排放、生物多样性保护等一系列生态问题都需要全人类正视和解决。三北工程的科学决策、科学规划和先进技术，都是中国人做出的宝贵探索，特别是荒漠化治理系列模式和技术，中国处于世界的前沿。在全球森林资源持续减少、土地沙化和荒漠化不断扩展的状况下，三北工程是我国在国际生态保护修复领域的重要标志和窗口，成为干旱半干旱地区、“丝绸之路经济带”沿线国家和地区生态治理的典范。三北工程40多年的伟大实践，不仅为中国生态治理积累了宝贵经验，也为全人类进行全球生态治理，提供了优质的、可借鉴、可复制的中国理念和中国方案。

（一）中国理念已走向世界

理念一：绿水青山就是金山银山。三北工程探索总结的生态经济型防护林体系建设是“绿水青山就是金山银山”理念的生动实践。三北工程在40多年的长期实践中，丰富和发展了生态学、经济学、社会学理论，探索出了一套适合三北地区区情的生态治理技术路线，形成了我国防护林体系建设的基本理论，为建设绿水青山、铸就金山银山积累了宝贵经验。

库布其沙漠沙区人民在国家相关部门和地方各级政府的重视和关怀下，在库布其治沙30年的实践中坚持治沙与致富并重，大力发展生态经济型防护林，治理沙漠910多万亩，带动库布其及周边群众10多万人脱贫致富，探索、总结、创新了“治沙、生态、产业、扶贫”四轮驱动，平衡发展的库布其模式，创造出“沙漠绿化+生态修复、生态牧业、生态健康、生态旅游、生态光伏、生态工业”的“1+6”生态产业体系。库布其当地的农牧民，是库布其治沙事业最广泛的参与者、最坚定的支持者和最大的受益者。库布其打造的“平台＋插头”的沙漠生态产业链，让当地农牧民拥有了“沙地业主、产业股东、旅游小老板、民工联队长、产业工人、生态工人、新式农牧民”7种新身份，每种新身份都能带来不菲的收入。如今，库布其沙漠周围有5820人成为生态建设工人，人均年收入达3.6万元。还有近1500户农牧民发展起家庭旅馆、餐饮、民族手工业、沙漠越野等，户均年收入10万多元，人均超过3万元。2016年6月，瑞典科学考察队来到中国库布其沙漠学习交流，其中瑞典皇家理工学院一位系主任在看到中国人的治沙成果之后表示：来到库布其之前，我一直以为瑞典是世界上生态修复做得最好的国家，但是现在我才发现，你们中国人在这方面简直是我们的老师！

库布其治沙向人类昭示一个理念，这就是：人类要与沙漠和谐共生。这是人类对沙漠认识的一次飞跃，这一理念指引库布其人在沙漠上建造了美丽的家园，把不可能变成可能。库布其治沙是“绿水青山就是金山银山”理念实践的经典样本，验证了“两山”理念是从绿色经济发展思路出发，破解自然资源、生态环境与经济社会发展矛盾的普遍真理，是中国理念在生态文明领域的重大创新，为世界生态治理提供了可借鉴、可操作的示范和经验。

理念二：山水林田湖草沙系统治理。三北工程从工程区生态灾害频发、生态治理迫切的需要出发，第一次将生态建设以国家重点工程的形式组织实施，工程建设按照山水林田湖草沙一体化保护和系统治理的思想，紧紧围绕综合治理，重塑森林、草原等生态系统，创造了丰富的建设经验。

40多年来，三北工程在采取人工恢复植物群落的基础上，充分发挥大自然的自我修复能力；优化调整造林方式，实行封飞造相结合；科学确定林种树种结构，宜林则林、宜草则草、宜荒则荒，乔灌草结合、多林种搭配、多树种混交；严格遵循生态系统演替规律，采取中幼林抚育、灌木平茬复壮、退化林分修复、防护林结构定向调控等措施，逐步形成了以木本植物为主体，多林种、多树种、多效益、带片网、乔灌草、造封管、人工治理与自然修复相结合的防护林体系建设的指导思想，探索出了一套适合三北地区区情的生态治理技术路线。

三北工程由此成为干旱半干旱地区、“丝绸之路经济带”沿线国家和地区生态治理的典范，为全球生态治理体系建设贡献了中国理念。如甘肃省治沙所举办了38期有关沙漠治理、防护林建设、生态恢复及产业发展技术国际培训班，共有76个国家的1000多名学员参加了培训，证明了三北工程经验是可学习、可推广的杰出范例，能在很多国家得到有效应用。英国《泰晤士报》称赞这一规划构想宏伟，将成为人类历史上征服自然的壮举！

理念三：以人为本的发展理念。三北工程通过40多年坚持不懈、坚定不移地建设，向世界充分展现了中国政府对全人类负责任的大国风范，体现了保护生态、实施可持续发展战略的坚定决心。工程建设在综合治理的同时，尤其注重人居环境改善，有力地促进了村容村貌、人居环境的改善与美化，绿色惠民的效应越来越凸显，促进了和谐社会的建设。2018年“走近中国林业”活动中，来自乌拉圭、智利、德国等10个国家的驻华使节对山西省太原、吕梁、临汾、运城4个市的9个县（区）水土流失治理等成功经验和做法进行了为期一周的考察。在山西省太原市玉泉山森林公园、汾阳市贾家庄美丽乡村考察中，各位使节们看到依托三北工程建设，将这片昔日垃圾遍地、满目疮痍的荒山，建成综合性森林公园，为太原市民创造一个亲近大自然、享受大自然的健身休闲场所；看到大力推进村庄绿化美化进程，建设农田防护林带，小区、学校、医院、企业坚持“花园式”建设时，纷纷高度赞扬。

斯里兰卡使节高兴地表示：“这次我看到你们把垃圾场改造成非常优美的景观，回去以后我会向我们的首都汇报，在这一方面我们可以寻求合作，借鉴你们的技术和经验。”智利参赞卡洛斯·帕拉表示：“智利是一个采矿业比较发达的国家，因为采矿植被受到破坏，这样会有很多需要复垦的地方。通过这次考察，我回去把我亲眼看到的告诉他们，采矿植被破坏区也可以重新治理恢复，这是可能的。”德国参赞柯荣表示：“矿区复垦的问题我们也存在，尤其是在东德西德统一之前，我们知道，在矿区上面重建植被是艰难的工作。我们地区的土壤酸性较强，所以种植的植被不太一样。”老挝二等秘书苏才昆·高拉表示：“这些地区生态治理对于人类生存环境改善是有巨大好处的。”

同时，中国注重将工程建设与人民增收相结合，当使节们了解到三北防护林营造了大面积经济林，带动了大量农民脱贫致富时，使节们表示，中国通过很多年的努力，在促进脱贫方面的成就全球瞩目。南非参赞许孟硕表示："中国在种树方面开展了一系列合作，包括中央政府、省级政府、私营企业之间。通过这些举措，可以很好地增加就业，扶贫，增加当地居民收入。我看到你们种了很多核桃、苹果、枣，这些是农业作物，但也被应用到了林业上来，这些有利于发展当地经济，提高当地的生活水平。"越南一等秘书张越雄表示："通过考察，我们了解三北工程，通过40多年的建设，你们已经取得了很大的成果，初步建成了区域性的防护林体系，为当地百姓增收脱贫做了很大贡献，发挥了很大的作用。"

（二）中国方案被世界借鉴

40多年来，三北地区一代代治沙人不忘初心，前赴后继，用辛勤和智慧，锁住了漫天黄沙，构筑了一道道绿色屏障，从"沙进人退"到"绿进沙退"、再到"人沙和谐"，创造了多个生态治理的"中国方案"，受到许多国家的重视。

方案一：防沙治沙方案。荒漠化被称为"地球的癌症"，是全球生态领域的热点和难点问题。全球沙漠面积约为3600万平方千米，占全球陆地面积的24.21%，约12亿人受荒漠化的直接威胁，其中有1.35亿人在短期内有失去土地的危险。中国是沙漠比较多的国家之一，塔克拉玛干沙漠、腾格里沙漠、库布其沙漠等一直困扰着区域经济社会发展。但中国人民不畏艰难，在荒漠化治理中屡屡取得显著战绩，自2000年以来，全国荒漠化和沙化土地面积逐年减少，实现了由"沙进人退"到"绿进沙退"的历史性转变，为国际社会治理生态环境贡献了"中国方案"。

主要有以下内容：一是沙化土地封禁保护，明确了沙化土地封禁保护区的范围，进行封禁设施建设、监管能力建设并妥善安置农牧民生产生活。二是沙化土地综合治理，确定了包括造林营林、沙化草原治理、水土流失综合治理和水源及节水灌溉工程建设、流动半流动沙地固定、沙区生态移民和小城镇建设以及沙区农村新能源建设在内的综合治理内容。三是发展特色沙产业，明确了发展沙产业的重点领域和发展区域。四是加强能力建设，提出了加强科技攻关和技术推广、加强监测预警的主要内容和措施。

如今，防沙治沙"中国方案"获得广泛的国际认同，它不仅来自当代中国人对历史规律、未来走向的精准洞察，更是中华传统文化济人利物的生动体现与绝好诠释。这些方案，插上了“一带一路”的翅膀，正沿着中国的甘肃、青海、新疆，飞向哈萨克斯坦、巴基斯坦、沙特阿拉伯、伊朗等荒漠化较为严重的中亚国家，为全球生态安全作出贡献，成为全球生态文明建设的重要参与者、贡献者、引领者，彰显负责任大国形象，推动构建人类命运共同体。

在我国的沙漠化治理进程中，三北防护林建设工程作出了突出贡献。2017年，在“走近中国林业”活动中，来自缅甸、老挝、斯里兰卡、巴基斯坦、澳大利亚、埃塞俄比亚、肯尼亚、坦桑尼亚等14个国家的驻华使节，以及联合国防治荒漠化公约秘书处、联合国世界粮食计划署、联合国环境规划署等国际组织代表共计19人，参观走访了我国甘肃兰州、武威等地的三北工程治沙现场后，纷纷为三北工程点赞。联合国防治荒漠化公约秘书处亚太中心代表杨有林表示：“要让中国的防沙治沙经验技术走向国际。”

方案二：水土保护方案。在全球变化和人口快速增长的背景下，现代土壤侵蚀不仅使表土流失，引起土壤质量下降，导致非点源的环境污染，同时也与洪灾、干旱、饥饿、自然灾害、粮食安全甚至社会稳定密切相关。研究土壤侵蚀对全球变化与人为活动的响应机理，对水土流失的中长期预报和水土保持的规划决策有着重要的理论和实践意义。

中国是世界上水土流失最严重的国家之一，人口众多，对土地和生态环境的压力非常大，面临的水土保持任务十分艰巨，中国政府把水土保持工作作为一项必须长期坚持的基本国策来抓，建立了完善的水土保持组织机构，形成了保护、监测、监督、治理等工作体系，摸索出一条以小流域为单元，统一规划、综合治理、三大效益并举的路子，在众多的中央和地方的水土保持项目支持下，无论是投资力度、工作领域、群众参与程度，还是治理规模、措施、技术都是其他国家无法比拟的。因此，中国的水土保持工作在国际水土保持领域一直倍受世界关注。

2018年，在“走近中国林业”考察活动中，各国使节们认为，中国政府通过实施三北防护林工程，进行水土流失治理，改善了地区生态环境，增加了群众收入，促进了当地的社会经济发展，并且积累了相当丰富的技术和经验。尤其是三北工程提出了建设生态经济型防护林体系的思想，积累了丰富的组织管理经验，带动了中国生态建设。

乌拉圭驻华大使费尔南多·卢格里斯表示："以前我们只是觉得'美丽中国''绿水青山就是金山银山''生态文明'这些字眼都非常富有诗意，但并不清楚具体的情况是怎么样的。通过这次考察，我们就可以向我们的国家准确表达了。通过这次考察，进一步增进了我们的友谊，为我们今后在林业和草原方面开启更多的合作创造了条件。"

老挝二等秘书苏才昆·高拉表示："中国政府的坚强领导，在治理污染、改善生态环境方面做出了巨大成就，很好地解决了社会经济发展和环境保护方面的冲突，中国政府在努力实现生态文明方面做了大量工作，比如说为了改善生态，给了很多补贴。"

德国、老挝、斯里兰卡、澳大利亚等国使节们也表示，"走近中国林业·外国使节看三北"考察活动，让其他国家看到了这些成就和经验，进行学习和借鉴，是非常有意义的。期望中国能够继续与其他国家分享林业建设的技术和经验，共同维护和改善全球的生态环境。

方案三：技术方案。在腾格里沙漠探索出的"五带一体"防风固沙体系，在毛乌素沙地探索出的灵武白芨滩林场"六位一体"防沙治沙发展沙区经济模式，在库布其沙漠探索出的库布其模式，以及低覆盖度防风固沙模式……这些治沙技术和模式创造了多个全国第一，实现了荒漠化土地和沙化土地面积双缩减，沙化土地连续20多年持续减少的目标，使得防沙治沙"中国方案"在国内外广为传播。

中国科学院新疆生态与地理研究所本着"生态、生计、可持续"宗旨，不断探索实践，已将治理荒漠化的先进技术与模式带到了"一带一路"沿线国家，与哈萨克斯坦、乌兹别克斯坦、蒙古、伊朗、埃塞俄比亚、毛里塔尼亚、尼日利亚、利比亚、埃及等国家签订了合作协议，共建了"西非办公室""非洲绿色长城研究汇总心"等研发平台。利用塔里木沙漠公路防护林建设模式，完成了中亚土库曼斯坦阿姆河天然气项目绿化工程的现场勘察、种苗资源选育与绿化工程设计方案；提出了乌兹别克斯坦咸海综合治理方案，并获得了该国最高层领导重视；构建了哈萨克斯坦首都圈生态屏障建设及蒙古退化草地生态修复技术体系，并分别建成了试验示范区。

在遥远的非洲，研究所提出了毛里塔尼亚首都圈综合防沙工程优化方案，得到了毛里塔尼亚环境保护部部长的认可，建立了技术示范区，全面推进了毛里塔尼亚首都圈综合防沙工程建设。另外，开展了东非高原埃塞俄比亚低海拔区灌丛化草地修复试验示范研究，建立了集水恢复林草示范区和优良饲草引种基地，构建了草场修复与生计可持续模式。正是由于成熟的生态建设技术与先进的生态治理理念，非洲“绿色长城”部长级会议讨论决定，将把同中国的科研和技术合作列为“非洲绿色长城计划”的优先工作，并在2017年召开的“联合国防治荒漠化公约”第十三次缔约国大会期间，邀请中国科学院新疆生态与地理研究所作为中国唯一技术方参与横跨非洲中部的“非洲绿色长城”建设规划工作。

四、三北精神是中华民族宝贵的精神财富

不忘初心、牢记使命是三北精神的核心。守护祖国半壁江山的生态安全，改善三北地区恶劣的生存环境是工程建设的初心和使命。这个初心使命是三北地区各族人民生产生活要求的反映，是三北工程持续建设的核心动力、支撑和活力，是生态文明建设最实质、最集中的体现。

不畏艰难、艰苦奋斗是三北精神的精髓。三北地区苦难的历史造就了三北人民不怕苦、不怕难、不怕流血牺牲的坚韧品格，苦难也造就了辉煌。“死也死在沙窝里”是刻在三北造林治沙人骨髓里的气质和品性，它贯穿了工程建设40多年的发展历程。正是传承了“不畏艰难、艰苦奋斗”的基因，才取得了一个个成就，收获了一个个惊喜，实现了一个个壮举。

依靠群众、兴林富民是三北精神的灵魂。“靠人民种树、为人民种树、成果人民共享”是工程建设始终恪守的理念和灵魂，它催生了智慧，托举了精神。正是有三北人民群众的创造，三北地区才有了山川秀美，正是工程建设秉持“为天地立心、为生民立命”，三北地区才有了果茂粮丰，正是坚持发展成果人民共享，三北工程成了人民获得感、幸福感满满的民生工程。

锲而不舍、久久为功是三北精神的特征。工程建设不是一朝一夕、一蹴而就的事，它的建设特征就要求几代人、几百年的时间来完成。我们国家、政府规划工程建设跨越半个多世纪，正是反映了代代薪火相传为中华民族植树造林、保护生态、铸造美好绿色家园的决心。锲而不舍、久久为功是工程建设取得成功的主要力量源泉，只有具备持久力，才能让“前人栽树，后人乘凉”成为现实。

科学求实、改革创新是三北精神的关键。科学求实是实事求是的根本，改革创新是工程建设的关键要求，以求实和创新为核心诉求，是现实可能性和主观能动性的结合。没有实事求是的科学态度，工程建设就会走弯路，就会事倍功半；没有改革创新的时代法宝，就不会有工程建设健康稳定的发展环境，就不会产生工程建设源源不竭的内生活力。

第四章　三北精神的地位作用

“伟大的事业孕育伟大的精神，伟大的精神引领伟大的事业”。人无精神则不立，事业无精神则不兴，国无精神则不强。40多年来，三北工程走过了波澜壮阔的奋斗历程，三北大地生态状况发生了翻天覆地的变化，成为全球生态治理的成功典范。三北工程奋斗历程形成和发展了三北精神，三北精神是改善三北大地生态面貌的深刻诠释，彰显出伟大的精神力量，在新时期引领着三北工程建设迈向科学绿化和高质量发展新阶段，地位和作用日益凸显。

第一节　三北精神是推动三北工程创造人间奇迹的重要法宝

三北精神是一面旗帜，一代又一代建设者坚守的信念；是一股驰而不息的定力，一股久久为功的韧劲儿。三北精神蕴含着“绿水青山就是金山银山”的生态理念。绿水青山靠着强大的后劲，释放出了金山银山的效应，经过40多年不懈奋斗，三北工程累计完成造林保存面积3014万公顷，工程区森林覆盖率由5.05%提高到目前的13.57%，工程区活立木固碳量抵减全国同期工业碳排放的5.23%。三北工程取得了巨大的生态、经济、社会效益，印证了森林是“水库、钱库、粮库、碳库”的科学论断，成为全球生态治理的成功典范。

艰难困苦，玉汝于成。由黄变绿的三北大地不是从天上掉下来的，而是亿万鲜活的三北人民群众肩挑背扛干出来的，是在艰苦奋斗中积累淬炼得来的。三北精神也不是一朝一夕形成的，而是三北人民艰苦创业，接续奋斗，用辛勤的汗水浇灌出来的。从改变“风大、山秃、水浊、人穷”面貌的初心，到无私奉献、传承精神、绿色发展的梦想，三北人民从不向恶劣的自然环境、艰苦的生活环境低头，以“千磨万击还坚劲，任尔东西南北风”的坚韧，以“功成不必在我”的境界和“功成必定有我”的担当，在祖国北疆筑起了一座永恒的绿色长城。

人总是要有些精神的，精神的力量是无穷的。40多年来，三北工程建设者们听从党的召唤，始终牢记修复生态、保护生态的历史使命；立志高远，信念如磐，始终相信奋斗，依靠奋斗，在“黄沙遮天日，飞鸟无栖树”的荒漠沙地上艰苦奋斗、甘于奉献，创造了“荒漠变绿洲、荒原变林海”的人间奇迹。三北精神是对党绝对忠诚的体现。三北工程的建设历程已经对精神的磅礴伟力进行了生动且深刻的回答。探寻三北精神的源头，就是三北地区广大干部群众响应党中央的决策部署，忠于党和人民赋予的光荣使命，集中体现了强烈的政治意识、大局意识、核心意识、看齐意识。他们用心血、汗水甚至生命践行着对党的绝对忠诚，用生动实践深刻诠释了对党绝对忠诚的内涵。

三北人民风餐露宿、顽强拼搏、坚持坚守、不懈努力，在敢叫大地披绿装的实践中，用超乎常人的意志孕育出了具有鲜明时代特质、充满活力的“三北精神”。在他们身上，生动展示了“革命理想高于天”的坚定信仰，体现了我们党艰苦创业的光荣传统和优良作风，彰显了三北工程建设者不畏艰难、敢于担当的优秀品质和苦干实干的精神底色。循着绿色的召唤，穿行在林海里，从每棵树、每个务林人身上，从那些荡气回肠的故事里，我们感受到了人民是创造者的雄心伟力！

“滴水穿石，非一日之功”。绿色用汗水浇灌，梦想靠坚持实现。生态文明建设是一场攻坚战，更是一场持久战。凭借着无悔的忠贞、百折不挠的执着，三北工程建设者不驰于空想，不骛于虚声，横下一条苦干心，拧成一股奋进绳，咬定青山不放松，一张蓝图绘到底，终身奉献，久久为功，改善了三北地区生态环境，创造了无愧于党和人民的非凡业绩。

习近平总书记指出：“一切伟大成就都是接续奋斗的结果，一切伟大事业都需要在继往开来中推进。”如果说工程建设初期是生动地诠释了建设者“战天斗地”的豪迈，那么工程建设发展则是承载了绿色发展、科学发展、高效发展的强大感召力。无论是老一代建设者的矢志不渝，还是新一代建设者的自强不息，都保持着逢山开路、遇水架桥的闯劲，勇于担当、奋发有为的干劲；赓续着使命在肩、奋斗有我的精神血脉，使三北精神得以锤炼和升华，继续攀登创造彪炳史册的人间奇迹的新高地。

一、实现了从“沙进人退”到“绿进沙退”的蜕变

在遥感影像地图上，人们欣喜地看到，中国北方黄沙中动人的绿色，从无到有，从小到大，从过去的一个一个点，一条条线，连成一片又一片，形成了规模宏大的区域性防护林体系。

（一）绿色从无到有

毛乌素沙地是中国四大沙地之一，经过三北工程40多年的建设，毛乌素沙地生态状况全面好转。统计数据表明，鄂尔多斯市的毛乌素沙地治理率已达70%，地处毛乌素沙地的榆林市林木覆盖率由0.9%提高到34.8%，沙化土地治理率已达93.2%，沙尘天气大幅减少，毛乌素沙地实现了从“沙进人退”到“绿进沙退”“人沙和谐”的历史性转变。

拿着过去和现在的卫星图像对比，陕西绿色版图向北推进了400多千米，红色圣地延安上演了“绿色经典”，毛乌素沙地经历了肉眼可见的“由黄变绿”的变化。据专家分析，毛乌素沙地即将从陕西版图“消失”。据测算，70年来，榆林以年1.62%的荒漠化逆转速率不断缩小毛乌素沙地面积；栽种的树木按1米株距排开，可绕地球赤道54圈。

何止是毛乌素！中国版图上，沙区很多地方正发生着同样可喜的蜕变。经过多年治理，目前，毛乌素沙地、浑善达克沙地、科尔沁沙地和呼伦贝尔沙地的林草植被增加了226.7万公顷，沙化土地减少16.9万公顷，平均植被覆盖度分别达到43.62%、42.68%、38.24%和68.27%，这四大沙地生态整体改善，都已实现了从“沙进人退”到“绿进沙退”“人沙和谐”的历史性转变。国际社会纷纷点赞：世界荒漠化防治看中国！

1．科尔沁沙地生态环境持续向好。呈现出流动沙地、半固定沙地减少，固定沙地增加的态势。林草植被盖度持续提高，沙地向内收缩，部分地区呈现出“荒漠变绿洲”的景象。40多年来，三北工程在科尔沁沙地重点建设区共完成工程建设任务329.67万公顷，森林覆盖率由工程启动之初的10.43%提高到18.49%。

2．呼伦贝尔沙地早已实现“绿洲化”。呼伦贝尔沙地是四大沙地中面积最小的一个，也是四个沙地中自然生态状态最好的一个。40多年来，三北工程在呼伦贝尔沙地重点建设区共完成工程建设任务37.21万公顷，森林覆盖率由12.36%提高至17.68%。

3．乌兰布和沙漠扩张势头得到有效遏制。乌兰布和沙漠总面积100万公顷，是我国八大沙漠之一，也是我国沙漠化最为严重的地区之一，是西北地区沙尘暴的发源地之一，给黄河输入泥沙近亿吨，严重影响了黄河及周边河套地区甚至京津冀的生态安全。随着三北工程建设的深入实施，在乌兰布和沙漠东缘建起一条长191千米的防风固沙林带，有效遏制了乌兰布和沙漠向东扩散的势头。引进130多家治沙企业，形成现代产业集群，主要发展肉苁蓉、酿酒葡萄、现代农牧业、沙漠生态旅游、光伏发电五大产业，带动乌兰布和沙漠实现生态产业化、产业生态化，产业基地犹如一道绿色屏障，挡在沙漠前，守护着黄河与贺兰山。

沙漠治理，道阻且长。自强不息的沙区劳动人民不断探索人与自然的和谐道路，实现了森林面积和林木蓄积量“双增长”，荒漠化和沙化土地“双减少”的历史性跨越，用执着和汗水在广袤大地上谱写了可歌可泣的绿色奇迹。

（二）沙化由重减轻

三北工程紧紧围绕防沙治沙的主攻方向和重点，大力实施重点项目和骨干工程，并在投资与任务安排上给予重点保证，在政策措施上给予重点扶持，在科技支撑与适用技术推广上给予重点倾斜，科尔沁沙地、毛乌素沙地、呼伦贝尔沙地、嫩江沙地、新疆绿洲外围和河西走廊等重点区域的防沙治沙工作稳步推进，并取得了明显成效。甘肃省民勤县是三北工程治沙的典型，也是三北工程治沙的一个缩影。沙尘暴给民勤及周边地区人民留下了深刻的烙印：沙子呼呼地刮过来，打在人脸上，眼睛都睁不开，地里的地膜被吹到树上，种子也被吹跑了。“风沙过后，院子里常常能扫出一架子车的沙子。现在沙子少了，一场大风过后，扫不出一簸箕沙尘。”

与三北工程启动之初相比，沙区森林面积由415.50万公顷增加到2017年的1056.74万公顷，增加154.33%。在西起塔里木盆地、东至松嫩平原西部的万里风沙线上筑起的阻沙固沙的绿带，对缓解沙区和沙漠周边风沙危害，阻止土地沙化东移等发挥了关键性的防护作用。经过40多年的治理，工程区沙化土地呈现出由扩展到缩减的逆转态势，沙化土地由“整体扩展，局部好转”到“整体遏制，重点治理区加快好转”，发展态势日益好转，风沙危害大幅减轻。监测数据显示，2004年以来，中国荒漠化和沙化土地面积，连续保持缩减态势：荒漠化土地面积由20世纪末年均扩展1.04万平方千米，转变为目前年均缩减2424平方千米；沙化土地面积由20世纪末年均扩展3436平方千米，转变为目前年均缩减1980平方千米。沙区植被状况明显好转，区域风蚀状况和风沙天气显著下降。

重点治理的毛乌素沙地、科尔沁沙地、呼伦贝尔沙地、河套平原等区域实现了根本性转变，已进入恢复利用沙漠的新阶段。

二、实现了从荒山秃岭到绿满山川的蜕变

黄土高原是中华民族的重要发祥地，也是中国农耕文化的发源地。历史上黄土高原曾经是森林茂密、水草丰美的繁荣富庶之地。从西周到战国时期，黄土高原天然森林覆盖率高达53%以上。秦汉时期，黄土高原天然植被比重还比较大。从唐宋到明清时期，由于自然、人为等多种复杂因素影响，黄土高原地区天然植被遭到了掠夺性的破坏，森林覆盖率下降到4%。植被稀少、黄土裸露，造成黄土高原水土流失不断加剧，侵蚀强度不断加大，大量泥沙淤积下泄，使黄河下游成为地上“悬河”，危及两岸人民生命财产安全。

（一）党中央的牵挂

新中国成立以来，党和政府非常重视黄土高原综合治理和水土保持工作。1952年，毛泽东同志提出“一定要把黄河的事办好”。1982年，邓小平同志提出“把黄土高原变成草原和牧区”。1997年，江泽民同志发出了“再造一个山川秀美的西北地区”的号召。2006年，胡锦涛同志提出“进一步把黄河的事情办好，

让黄河更好地造福中华民族”。习近平总书记强调，治理黄河，重在保护，要在治理。要坚持“绿水青山就是金山银山”的理念，坚持生态优先、绿色发展，以水而定、量水而行，因地制宜、分类施策，上下游、干支流、左右岸统筹谋划，共同抓好大保护，协同推进大治理，着力加强生态保护治理、保障黄河长治久安、促进全流域高质量发展、改善人民群众生活、保护传承弘扬黄河文化，让黄河成为造福人民的幸福河。几代中央主要领导的重要指示，为不同时期黄土高原综合治理增添了动力、指明了方向。

1978年，三北工程启动实施，拉开了黄土高原综合治理，生物措施与工程措施相结合的序幕。工程建设初期，按照因地制宜、先急后缓的原则，大力营造保水土、涵水源的单一防护林，发挥出明显效益。进入20世纪90年代，为满足人民群众既要生态、又要致富的强烈愿望，确立了建设“生态经济型防护林体系”的指导思想，建成了一批跨流域、跨山系、生态与经济兼顾的区域性防护林体系，既让人民群众在生态治理中获得了实惠，又有效控制了水土流失，为黄河水资源的有效开发利用创造了有利条件。通过40多年的持续建设，三北工程在黄土高原取得了巨大的建设成就，实现了山川大地由“黄”到“绿”的历史性巨变，生态恶化呈现出“整体遏制、局部好转”的态势，为区域经济社会可持续发展奠定了坚实的生态基础。

（二）黄土高原的变迁

回顾黄土高原千百年来的兴衰变迁，历史告诫我们：如果不善于和大自然和谐相处，即使我们曾经拥有大自然的丰厚馈赠，即使我们在同大自然的搏斗中曾经取得胜利，大自然带给我们的将不再是生活的乐趣和发展的希望，而只能是生存的艰难。

新中国成立以后，党和国家十分重视黄土高原生态环境治理。先后经历坡面治理、沟坡联合治理、小流域综合治理及林业重点工程建设和综合生态修复等五个阶段，每一阶段都取得一定成效。总结黄土高原半个多世纪以来的治理历程，现实告诉我们：面对恶劣的生态环境，等待观望没有出路，只有奋起抗争才有希望，生态性灾难必须用改善生态的实际行动来解决。进入21世纪，为了进一步加快黄土高原综合治理，国家发展改革委和国家林业局启动实施了黄土高原综合治理林业示范建设项目，选择40个县先行示范，实行统一规划，分区施策，生物措施、工程措施、耕作措施有机结合，农林水综合配套，使黄土高原治理进入了生态建设与民生改善同步推进的新阶段。

展望黄土高原充满希望的发展前景，未来启示我们：有一个在正确发展思路指导下绘制的宏伟蓝图，有一套按自然、经济和社会发展规律建立的运行机制，我们一定能够让黄土高原重新焕发出昔日的生机活力，变成美丽高原。三北工程实施后，把黄土高原列为重点治理区，坚持山水林田路统一规划，以生态修复为核心，以小流域综合治理为突破口，以植树造林为重点，三北地区近50%的水土流失面积得到不同程度的控制，年入黄泥沙减少3亿～4亿吨，实现了水土流失面积、土壤侵蚀模数“双下降”。与工程启动之初相比，水土流失区森林面积由1724.50万公顷增加至2017年的2918.45万公顷，增加69.23%，蓄水保土能力得到大幅提升。目前，黄土高原地区基本建成了区域性防护林体系骨架，森林生态系统得到初步恢复，三北地区已实现了山川大地由“黄”到“绿”的历史性巨变，生态恶化呈现“整体遏制、局部好转”的态势。

据三北工程40周年评估统计，三北工程建设对水土流失面积减少的贡献率达61%，重点治理的黄土高原林草覆盖度接近60%，约60%的水土流失面积得到不同程度的控制，呈现出群山叠翠、层林尽染的喜人景象。如今的黄土高原，天还是那片天，地已不再是那片地。树成行、林成片，渠边路旁郁郁葱葱，房前屋后花果飘香，形成了冬有青、春有花、夏有荫、秋有果的新形象。

表演艺术家刘劲率剧组赴延安拍摄电影《周恩来回延安》。由于经常扮演周恩来总理，十年前刘劲跟随摄制组去过延安几十次，对黄土高原寸草不生、千沟万壑的荒凉景象熟悉得不能再熟悉。谁知这次重回故地，竟然看不到黄土荒坡了——昔日灰暗的黄土塬，已经被人工种植的绿树、青草覆盖。

曾经飞鸟无栖树的黄土高原变成林草植被覆盖率为65%的“绿水青山”，也颠覆了美国著名记者斯诺在《红星照耀中国》里描述的“黄土高原是人类最不适宜生存的地方”的断言。

忆往昔，红色是陕北的精神本色；看今朝，绿色已成陕北的发展底色。从“荒山秃岭”到“绿满山川”，靠的是敢叫山川换新颜的勇气和担当，靠的是愚公移山般的实干和坚持，靠的是人与自然和谐、绿色发展的理念和实践，靠的是人民自力更生、艰苦奋斗的拼搏精神。

三、实现了从“三刮四种”到林茂粮丰的蜕变

“林不足，土不牢；林不密，水不保；林不茂，粮不丰。”过去的三北地区粮食产量低，供应不足，依靠国家调拨。通过实施三北工程，三北地区实现了粮食丰收，不仅满足了区域人民群众自给自足，而且东北平原、华北平原、河套平原、银川平原、河西走廊等已成为我国重要粮食生产基地。

（一）“北大荒”无情的惩罚

人们常说的“北大荒”在半个多世纪以前，人烟稀少，森林茂密，沼泽遍布，林间野兽出没，低空百鸟飞翔。然而，由于人类的过度开荒，这里的原始生态遭到严重破坏。大自然无情地向人们开出了巨额“罚单”——水土流失、江河泛滥、风蚀沙化、气候异常、旱涝频繁、粮食减产等。

“那时风灾水灾特别多，往往头一天种的种子，第二天一场雨就冲走了，种了毁，毁了种，春天更是‘三刮四种’，实在头疼。”见不着树，水土流失严重，成活率低，一块地反复耕种几次才能有点收成。过来人都说，栽活庄稼比养活一个娃还难。

生态恶化使人们认识到，如果不恢复植被，终有一天东北将无地可种。

（二）“北大仓”有情的回报

1978年，国家启动实施三北工程建设，给农业生产条件相对较好的东北三省、北方平原农区带来了千载难逢的发展机遇。地方历届省委、省政府高度重视生态建设，一任接着一任干，将一张蓝图绘到底。

平原农区防护林体系基本建成，粮食生产能力显著增强。40多年来，在东北平原、华北平原、黄河河套等重点农区，坚持以保障粮食生产为目标，三北工程与农田基本建设同步规划，统筹林田路渠等要素，大力营造农田防护林，初步建成了以农田防护林为框架，多林种、多树种并举，网带片、乔灌草结合，农林牧彼此镶嵌，互为补充、互为一体的区域性防护林体系，使工程区近一半的农田得

到林网的有效庇护，基本上消除了农业生产中每年刮三场风、播四次种的“三刮四种”现象，减轻了干热风、倒春寒、霜冻等灾害性气候对农业生产的危害，一些低产低质农田变成了稳产高产田，成为保护“大粮仓”稳产高产的绿色屏障。

与工程启动之初相比，农田林网化率提高30.17个百分点。三北地区基本建成了保障农田稳产、高产且完备的农田防护林体系，有效庇护农田面积达3021.41万公顷，比工程启动之初扩大了4.2倍。平原农区林网防护效应程度由工程启动之初的3.18%提高至2017年的10.05%，提高6.87个百分点。

特别是，通过40多年的治理，“北大仓”的黑土地上恢复了植被，营造起农田防护林带、防护林网格，阻止了水土流失和风沙对农作物的危害，耕地全部得到庇护，粮食产量逐年上升，形成了循环生态经济型防护林体系。东北地区农田防护林体系基本建成，成为保护东北“大粮仓”的绿色屏障。2017年全国十大产粮县全部是东北农田防护林建设的达标县。黑龙江松嫩平原和三江平原农田林网化程度高达75%以上，2017年全省粮食总产量与1977年相比增长了5倍多，成为我国“北粮南运”的主要输出省。

在绿色怀抱中的东三省，风调雨顺，林茂粮丰，人民安居乐业。三北工程已成为捍卫“北大仓”的绿色卫士。

“北大仓”的奇迹，是“北大荒”人在恶劣的自然条件下，以战天斗地的无比豪情，发扬自力更生、艰苦奋斗的创业精神，亲手创造出来的。

三北工程对粮食生产发挥的作用，不仅仅是东北三省，而且保护了西北、华北农田，确保了西北华北粮食增产。三北区域40多年营造带片网相结合的区域性农田防护林165.6万公顷，有效庇护农田3019.4万公顷，累计增加粮食产量4.23亿吨，年均增产1058.35万吨。

第二节 三北精神是推动三北工程科学绿化的根本保证

三北工程建设的生动实践启示我们，只要牢记使命、艰苦奋斗、求真务实、开拓创新、绿色发展，坚决把习近平总书记重要指示和生态文明建设重大战略思想落到实处，就一定能推动三北地区生态文明建设取得更大成就，就一定能把构筑祖国北疆绿色生态屏障，建设美丽中国的蓝图变为现实。大力弘扬三北精神，立足三北地区这个生态建设的主战场，这个山水林田湖草沙一体化保护和系统治理的主阵地，牢牢把握新时代科学推进国土绿化的主旋律，厚植科学绿化发展理念，凝聚科学绿化发展力量，营造科学绿化发展氛围。

百年的光辉历程中，中国共产党带领中国人民取得了革命、建设和改革的伟大胜利，同时铸就了具有丰富时代内涵和民族特征的革命精神，形成了独特的精神谱系。这一精神谱系成为中国共产党人的精神支撑和宝贵财富。习近平总书记指出："这些伟大革命精神跨越时空、永不过时，是砥砺我们不忘初心、牢记使命的不竭精神动力。"中国共产党从南湖出发，进行了28年艰苦卓绝的革命斗争，形成了红船精神、井冈山精神、苏区精神、长征精神、抗战精神、西柏坡精神等一个个革命精神。从反映社会主义建设时期热爱祖国、无私奉献的两弹一星精神、大庆精神、焦裕禄精神、红旗渠精神、雷锋精神等，再到反映改革时期奋发有为、万众一心的特区精神、抗震救灾精神、抗疫精神等，这些精神与中华传统文化、社会主义先进文化一道，丰富了中国特色社会主义文化的形态，滋养着中华民族的精神根基，持续激励着中国人奋进的脚步，支撑着中华民族自信地跨过一道又一道沟坎，取得一个又一个胜利。

革命精神从历史深处走来，一脉相承，与时俱进，不断丰富壮大，不断绽放时代的光芒。如果说伟大建党精神是一条璀璨的星河，那么三北精神便是其中耀眼的一颗。作为党的精神谱系中重要的一支，三北精神和其他革命精神都有内在的共性基因联系。中国共产党的革命精神之间有着一以贯之的思想内核，厚重的实践属性，崇高的道德品格以及鲜明的民族和时代特征。三北精神无一例外地也具备了这些共同的特质，并具有了自己独有的气质。换句话说，三北精神是中国共产党革命精神谱系的组成部分；伟大建党精神是三北精神的活水源头，三北精神从革命精神中汲取了充足养分，传承和发扬了革命精神，极大地丰富了革命精神谱系的内涵。

2017年10月18日，中国共产党第十九次代表大会召开：“中国共产党人的初心和使命，就是为中国人民谋幸福，为中华民族谋复兴。”习近平总书记的报告铿锵有力。在百年的奋斗历程中，我们党作风不改，初心依旧。以百姓心为心，与人民同呼吸、共命运、心连心，带领人们创造幸福生活，是我们党始终不渝的奋斗目标，是激励一代代中国共产党人前赴后继、英勇前进的根本动力。

中国共产党之所以能始终保持为中国人民谋幸福、为中华民族谋复兴的初心和使命，源于我们党对马克思主义的坚定信仰，源于对中华优秀传统文化的创造性转化和创新性发展，源于对人民群众的真挚情感和对国家富强、民族复兴的使命感，源于对中国共产党革命精神的坚守和弘扬。

从革命精神谱系的思想内核看，在我们党正式概括的各种精神当中，坚守理想信念出现的频率最高，在红船精神、遵义会议精神、长征精神、苏区精神、大别山精神、西迁精神等革命精神内涵中，都有相同或相近的表述，因而坚守理想信念属于党的精神谱系中的基础内容。习近平总书记指出:“对马克思主义的信仰，对社会主义和共产主义的信念，是共产党人的政治灵魂，是共产党人经受住任何考验的精神支柱。”可见，坚定理想信念，不忘初心，牢记使命，在革命精神中具有重要地位。三北工程建设者的奋斗历程中，“牢记使命”体现了三北精神创造者和践行者们坚如磐石的理想信念，是三北工程建设者精神之“钙”，是三北精神之“魂”，是三北精神的核心内容和根本优势。

革命精神谱系拥有崇高的道德品格。伟大建党精神之所以具有穿越时空的感染力和影响力，是因为它占据了道义的高点，拥有崇高的、直抵人心的道德力量。它是共产党人智慧、情感、意志、理想、信念、人格的升华，每一种精神都彰显了先进人群在特定环境和特定考验面前的价值选择和道德实践，把它们组合起来，就是人类精神世界美好良善的崇高天地。这其中，就有选择和坚守远大理想信念，为美好未来奉献和牺牲一切的崇高。

伟大的事业，需要伟大的精神。回望历史，原国家计委在批准三北工程上马时，发出“防沙治沙，保持水土”的号召。这8个字，是期许，更是方向。展望未来，“求真务实、开拓创新”，这8个字是新时代三北工程高质量发展的最强音，科学开展国土绿化，“巩固和发展祖国北疆绿色生态屏障”，这是继承和发展，是三北工程建设的使命，三北工程建设者将它铭刻于心，开始了感天动地的多次创业之旅。

党的十八大以来，习近平总书记对科学开展国土绿化作出一系列重要论述和指示批示，反复强调要牢固树立尊重自然、顺应自然、保护自然的生态文明理念，深入推进大规模国土绿化行动，既要注重数量更要注重质量，走科学、生态、节俭的绿化发展之路。2021年5月18日，国务院办公厅印发了《关于科学绿化的指导意见》，明确了新时代科学推进国土绿化的指导思想、基本原则、主要任务和政策措施，是指导当前和今后一个时期开展科学绿化的行动指南。三北工程是在我国自然条件最严酷、生态灾害最集中、生态治理最困难的地区实施的重点生态工程。扎实推动三北工程科学绿化，构筑祖国北疆绿色生态屏障，是现实所需、时代所向。

1．推进三北工程科学绿化是适应新时代生态文明建设的必然选择。当前，我国进入开启全面建设社会主义现代化国家的新征程。深入贯彻新发展理念，加快构建新发展格局，推动高质量发展，都对良好生态环境、优质生态产品的供给提出了新的更高的要求。习近平总书记提出新时代推进生态文明建设必须坚持的六项重要原则：坚持人与自然和谐共生；绿水青山就是金山银山；良好生态环境是最普惠的民生福祉；山水林田湖草是生命共同体；用最严格制度最严密法治保护生态环境；共谋全球生态文明建设。这些重要论述立意高远、内涵丰富、思想深刻，是习近平生态文明思想的重要内容，也是新时代推进生态文明建设的根本遵循。

进入新时代，三北工程要持续深入学习贯彻习近平生态文明思想，特别是要深刻把握新时代推进生态文明建设必须坚持的六项重要原则，顺应经济社会发展对良好生态的需求，顺应人民群众对优美生态的期待，进一步提高全面开展科学绿化、提升生态产品供给能力的紧迫感和责任感，切实把注重科学、注重质量、注重效益摆在三北工程建设的首要位置，努力探索走出一条科学、生态、节俭的绿化之路，持续改善生态环境质量，提供更多优质生态产品，为建设人与自然和谐的现代化奠定坚实的生态基础，不断提升人民群众的生态环境获得感、幸福感和安全感。

2．推进三北工程科学绿化是筑牢祖国北疆绿色生态屏障的必然途径。2018年，习近平总书记对三北工程建设作出重要指示，强调三北地区生态依然脆弱，要持续不懈推进三北工程建设，不断提升林草资源总量和质量。总书记的重要指示，深刻阐明了加快三北工程建设进程、提升工程发展质量的重要性和紧迫性，为推进三北工程建设指明了目标。目前，我国83.7%的沙化土地、67%的水土流失面积分布在三北地区。这就决定了三北地区是实现美丽中国、建设人与自然和谐的现代化的重点和难点所在。只有坚持不懈地全面开展科学绿化，确保三北工程建设既有量的增长，又有质的提升，才能持续改善三北地区的生态状况，筑牢祖国北疆绿色生态屏障。

2021年，三北工程进入六期建设阶段。三北六期工程将与《全国重要生态系统保护和修复重大工程总体规划（2021—2035年）》和《“十四五”林业草原保护发展规划纲要》紧密结合，紧紧依托“双重”项目，落实好三北地区区域性山水林田湖草沙系统治理示范项目，以青藏高原生态屏障区、黄河重点生态区、东北森林带、北方防沙带为重点，按流域、山系、沙带等自然地理单元，系统评估可绿化空间、类型、立地条件等自然因素，统筹兼顾、精准施策、多措并举，全面推进三北地区科学绿化，打一场漂亮的国土绿化三北战役。

3．推进三北工程科学绿化是立足三北工程建设实践的必然要求。40多年来，广大三北工程建设者和科技工作者，立足我国的国情和林情，自力更生，艰苦奋斗，开拓创新，勇攀高峰，在林草生态工程建设理念、种苗选育、生态修复模式、森林经营、产业开发等领域进行了许多有益探索，攻克了一系列技术难关，丰富和发展了我国林草生态保护修复的理论与实践，发挥了科学开展国土绿化的排头兵作用，推动了我国林草事业的全面发展。但随着工程建设的深入推进，三北工程也暴露出许多困难和问题，比如，乔灌草配置不合理、造封飞比例不均衡、林种树种结构单一、人工林出现不同程度的衰退死亡等，加剧了林草生态系统可持续发展的不确定性。

一、现实所需：推动三北工程科学绿化势在必行

三北工程是同我国改革开放一起实施的重大生态工程，建设区域地跨我国西北大部、华北北部、东北西部（以下简称三北地区），根据三北工程五期规划，工程建设范围囊括了三北地区13个省（自治区、直辖市）的725个县（市、区、旗），总面积435.8万平方千米，占我国国土总面积的45%，在国内外享有“绿色长城”之美誉。经过40多年的持续建设，三北工程累计完成造林保存面积4.52亿亩，工程区森林覆盖率由建设初期的5.05%提高到现在的13.57%，区域生态明显改善，风沙危害明显减缓，水土流失明显减轻，工程建设取得了巨大的生态、经济、社会效益，成为我国生态文明建设的一个标志性工程，为全球生态治理树立了成功典范。

但是，建设三北工程是一项史无前例的开创性事业。40多年的建设历程，是一个不断探索、不断创新、不断完善的过程。随着工程建设的深入推进，也暴露出诸如乔灌草配置不合理、造封飞比例不均衡、林种树种结构单一、人工林衰退等问题，与经济社会发展对良好生态的需求，与人民群众对优美生态的期待存在一定的差距。立足新发展阶段，贯彻新发展理念，构建新发展格局，推动高质量发展，我们要深刻认识全面推动三北工程科学绿化的责任感和紧迫感，切实把注重科学、注重质量、注重效益摆在首要位置，加快推进工程建设高质量发展。

推动三北工程科学绿化是巩固和发展祖国北疆绿色生态屏障的现实所需。习近平总书记强调指出，三北地区生态依然脆弱，要持续不懈推进三北工程建设，不断提升林草资源总量和质量，巩固和发展祖国北疆绿色生态屏障。目前，我国83.7%的沙化土地、67%的水土流失面积分布在三北地区。这就决定了三北地区是实现美丽中国、建设人与自然和谐共生的现代化的重点和难点所在。唯有加快三北工程科学绿化，确保工程建设既有量的增长，又有质的提升，才能筑牢祖国北疆绿色生态屏障。

推动三北工程科学绿化是新时代打赢扩绿增量攻坚战的现实所需。当前，我国国土绿化的重心开始向西部、北部地区特别是三北地区转移，这是新时代林草发展的新特征。据测算，约占我国一半以上的可绿化用地分布在三北地区，是未

来扩绿增量的主战场。但这些可绿化用地绝大部分分布在降水量200毫米以下的困难立地区域，都是难啃的“硬骨头”。只有因地制宜开展科学绿化，才能打赢扩绿增量攻坚战。

推动三北工程科学绿化是统筹山水林田湖草沙系统治理的现实所需。习近平总书记指出，山水林田湖草沙是一个生命共同体，要从系统工程和全局角度寻求新的治理之道。但从三北工程建设实际看，一些地方还没有牢固树立系统治理理念，存在就林论林、就草说草、重林轻草、重乔轻灌，治理措施和目标相对单一等短板。推进新时代三北工程科学绿化，必须按照生态系统的整体性、系统性以及内在规律，推进山水林田湖草沙一体化保护和修复。

推动三北工程科学绿化是助力碳达峰和碳中和战略的现实所需。三北地区既是我国林草建设的主战场，也是未来新增林草碳汇的主阵地。从量上来看，三北地区可绿化用地占全国的五成以上，而森林覆盖率只占全国平均水平的59%；从质上来看，三北地区乔木林亩均蓄积量只占全国的三分之一，尚有老化退化林分5000多万亩，还有大量退化草原需要修复。推动三北工程科学绿化，不断扩总量、提质量，对于增加林草碳汇、增强我国应对气候变化的能力具有十分重要的意义。

二、时代所向：把准三北工程科学绿化的切入点和着力点

《关于科学绿化的指导意见》的出台，标志着我国国土绿化将由过去注重数量向数量和质量并重转变。三北地区既是未来我国发展林草资源的主战场，又是培育林草资源的攻坚区。我们要全面领会《指导意见》的深刻内涵和本质要求，准确把握推进新时代三北工程科学绿化的切入点和着力点，坚持问题导向，主动出击，精准发力，确保绿一片、成一片、发挥作用一片。

合理安排绿化用地，解决好“在哪里造”问题。立足“两区两带”生态功能定位，以“国土三调”成果为唯一底版，统筹考虑土地利用结构、水资源条件、土地适应性、气候变化等自然因素，科学划定绿化用地空间。一是优先把宜林荒山荒地荒滩、荒废和受损山体、退化林地草地等作为主要增绿空间，下大气力扩绿增量。黄土高原生态屏障区以小流域治理为基本单元，绿化宜林荒山、荒沟、

荒坡，构筑以水土保持、水源涵养为主的林草生态系统；青藏高原生态屏障区以保护原生植被为重点，主要依靠自然恢复，适度开展退化土地治理和人工草场建设，提升高原生态系统结构完整性和功能稳定性；北方防沙治沙带在全面保护沙区现有林草资源的基础上，实行工程措施和生物措施相结合，加大沙化土地综合治理力度，建设以灌草为主、乔灌草合理搭配的林草植被；东北森林带在保护和修复天然林的基础上，围绕连通重要生态廊道稳步推进退耕还林还草还湿、水土流失治理等，提升区域生态系统功能稳定性。同时，在坚决遏制耕地“非农化”、防止“非粮化”的前提下，按照国务院批准实施的退耕地类和范围，稳步有序开展退耕还林还草。二是以修复改造、提质增效为重点，实施森林质量精准提升工程，优化升级现有林草生态系统。积极稳妥地推进老化、退化林修复改造；采取多种措施，加快一般灌木林和疏林地的提档升级，向有林地转变；科学制定“三化”草原治理方案，全面推进草原植被保护修复，实现草原精细化管理。三是以建设美丽乡村、森林城市为重点，统筹城乡绿化美化一体化发展。拓展农村“四旁”绿化，充分利用农村土地综合整治、移民搬迁、废墟、荒地、边角地等开展小微花园和公共绿地建设，建设一批森林乡村、森林人家；以森林城市建设为载体，采取拆违建绿、拆墙透绿、留白增绿、见缝插绿等方式，建设休闲公园、郊野公园等，拓展城市绿化空间；依法合规开展铁路、公路、河渠两侧、湖库周边等绿化；结合高标准农田建设，科学规范，因害设防，因需建设农田防护林；积极稳妥地推进成过熟、老化退化农田防护林的更新改造，构建配置科学、结构合理的农田防护林体系。

科学配置树种草种，解决好“种什么”问题。坚持以水定绿、量水而行，切实把宜乔则乔、宜灌则灌、宜草则草、宜荒则荒的总体要求落到实处。一是充分认识乡土树种草种适应性强的天然优势，制定乡土树种草种名录，把乡土树种草种作为工程建设的首选，大力培育和发展。二是树立“小灌木、大作用”的思想，切实把灌木造林摆上重要位置，加大灌木优良品种的选育，加强灌木种子园和采种基地建设，提高灌木的良种使用率和基地供种率；科学安排灌木造林任务，尤其是在降水量400毫米以下的地区，把灌木作为主要造林树种，加大造林比重；有条件的地区大力培育发展灌木经济林，实现三大效益有机结合。三是根据树木的生物学特性、立地类型等，科学确定目的树种和伴生树种、混交比例、混交方式等，积极推行乔灌、针阔混交，大力推行带状、块状混交，构建多树种、复层、异龄的生态系统。四是根据自然地理气候条件、植被生长发育规律、生活生产生态需要，针对江河两岸、湖库周边、干旱缺水、水热条件等不同区域特点和资源禀赋，合理选择绿化树种草种。五是结合“双碳”战略，加大碳汇能力强的树种草种选育推广应用。六是加大乡土树种草种采种生产、种苗繁育基地建设力度，引导以需定苗、就近育苗，避免长距离调运绿化种苗。尊重自然规律，坚决反对搞生态形式主义，杜绝“大树进城”等急功近利行为，严禁脱离实际、铺张浪费、劳民伤财搞绿化的面子工程、形象工程。

转变工程发展方式，解决好“怎么造”问题。遵循自然规律，充分考虑经济社会条件，实行造封飞相结合，加大封育和飞播造林种草力度，把保护优先、自然恢复为主的基本方针落到实处。一是加强绿化设计施工管理，把好绿化作业设计关，对用地、用水、技术措施等进行合理性评价，因地制宜确定绿化方式。严格施工管理，规范绿化整地，禁止荒坡地全垦整地，避免造成新的水土流失或土地退化；积极推行专业队和专业公司绿化，鼓励探索“购买式”“先建后补”等绿化模式。二是加大封山（沙）育林力度，做到宜封则封、应封全封。在生态系统退化比较严重、种质资源严重缺乏、单纯依靠封育难以恢复和重建林草植被的地方，在封禁保护的基础上，强化人工培育措施，实行封造结合。三是加大适宜区的飞播造林种草力度，加强技术储备和人员培训，积极推广直升机、无人机等飞播造林种草技术，着力解决绿化地块破碎、分散等问题，加快困难立地的林草植被修复。四是坚持以水定绿，综合考虑水分平衡因素，科学合理配置造林密度，真正做到合理稀植；大力推广水平沟、鱼鳞坑、反坡梯田等行之有效的整地技术，发展节水林业和雨养林业；大力发展容器苗造林，真正做到容器苗造林常态化；大力推广覆膜、生根粉、保水剂、石墨烯等新材料和滴灌、渗灌等新技术，努力提高造林成效；积极协调有关部门落实生态用水指标，确保生态建设用水需求。

创新完善政策机制，解决好“如何管”问题。坚持“一分造、九分管”的原则，切实巩固好来之不易的绿化成果。一是全面推行林（草）长制，把三北工程纳入林（草）长制考核指标体系，将考核结果作为党政领导干部考核、奖惩和任用的重要参考，压实地方党委、政府保护发展林草资源的主体责任和属地责任。

二是建立完善绿化后期养护管护制度，着力提高保存率和成林率。扎实开展中幼林抚育，加大对新造幼林地的封育管护，严格落实封山育林管护措施；创新管护机制，通过组建家庭林场、股份林场、林业经济合作社等形式，实行专业化管护；活化管护模式，建立以生态公益林补偿为主体、市场化经营为补充的管护模式，切实把管护责任落实到山头、地头和人头。三是创新绿化成果监测评价，依据国土空间规划“一张图”，认真落实绿化任务直达到县、上图入库、精细化管理的各项要求，提升国土绿化信息化、精准化管理水平；构建天空地一体化综合监测评价体系，运用自然资源调查、林草资源监测及年度更新成果，全面监测林草资源状况变化；探索建立林草覆盖率等国土绿化综合考核评价指标，制定国土绿化成效考核办法，引导科学绿化深入发展。四是严守生态保护红线，强化对林地和森林、草原等用途管控，严厉打击非法征占用林地草地、破坏林草资源等违法行为，加强森林草原防火和有害生物防控，确保林草资源高效安全。五是探索建立生态产品价值实现机制，鼓励引导工商、金融等社会资本参与工程建设，建立多元化投入机制，提升工程建设的内生动力。

长风破浪会有时，直挂云帆济沧海。全面推进三北工程科学绿化，巩固和发展祖国北疆绿色生态屏障，是时代赋予的光荣使命。我们要以习近平生态文明思想为指导，牢固树立“绿水青山就是金山银山”理念，坚持久久为功，创新体制机制，完善政策措施，持续不懈推进三北工程建设，不断提升林草资源总量和质量，持续改善三北地区生态环境，巩固和发展祖国北疆绿色生态屏障，为建设美丽中国作出新的更大的贡献。

第三节　三北精神是推动三北工程高质量发展的动力源泉

中国特色社会主义进入了新时代，我国经济由高速增长阶段转向高质量发展阶段，全力推进三北工程高质量发展也是新时代对三北工程建设提出的新要求。当前，三北工程发展模式正在转型升级，努力推动工程建设由追求“增长速度”转变为追求“发展质量”，彻底改变“远看满山绿、近看无良材”的现状；由依靠“要素驱动”转变为依靠“创新驱动”，彻底扭转“重物轻人”和“重经费、轻成果”的旧观念；由重视“成本优势”转变为重视“品牌优势”，彻底打破“只要把规模做上去，只要把成本降下来，就能盈利”的旧理念；由受限于“资源诅咒”转变为实现“相生共赢”，积极探索“绿水青山就是金山银山”有效实现途径，加快实现生态保护与产业发展的相生共赢；由以往“孤岛效应”转变为“全产业链”发展，将“资源优势”“生态优势”转化为“产业优势”和“经济优势”，推动三北工程高质量发展。

三北工程开创了中国生态保护修复事业的先河，为保障国家生态安全、推进美丽中国建设提供了重要基础支撑，三北地区生态保护修复取得明显进展，生态产品供给能力保持总体稳定。面向构筑祖国北疆绿色生态屏障，建设美丽中国以及实现碳达峰碳中和目标愿景，以维护国家和区域生态安全、恢复和提升生态系统服务功能、推动生态产品价值实现为着力点，三北地区生态保护修复工作对新时期三北工程高质量发展提出了新要求。同时，随着国务院机构多次改革，生态保护修复的职责、内容、组织形式均发生了重大变化，尤其是随着历次机构改革，生态保护修复工作职责分工逐步理顺，政策制度体系逐步完善，推动生态保护修复从局部、单要素保护修复向区域山水林田湖草沙一体化保护修复和综合治理的加快转变，三北工程建设作为支撑三北地区生态保护修复、支撑国家和区域生态安全的地位更加突出。

一、三北工程是中国生态保护修复发展历程的缩影

改革开放以来，面对经济社会快速发展带来的一系列生态退化问题，随着三北工程的深入实施，中国对生态保护修复的观念认知发生深刻转变，从根本上推动了生态保护修复政策革新，经历了以生态建设与重点治理为主的发展阶段和以生态空间和生态功能保护恢复为主的发展阶段。特别是党的十八大以来，三北工程建设进入了以山水林田湖草沙系统保护修复为主的发展阶段，在习近平生态文明思想指引下，按照“山水林田湖草是生命共同体”理念，生态保护修复工作逐渐向生态系统整体保护、系统修复、综合治理转变。国家先后组织实施山水林田湖草生态保护修复工程试点和首批山水林田湖草沙一体化保护和修复工程项目，

以重大工程和政策机制创新，推动重要区域生态系统整体保护修复的理念得到强化和落实。

总体而言，三北工程建设经历并见证着这生态保护修复在国家治理体系中的地位和作用的逐渐提升，生态保护修复观念由重生态建设、轻预防保护逐步转变为保护优先、自然恢复为主，生态保护修复模式由局部恢复、末端治理逐步转变为生态空间严格管控、生态系统整体保护修复，初步构建起以维护国家生态安全、稳定和提升生态系统服务功能、改善生态环境质量为核心，涵盖生态系统“结构、过程、格局、功能、质量”综合调控的生态保护修复体系。

二、聚焦主责主业，让三北精神传承事业永续发展

三北工程不断加强森林、草原、湿地等重要生态系统保护修复，开展生态退化区域恢复治理，实施一批重要生态系统保护和修复重大工程，生态恶化趋势基本得到遏制，自然生态系统质量有所改善，生态系统服务功能逐步增强。

重要生态系统保护修复持续推进。坚持工程建设的整体性和延续性，突出系统性、整体性，注重自然地理单元的连续性、完整性和物种栖息地的连通性，突破以防护林建设为主的发展模式，统筹推进山水林田湖草整体保护、系统修复、综合治理，编制实施了三北工程专项规划，持续推进三北工程建设等一系列生态保护修复工程。根据第五次至第九次森林资源清查数据和2021年国家林业和草原局发布的森林覆盖率数据，全国森林覆盖率由16.55%提高至23.04%，增加了6.49个百分点，森林蓄积量由112.7亿立方米增加至175.6亿立方米，增加55.81%，森林面积由15894万公顷增加至22045万公顷，提高38.70%。全国草原植被综合盖度达到56.1%，湿地保护率达到50%以上，自然生态系统总体稳定向好。

生态退化区域治理取得重要进展。充分尊重原有规划的战略布局，科学继承原有规划的技术政策和重大举措，充分吸纳工程建设成就经验，并结合当前国家战略规划的内容要求和总体布局，科学优化工程建设布局和目标任务，把荒山造林、湿地保护、退耕还林还草、草原恢复、沙化土地封禁保护等纳入工程建设内容，统一规划实施，做到统筹城乡、统筹治沙与治土，全面开展三北地区生态保护修复，持续实施三北地区风沙治理等防沙治沙工程和国家水土保持重点工程。

根据水土流失动态监测数据和历年《中国水土保持公报》《中国荒漠化和沙化状况公报》，截至2020年，全国水土流失面积269.27平方千米，相比1999年减少86.7平方千米，减幅达24.36%；1999—2014年荒漠化和沙化面积比例分别减少2.3和1.2个百分点，区域水土资源条件得到明显改善。

山水林田湖草生态保护修复工程深入实施。坚持整体布局与重点突破，一方面突出工程建设的整体性和系统性，在东部丘陵平原区、北部风沙区、黄土高原区和西北荒漠区等4个屏障建设一级区，按山系、平原、绿洲、沙区、河湖、重要湿地等推动近自然一体化保护和修复，推动工程区重要生态系统保护和修复齐头并进、深度融合。另一方面，紧盯事关全国发展战略、林业草原发展全局的重点区域，坚持综合治理、系统治理和源头治理，集中布局一批规模大、覆盖面广、示范作用强的重大工程项目，以局部突破、良好示范带动整体跨越。2016年起，按照“山水林田湖草是生命共同体”理念，国家先后在事关国家生态安全的25个重点区域实施了山水林田湖草生态保护修复工程试点，探索以区域或流域生态系统为单元推进生态系统整体保护、系统修复、综合治理的路径和模式。2021年，国家在10个地区组织实施了山水林田湖草沙一体化保护修复工程项目。这些山水林田湖草生态保护修复工程试点和山水林田湖草沙一体化保护修复工程项目，有力地推动了相关地区生态系统整体保护和系统修复，对保障国家和区域生态安全发挥了积极作用。

三、突出战略布局，让三北精神厚润事业拓展壮大

随着中国发展进入新的历史阶段，三北地区生态保护修复必须坚持以习近平生态文明思想为总领，全面贯彻“绿水青山就是金山银山”基本理念，坚持“山水林田湖草是生命共同体”治理方略，以提升生态系统服务功能、改善生态环境质量、维护生态安全为目标，按照严守底线、提升质量、增进福祉、深化实践的思路，突出抓好四个重点，即重要生态空间管控、重大生态工程实施、重点区域生物多样性保护和重要生态文明创新实践，探索建立生态保护修复综合管理模式，着力提高生态系统自我修复能力和稳定性，促进自然生态系统质量整体改善，筑牢美丽中国生态根基。

以重要生态空间管控为优先举措，严守自然生态安全边界。以国土空间规划为依据，强化底线约束，优化调整各地城镇空间、农业空间、生态空间的结构和布局，划定并严守生态保护红线、永久基本农田、城镇开发边界三条控制线。三北工程建设实行最严格的生态空间准入管理制度，全面落实生态环境分区管控方案和生态环境准入清单制度，强化生态环境底线约束。加强自然保护地、生态保护红线等重要生态空间监管，持续推进自然保护地“绿盾”强化监督，建立生态保护红线生态破坏问题监管机制，及时发现和遏制各类生态破坏行为。强化重点生态功能区保护与管理，严格落实重点生态功能区产业准入负面清单制度，完善重点生态功能区转移支付制度。加强对各类开发建设活动的监督管理，对国家重点生态保护修复工程实施全过程监督，开展工程实施综合绩效评价。

以重大生态工程为基础支撑，提升生态系统质量和碳汇能力。以生态保护红线、自然保护地、重点生态功能区等为重点，因地制宜推进山水林田湖草沙一体化保护修复。依托三北工程等国家重点生态工程，加快推进青藏高原生态屏障区、黄河重点生态区、东北森林带、北方防沙带“两区两带”生态屏障建设，系统实施重要生态系统保护和修复重大工程，提升森林、湿地等生态系统碳汇能力。始终坚持自然恢复为主、人工修复为辅的方针，开展生态脆弱区综合治理，逐步解决水土流失、荒漠化、历史遗留矿山、损毁土地等生态受损退化问题，提升生态系统稳定性。统筹实施城乡区域生态保护修复，构建城乡生态廊道，拓展绿色生态空间，改善城乡人居生态环境质量。

以重点区域生物多样性保护为关键突破，不断增进人类福祉。生物多样性关系人类福祉，是人类赖以生存和发展的重要基础。三北工程应关注以生物多样性保护优先区和国家重大战略区为重点，优先实施生物多样性本底调查、观测和评估，全面摸清中国生物多样性本底情况。加快建立国家生物多样性保护大数据平台，推进信息共享和管理应用。继续深入推进野生动植物就地保护与迁地保护，完善以国家公园为主体的自然保护地体系，建立覆盖全国国土的生物多样性保护网络，逐步恢复重要物种生境完整性和连通性。加强生物资源保护与管理，强化野生动物资源利用监管，积极防治外来入侵物种，提高国家生物安全治理能力。以履行《生物多样性公约》为重要切入点，深度参与全球生态环境治理。

以重要生态文明创新实践为主要载体，促进生态产品价值实现。三北工程建设持续深化国家生态文明示范建设、“绿水青山就是金山银山”实践创新基地、美丽中国先行示范区等创建工作，按照地域特点、创建基础等，优化全国生态文明示范建设格局，形成各有侧重、相互支撑、点面结合的示范创建体系。开展生态文明示范创建经验总结，推广可复制、可借鉴的模式，集中打造一批高质量创建集群和样板。完善生态文明示范建设激励约束机制，加强中央和地方支持力度，形成政策合力和创新动力。完善创建标准体系，开展定期评估与动态监管，严格准入和退出机制。将探索生态产品价值实现机制作为各类生态文明示范建设的核心内容，通过不同层级、不同类型的创建活动，形成一批生态产品价值全面实现、绿色高质量发展的典范，作为向世界展示中国生态文明建设成果的重要窗口。

第四节　三北精神是推动践行习近平生态文明思想的生动教材

生态文明建设领域孕育形成的三北精神，必将以其独特的历史引领力、时代感召力，推动生态文明建设事业行稳致远。新时代推进生态文明建设，必须深刻理解和落实生态文明理念，必须大力弘扬三北精神，始终保持生态文明建设的战略定力，学习三北工程建设者40多年如一日，始终牢记使命、不改初心、不易其志，在高原荒漠沙地上艰苦奋斗、无私奉献的先进事迹，以“功成不必在我”的思想境界和“功成必定有我”的使命担当，一代接着一代干，一棒接着一棒跑，持续用力、久久为功，最终才能取得生态文明建设的决定性胜利，实现天蓝地绿水净的美好愿景，努力建设人与自然和谐共生的现代化。

“青山常在金银山，金银山前有青山”是三北人民对美好生态环境的向往。长期生活在自然生态恶劣的环境中、靠天吃饭的三北人民改善生态环境、创造幸福生活离不开勤劳的双手，离不开宏大的三北工程，离不开伟大的三北精神。在干旱的土地上种活一棵小树苗像中了巨奖一样欣喜，那种感受，没有亲身经历的人是无法体会的。

我国自古以来就有绿色发展的精神，敬畏自然、尊重自然、保护自然等思想深深根植于中华传统文化宝库中。《道德经》中“人法地，地法天，天法道，道法自然”强调人与自然的统一性，指出人应该按照自然规律办事，顺应自然发展；《西铭》中“民吾同胞，物吾与也”认为人与自然的关系应该像兄弟一样，强调人与自然相生、共存；《荀子》中“草木荣华滋硕之时，则斧斤不入山林，不夭其生，不绝其长也”强调合理保护、适度开发，以平衡和协调人与自然之间的供求关系；《周礼·地官司徒第二·山虞》中“山虞掌山林之政令，物为之厉而为之守禁。仲冬，斩阳木，仲夏，斩阴木。凡服耜，斩季材，以时入之。令万民时斩材，有期日……春秋之斩木不入禁，凡窃木者有刑罚。”认为树木生长有季，强调要按照政令砍伐，明令禁止乱捕乱猎、乱砍滥伐。这些文献的记载足以说明中国古人对生态环境保护的重视程度，这些观念都强调要把天地人统一起来，按照大自然规律活动，取之有时，用之有度。

中国共产党历来重视协调人与自然生态的关系。新中国成立初期，毛泽东同志发出“绿化祖国”“要使祖国到处都很美丽”的号召；改革开放后，邓小平同志发出“植树造林，绿化祖国，造福后代”的号召，强调“坚持一百年，坚持一千年，要一代一代永远干下去”；以江泽民同志为核心的党中央，将推动可持续发展战略作为指导我国经济社会发展的重大战略；以胡锦涛同志为总书记的党中央，提出了坚持以人为本，全面协调可持续的发展观；党的十八大报告中，将生态文明建设纳入“五位一体”总体布局。

2015年10月，习近平总书记在第十八届五中全会上提出了“创新、协调、绿色、开放、共享”的新发展理念，首次把“绿色”纳入发展理念之一，将绿色发展作为关系我国发展全局的一个重要理念。2017年10月，党的十九大报告再次强调了绿色发展理念在经济社会发展中的重要作用，将“贯彻新发展理念，建设现代化经济体系”作为习近平新时代中国特色社会主义思想的重要部分。习近平总书记指出：“要从根本上解决生态环境问题，必须贯彻绿色发展精神，坚决摒弃损害甚至破坏生态环境的增长模式，加快形成节约资源和保护环境的空间格局、产业结构生产方式、生活方式，把经济活动、人的行为限制在自然资源和生态环境能够承受的限度内，给自然生态留下休养生息的时间和空间。”可见，今天中国孜孜探索的，是一条尊重自然、顺应自然、保护自然的生态文明新路，是一场以绿色发展为先导的发展观的深刻革命。

三北工程建设继承和发展了绿色发展的精神，建设者们在实践中不断认识到，绿色发展是一场关乎产业结构和生产方式调整的经济变革，也是一次行为模式、生活方式和价值观念的“绿色革命”。当初，解决“四料俱缺”问题是一个重要任务，人们只有朴素的、初步的生态意识。现在，三北地区人民群众有了更为自觉的生态文明意识和绿色发展理念，种树的主要目的，是增林扩绿，提供生态产品。

三北地区绿了，人民群众也富了。种好树，是三北地区人民群众的一种朴素意识，用好树，是三北工程建设者的一种坚定信念。如今，绿水青山正在源源不断变成金山和银山。在长达40多年的建设历程中，绿色发展精神始终植根于人民群众的血脉里，把对自然的朴素感情升华为对绿色发展的坚定信仰。他们从不因小失大、急功近利，将生态修复与绿色发展并重，既增加了林草植被的总量和质量，改善了生态环境，又发展了木材培育、木材加工等传统产业，林下经济、森林旅游、休闲观光等特色产业，还发展了生物材料、生物能源、生物农药、生物碳汇等新兴产业。绿色发展改变了三北大地的面貌，带动了当地经济发展，真正实现了“绿色生态建设”与“经济发展”并行。

三北工程建设继承和发展了绿色发展的精神，成为践行绿色发展的楷模。如今的“新三北”正在加速形成循环经济的链条，走上绿色发展的康庄大道，美丽的“中国绿”，正在浸润祖国北疆，荫及子孙，惠及世界。

三北工程建设的生动实践成为世界生态治理的成功典范，深刻印证了“保护生态环境功在当代、利在千秋”的论断，深刻诠释了“绿水青山就是金山银山”理念，揭示了“保护生态环境就是保护生产力，改善生态环境就是发展生产力”的真谛。

一、三北精神赞颂了勤劳之美

三北精神植根于三北大地435.8万平方千米的土地，扎根在“美丽中国”的绿色希望。这里集高寒、高海拔、大风、沙化、干旱五种极端环境于一体，但一代代不屈的务林人以一种舍我其谁的勇气，艰苦创业的干劲，百折不挠的智慧在这荒凉、干旱的沙地上成功营造出3207万公顷人工林。沙漠成绿洲的奇迹背后，是几代务林人的牺牲与奉献，许多人在这人迹罕至的地方忍受寂寞几十年，许多夫妻在这里植树造林一辈子，并将这事业与责任传承给儿女，百万亩绿色林海，就是一家几代务林人最闪光的劳动奖章。

三北精神高度契合着“两个务必”精神。当改革开放经济发展大环境下整个社会为利益而躁动、为享受而抉择之时，三北地区人民依然坚守着他们的谦虚、谨慎、不骄不躁作风，一代代传承着艰苦奋斗的执念。以“艰苦奋斗，无私奉献，锲而不舍，久久为功”为核心的三北精神是“两个务必”的传承，体现着国家利益至上。

三北精神体现了无价的不朽功绩、劳动之美。面对环境污染、雾霾之痛、缺水之忧，党的十八大提出建设人与自然和谐共处的“美丽中国”理念，而“美丽中国”却早已提前根植于三北人民心中。

三北精神是劳动最美的价值体现，是对“美丽中国”理念最好的诠释，而“美丽中国”、和谐社会，都在期待复制出更多的三北精神，为实现“两个一百年”奋斗目标和中华民族伟大复兴的中国梦增添更多绿色希望。

二、三北精神谱写了自然之美

著名林学家、林垦部（后为林业部）第一任部长梁希说：“务林人既要做新中国的林人，也要做新中国的艺人，把河山装成锦绣，替祖国描绘丹青。”作为新中国第一代务林人，他们为绿而来，为美丽中国的梦想而来。

现在的三北大地，有许多一望无际的林海，绿色前呼后拥般扑向眼帘，让人不由得心旷神怡。然而40多年前，这里却是一副“大漠风尘日色昏”的样子，草木稀疏，沙漠广布，一派萧条景象。三北地区“由黄变绿”的蜕变之美，不是小家碧玉般的清秀，而是自有一种阔大的气象。杜甫有诗云“青松寒不落，碧海阔愈澄”，正适合描述这般景象。

三北大地经历了怎样的沧桑巨变？唯有了解了三北工程的历史，我们才能对三北地区的美有一种更为立体的认识，才能重新感知绿树成荫般美景的厚重。这不仅是大自然的恩赐，更是人类对自然规律的深刻体认，是通往“天人合一”境界上不懈奋斗的一首史诗。

对生态的呵护与珍视，才是对大自然最高的礼赞；饱含着精神光泽的美景，才更动人心弦。

长年在三北造林一线的务林人常常讲："这里有多少树木，也就可能有多少故事。"这里的一草一木，都由三北人民亲手种下，都凝结着汗水与辛劳，我们已难以想象在当年的极端条件下，他们是如何打赢这浩大的生态攻坚战的。这里有许许多多的人，他们献了青春献终身，献了终身献子孙，正像林区的松柏一样扎根于此。草木关情，晋朝将军桓温看到自己年轻时种下的柳树，曾慨然曰："树犹如此，人何以堪！"当我们看到今天的参天大树、万顷林海，当年那一幕幕战天斗地的景象又怎能不浮现眼前？它们与今天的千山一碧交织汇聚，构成了丰富的意蕴。

三北务林人留给我们的不只是美景，更是绵延不绝的精神遗泽。三北工程见证了人类从因为无节制地消耗自然而承受惨痛代价，再到矢志不渝地修复自然而收获巨大效益，体现了人类对生态文明认知的新高度，更是几代人如精卫填海般矢志奋斗的精神写照。三北的故事启迪着今天美丽中国的建设。我们决不能走无节制向自然索取的老路，只有保护生态、敬畏自然，才能抵达人类诗意栖居的未来。

三、三北精神诠释了发展之美

在辽阔的祖国北疆，从沙漠戈壁到城市乡村，几十年的绿化，让区域森林面积、森林蓄积量持续增长，也对全国、全球植被增量和生态治理作出了突出贡献。

三北工程的成功实践雄辩地证明，对于生态脆弱、生态退化地区，只要科学定位，久久为功，自然生态系统完全可以得到修复重建，让沙地荒山变成绿水青山；只要坚持绿色发展，完全可以将生态优势转化为经济优势，让绿水青山成为金山银山。

党的十八大以来，以习近平同志为核心的党中央把生态文明建设作为统筹推进"五位一体"总体布局和协调推进"四个全面"战略布局的重要内容，谋划开展了一系列根本性、开创性、长远性工作，推动我国生态环境保护发生历史性变革，取得历史性成就。

在全面建设社会主义现代化国家新征程上，我们要认真贯彻习近平生态文明思想，继续大力弘扬三北精神，把三北工程高质量建设好，把绿色经济和生态文明发展好，努力实现经济社会发展和生态环境保护协同共进，奋力谱写我国生态保护修复事业新篇章。

四、三北精神彰显了责任之美

“理想信念是中国共产党人的政治灵魂，是共产党人初心的本质要求。”具备崇高的理想信念是牢记使命的基础。三北人民的理想信念体现在实现“荒原沙地”到“青山绿水”的目标追求上。他们牢记初心使命，忠诚于党和人民，把生态文明建设的责任扛在肩上。四十余年来，一代代三北精神的传承者用生命呵护绿色，用心血浇灌大地，用理想信念铸造了中国绿色发展的伟大奇迹。党的十八大以来，推动生态文明建设是“国之大者”，关系着国家的长治久安和人民群众的幸福生活。不断满足人民群众享受生态之福、绿色之美的迫切需要成了新时代中国共产党人肩负的重要使命。面向未来，要从三北精神中汲取崇高的理想信念，坚定对马克思主义的信仰，坚定对中国特色社会主义的信念，坚定对中国特色社会主义道路、理论、制度、文化的自信，以共产党人的理想信念凝聚力量，引领新征程上的使命担当。

发展路上没有一马平川的坦途。三北人民在担当和作为中艰苦创业，谱写了“为有牺牲多壮志，敢教日月换新天”的时代壮歌。三北工程上马之初，造林人吃咸菜、喝雪水、住沙窝，在恶劣的生存条件下还要承担着高强度的造林工作，这批“林一代”中许多人患上了严重的疾病，甚至失去了宝贵的生命。但是，艰苦创业路没有就此中断，“林二代”“林三代”前赴后继地踏上战场，履责担当，在造林规划的基础上完成保林护林的第二次、第三次创业。务林人不断攻克育苗关、造林关、质量提升关、林业可持续发展关……可以说，经历了“劳其筋骨”“饿其体肤”“苦其心志”的创业考验，才换来了今日的绿色家园。三北人民在艰苦创业中担当作为的故事，启迪着中华儿女要在新时代突出新作为，在挫折中直面问题、解决问题，通过发扬艰苦创业精神，汲取前进力量，淬炼过硬本领。

“鱼逐水草而居，鸟择良木而栖。”正如习近平总书记指出的“既要绿水青山，也要金山银山”“绿水青山就是金山银山”，三北人民正在将“贫瘠荒漠”修复变为“祖国北疆绿肺”。这座世界上面积最大的人工林释放出改善气候、涵养水源、释放氧气等生态效益，同时在不断发展中逐步转化为生态经济效益和生态社会效益，为全国探索出一条绿色引领、生态富民的生态文明建设范例。现如今，党中央越发重视生态文明建设，强调生态富民的道路，并将绿色发展作为我国五大发展理念之一。在新时代，国家、社会和个体都应切实担起推动绿色发展的使命，把生态作为高质量发展的核心竞争力，努力探索实现生态富民的“桥”和“船”，在践履“生态富民”的点滴行动中凝聚巨大力量。

三北精神是中国共产党精神谱系中的一颗璀璨“明珠”，具有超越时空的精神价值。新时代，我们要用三北精神武装头脑、激励行动，从精神内涵中凝聚高质量发展的磅礴力量，推动人与自然的和谐共生，实现中华民族的永续发展。

第五章　三北精神的时代价值

伟大精神在伟大事业中孕育而生，蕴藏着丰富的时代价值。在推进三北工程建设的过程中，孕育并形成了“不忘初心、牢记使命，不畏艰难、艰苦奋斗，依靠群众、兴林富民，锲而不舍、久久为功，科学求实、改革创新，惠及子孙、造福人类”为内涵的三北精神，弥足珍贵。正如韩正副总理2018年11月参加三北工程建设40周年总结表彰大会时所指出的：“各地区、各有关部门要大力弘扬‘三北精神’，自觉践行‘绿水青山就是金山银山’的理念，切实加强组织领导，狠抓改革任务落地，大力提升支撑保障水平，全面加强自然生态系统保护，推动全国林业草原工作迈上新台阶。”

目前，我国社会经济进入高质量发展阶段，全党全国各族人民正为实现“两个一百年”奋斗目标和实现中华民族伟大复兴的中国梦而努力奋斗，生态环境在统筹推进“五位一体”总体布局的地位越来越关键，而林业和草原建设作为生态文明建设的重要组成部分，承担着保护改善生态环境的重要责任，这就需要我们通过传承和弘扬三北精神，为践行习近平生态文明思想提供重要基础，为建设美丽中国提供动力源泉，为服务国家发展战略奠定生态基础，为实现中华民族永续发展提供载体抓手，为推进全球生态治理提供中国经验。

第一节　三北精神为新时代践行习近平生态文明思想提供了鲜活范例

“生态兴则文明兴、生态衰则文明衰”。习近平生态文明思想，是习近平新时代中国特色社会主义思想的重要组成部分，是我们党对人类社会发展规律和中国特色社会主义事业发展规律认识所取得的重大理论成果，为我国社会主义生态文明建设指明了科学方向。它深刻回答了为什么建设生态文明、建设什么样的生态文明、怎样建设生态文明的重大理论和实践问题，丰富和发展了马克思主义关于人与自然关系的思想，深化了中国共产党对社会主义建设规律的认识，体现了中国共产党的使命宗旨、执政理念、责任担当，对新时代加强生态环境保护，推动中国生态文明建设迈入新境界具有重大的指导意义，为推进美丽中国建设、实现中华民族永续发展提供了根本遵循。

回望三北工程40多年的建设历程，中国北方辽阔的疆土上正在经历着由黄到绿的神奇转换，一个个感人至深的故事在中华大地上广为传颂，王有德、石光银、牛玉琴、石述柱、殷玉珍、李保国等一批英雄人物和山西右玉、河北塞罕坝、新疆柯柯牙、内蒙古库布其等一批先进典型，他们是三北防护林体系建设中涌现的杰出代表……包兰铁路“五带一体”防风固沙体系被联合国粮农组织誉为“中国治沙奇迹”；和田地区获联合国环境规划署“全球土地退化及荒漠化控制成功业绩奖”；“库布其模式”被巴黎气候大会标举为“中国样本”；三北工程获得联合国环境规划署“全球500佳”证书……他们在三北工程实践中铸就的三北精神激励和鼓舞着三北人民穿越苦难，鏖战沙场，凝聚起一往无前、敢于胜利的磅礴力量，为新时代践行习近平生态文明思想提供了生动范例。

一、弘扬三北精神，有利于树牢“人与自然和谐共生”理念

坚持人与自然和谐共生，是习近平生态文明思想的基石和生态文明建设的根本目标。习近平总书记指出，自然是生命之母，大自然是包括人在内一切生物的

摇篮，是人类赖以生存发展的基本条件。人类可以利用自然、改造自然，但归根结底是自然的一部分。当人类友好保护自然时，自然的回报是慷慨的；当人类粗暴掠夺自然时，自然的惩罚也是无情的。自然遭到系统性破坏，人类生存发展就成了无源之水、无本之木。党的第十九届五中全会强调，我国建设社会主义现代化重要特征之一是人与自然和谐共生的现代化，要站在人与自然和谐共生的高度来谋划经济社会发展，促进生态环境持续改善，像保护眼睛一样保护生态环境，像对待生命一样对待生态环境，推动建设人与自然和谐共生的现代化。

三北工程的建设历程是一个不断完善发展理念、探索科学发展道路、实现人与自然和谐共生的过程。从造林为主到乔灌草结合，从人工造林为主到“封飞造”相结合，从人工修复为主到以水定绿、适地适树、宜乔则乔、宜灌则灌、宜草则草、宜荒则荒的自然修复为主转变。三北工程建设始终坚持一切从实际出发，坚持尊重自然、保护自然、顺应自然的发展观点，遵循自然、经济和社会发展规律，因地制宜、因害设防，以自然修复为主，自然修复与人工修复相结合、生物措施和工程措施相结合，这是三北工程建设的重要保障，也是三北工程建设具有庞大生命力的源泉。

我国工业化进程的不断推进和持续高速的经济增长，对资源能源的需求剧增，对生态环境造成的压力也逐渐逼近临界状态。人与自然和谐发展面临人口、资源、环境以及时空条件等诸多方面的挑战，实现人与自然和谐共生仍是我国面临的重大课题。弘扬三北精神，发扬“科学求实、改革创新”的精神内涵，坚持新发展理念，实行科学绿化，坚持节约优先、保护优先、自然恢复为主的方针，坚定走生产发展、生活富裕、生态良好的文明发展道路，一定会推动和促进人与自然走向和谐共生。

二、弘扬三北精神，有利于树牢“绿水青山就是金山银山”理念

“绿水青山就是金山银山”是习近平生态文明思想的核心要义、标志性观点和代表性论断，是引领中国走向绿色发展之路的理论之基。习近平总书记强调，我们既要绿水青山，也要金山银山，宁要绿水青山，不要金山银山，而且绿水青

山就是金山银山。保护生态环境就是保护生产力、改善生态环境就是发展生产力，要切实把生态文明的理念、原则、目标融入经济社会发展各方面。绿水青山既是自然财富，又是经济财富。保护生态环境就是保护自然价值和增值自然资本，就是保护经济社会发展潜力和后劲，只要坚持生态优先、绿色发展，锲而不舍，久久为功，就一定能把绿水青山变成金山银山。

三北工程建设始终贯彻“依靠群众，兴林富民”的精神内涵，坚持建设生态经济型防护林体系的指导思想，统筹生态治理与民生改善协调发展，建成了一批星罗棋布、各具特色的用材林、经济林、薪炭林、饲料林基地，畜牧业、林产品加工业、干鲜果品产业、森林旅游业竞相发展，呈现出广阔的发展前景。40多年来，工程区营造用材林折合木材储备量18.3亿立方米，经济价值9130亿元。累计营造经济林463万公顷，形成了一批重要的核桃、红枣、板栗、花椒、苹果等干鲜果品生产基地，年产干鲜果品4800万吨，1500万人依靠特色林果业实现稳定脱贫。这些资源的开发利用对改善三北地区经济结构，推动中西部地区经济振兴和农民脱贫致富，三北地区的“绿水青山”正在成为实实在在的“金山银山”。

各地利用现有资源，绿水青山变成金山银山潜力很大。各地在生态建设中加快建设绿水青山，形成金山银山，就需要大力弘扬三北精神，加快转变林草资源发展方式，把生态建设与经济转型、产业布局、乡村振兴结合起来，走产业生态化与生态产业化协同发展之路。不仅让人民群众真实感受到“绿水青山”带来的巨大生态福利，而且让人民群众享受到“金山银山”带来的实实在在的物质利益。同时，弘扬三北精神有利于牢固树立“绿水青山就是金山银山”的科学理念，让人民群众成为“两山”理念的自觉实践者，让绿水青山持续发挥生态效益和经济社会效益，实现生态环境保护和经济发展“双丰收”，走出一条生态美、产业绿、百姓富的高质量发展之路。

三、弘扬三北精神，有利于树牢“良好生态环境是最普惠的民生福祉”理念

良好生态环境是最普惠的民生福祉的生态民生观，是习近平生态文明思想的根本价值取向和生态文明建设的出发点和落脚点。“环境就是民生，青山就是美

丽，蓝天也是幸福”，良好生态环境是提高人民生活水平、改善人民生活质量、提升人民安全感和幸福感的基础和保障，是重要的民生福祉。习近平总书记强调，生态环境是关系党的使命宗旨的重大政治问题，也是关系民生的重大社会问题。加强生态文明建设是人民群众追求高品质生活的共识和呼声，坚定走生产发展、生活富裕、生态良好的文明发展道路，建设美丽中国，提供更多优质生态产品以满足人民日益增长的优美生态环境需要，是新时代我们党始终把人民放在心中最高位置，始终全心全意为人民服务，始终为人民利益和幸福而不懈奋斗的必然选择。

经过40多年的艰苦建设，一座绿色长城在万里风沙线上拔地而起，在以“不忘初心、牢记使命，不畏艰难、艰苦奋斗，依靠群众、兴林富民，锲而不舍、久久为功，科学求实、改革创新，惠及子孙、造福人类”为内涵的三北精神推动下，三北工程结合建设生态文明和美丽中国的要求，突出身边增绿，改善人居环境，在城镇周边、村庄周围、道路两旁、河流两岸，建设森林城镇、森林村庄、生态廊道，大力发展观光林业、休憩林业，实现由“绿”向“美”的飞跃，不仅改善了三北地区生态环境，也让工程区域内的天更蓝、地更绿、水更清，人居环境发生了显著变化，这些都是全体人民共同享有的。

让青山常在、绿水长流、空气常新，让人民群众生活工作在生态良好的环境中，让子孙后代在我们这片沃土上繁衍生息，是当代人义不容辞的历史责任。当前，分布着我国八大沙漠、四大沙地的西北、华北、东北地区，森林覆盖率只有全国平均水平的一半，却集中了全国84%的沙化土地、70%的水土流失区，是我国林草植被最稀少、生态环境最脆弱、生态产品最短缺的地区。弘扬三北精神有利于牢固树立良好的生态环境是最普惠的民生福祉的理念，正视我国生态环境的问题，清醒认识保护生态环境、治理环境污染的紧迫性和艰巨性。要加快生态建设步伐，加快构建祖国北疆绿色生态屏障，同时要加快城镇村庄道路的绿化美化，让人们生活在优美的环境中，有更多的获得感和幸福感。

四、弘扬三北精神，有利于树牢“山水林田湖草沙冰一体化保护和系统治理”理念

党的十八大以来，习近平总书记从生态文明建设的全局提出“山水林田湖草是一个生命共同体”的论断，强调“统筹山水林田湖草沙系统治理”“全方位、全地域、全过程开展生态文明建设”，深刻指出“人的命脉在田，田的命脉在水，水的命脉在山，山的命脉在土，土的命脉在树”。习近平总书记用“命脉”把人与山水林田湖草沙冰生态系统各要素之间连在一起，生动形象地阐述了人与自然、自然与自然之间唇齿相依、共存共荣的一体化关系，充分揭示了生命共同体内在的自然规律和生命共同体内在的和谐关系对人类可持续发展的重要意义。我们要坚持系统观念，从生态系统整体性出发，推进山水林田湖草沙一体化保护和修复，更加注重综合治理、系统治理、源头治理，提升生态系统质量和稳定性，守住自然生态安全边界。

40多年来，三北工程建设在三北精神“科学求实、改革创新”精神内涵的指引下，坚持“山水林田湖草沙冰一体化保护和系统治理”的理念，按流域、按山系，整体推进，规模治理，以恢复和扩大山系流域森林植被为基本骨架，以水土流失和风沙危害等重点治理区为主要对象，形成了“山要绿、水要固、林要造、田要护、湖要清、草要养、沙要治”的治理理念，兼顾生态效益、经济效益和社会效益，整体施策、统一保护、系统修复，逐步建设起农林牧、土水林、多林种、多树种、带片网、乔灌草、造封管、多效益相结合的生态经济型防护林体系。

目前，我国三北地区的生态保护和修复力度明显增强，但由于生态系统保护和修复的系统性、全局性和复杂性等因素，一整套、一体化的保护修复机制还未建立起来，在实际工作中容易导致规划林立、资金分散、项目零散、各自为战等现象，真正运用科学合理有效的方法去解决问题和矛盾的能力还存在短板，真正通过生态系统的视角和思维去处理问题的意识还有待提升，真正实现以“生命共同体”理念来利用和管理自然资源还有很长的路要走。弘扬三北精神，就是要在推进生态文明建设的过程中，始终秉持“科学求实，改革创新”的精神，坚持在党和政府的统一领导下，统一规划，遵循自然规律和客观规律，各负其责、协同作战，不断完善工程建设的方式方法，统筹推进山水林田湖草沙冰综合治理、系

统治理、源头治理，为实现生态建设高质量发展提供保障。

第二节　三北精神为新时代建设美丽中国提供了动力源泉

党的十八大提出，把生态文明建设放在突出地位，融入经济建设、政治建设、文化建设、社会建设各方面和全过程，努力建设美丽中国，实现中华民族永续发展。在以习近平同志为核心的党中央坚强领导下，全面贯彻落实习近平生态文明思想，中国人民凝心聚力，坚定不移走绿色发展之路，人与自然和谐共生的美丽中国正在从蓝图变为现实。

三北地区是我国重大生态系统保护和修复的攻坚区、维护国土生态安全的前沿区、防治沙化和荒漠化的重点区，以及建设生态文明和美丽中国的关键区。持续推进三北工程建设，是建设美丽中国的必然要求。2018年11月，习近平总书记在三北工程建设40周年之际作出重要指示，要坚持久久为功，创新体制机制，完善政策措施，持续不懈推进三北工程建设，不断提升林草资源总量和质量，持续改善三北地区生态环境，巩固和发展祖国北疆绿色生态屏障，为建设美丽中国作出新的更大的贡献。

一、弘扬三北精神，有助于改变中国绿色版图

三北工程40多年的建设既是一部中华民族的奋斗史，也是一部中国河山的绿化史。无论是三代塞罕坝林场建设者在高原上接力，创造出世界最大面积的人工林；还是中国四大沙地之一毛乌素沙地经过几代人的治理，止沙生绿；还是曾被称为“死亡之海”的库布其沙漠经过近30年艰辛治理，实现“绿进沙退”“点绿成金”的历史性转变……中国已成为全球生态文明建设的重要参与者和贡献者。美国航天局等机构研究人员在英国《自然·可持续发展》杂志发表论文称，全球从2000年到2017年新增的绿化面积中，25%以上来自中国，中国对全球绿化增量的贡献率居全球首位，中国以坚实的行动、空前的力度为大地披绿，为自然增

色，为人类谋福祉。三北工程实施40多年来，造林面积超过4.5亿亩，工程区森林覆盖率从建设之初的5.05%提高到现在的13.57%，三北地区成为我国森林覆盖率增长率最多最快的地方。

“2000—2017年，陕西省的植被覆盖率被再次刷新，上升到了74%，陕西的绿色版图向北推进了400千米，绿色已成为三秦大地的主色调。”处在毛乌素沙地南源，新中国成立后一代又一代榆林人民防沙治沙、植树造林，黄河沿线860万亩流动沙地得到固定或半固定，风沙危害得到控制，林草覆盖率达到34.8%。在荒漠化治理方面，陕西成为全国第一个完全“拴牢”流动沙地的省份，创造出属于中国乃至世界的绿色奇迹。而一直以来被认为是生态荒漠的黄土高原，则是在这场变化中获益最多的地区。按这个势头发展下去，也许有一天“黄土高坡”层林尽染，黄河流碧水的愿望将会实现。

“美丽中国”是发展的愿景，也是现实的目标。绿色是生命的象征，是新时代中国的鲜明底色，没有绿色植被的增加，就不可能建成美丽中国。因此，需要我们始终坚持“不畏艰难，艰苦奋斗”的拼搏精神，始终秉持“科学求实，改革创新”的进取精神，始终坚守“依靠群众，兴林富民”的民本精神，不忘初心，牢记使命，一代接着一代干，一任接着一任拼，积极探索在发展中保护、在保护中发展，持续推进大规模国土绿化行动，不断延伸和拓展祖国河山的绿色版图，真正实现经济繁荣、生态良好、人民幸福的和谐统一，携手共建天蓝、地绿、水清的美丽中国。

二、弘扬三北精神，有利于形成绿色发展方式和生活方式

绿色发展的真谛是“取之有度，用之有节”，就是要调整人的生产和生活方式、纠正人的错误行为，从一味地利用自然、征服自然、改造自然向尊重自然、顺应自然、保护自然转变，改变长期以来“大量生产、大量消耗、大量排放”的生产模式和消费模式，把经济活动、人的行为限制在自然资源和生态环境能够承受的限度内，有效防止在开发利用自然上走弯路。习近平总书记强调，生态环境问题归根到底是发展方式和生活方式问题，要把推动形成绿色发展方式和生活方式摆在更加突出的位置，加快转变经济发展方式，坚决摒弃损害甚至破坏生态环

境的发展模式，坚决摒弃以牺牲生态环境换取一时一地经济增长的做法，坚持不懈推动绿色低碳发展，促进经济社会发展全面绿色转型，走生产发展、生活富裕、生态良好的文明发展道路。

三北工程经过40多年建设，通过恢复林草植被，宜粮则粮、宜经则经、宜牧则牧、宜渔则渔、宜林则林，优化了土地利用结构，生产结构向木本粮油、干鲜果品、畜牧业发展转变；优化了农村产业结构，跳出了“越穷越垦、越垦越穷”的恶性循环，实现了由“广种薄收”到“精耕细作”的转变；工程区老百姓深切感受到了生态环境的巨大变化和生产生活条件的明显改善，生态优先、绿色发展的理念深入人心，爱绿护绿、保护生态的行为蔚然成风，人们对产业兴旺、生态宜居、生活宽裕的文明发展道路有了更加深刻的认识，生态意识和绿色消费意识明显增强；在大食物观思想的指导下，三北工程建设大力发展木本粮油，积极开发森林食品，提供了大量品种各异的苹果、核桃、板栗、枸杞等干鲜果品，增加和丰富了人类的食谱，使森林真正成为三北地区乃至全国人民的“粮库”，引导着绿色发展方式和生活方式的形成。

精神文化具有强大的教化功能，它可以引导人们正确看待人与自然、社会环境之间的关系，重构生产生活方式，走绿色发展的道路。三北工程建设孕育产生的三北精神，为改变生态环境提供了充沛动力，不仅能促进绿色生态观念的形成，而且能促进生产方式和生活方式向绿色转变。因此，必须持续弘扬三北精神，坚持节约优先、保护优先、自然恢复为主的方针，加快发展方式绿色转型，深入打好污染防治攻坚战，积极推进应对气候变化，完善绿色低碳政策和市场体系，广泛培育绿色低碳生活方式，努力实现经济社会发展和生态环境保护协同共进，为人民群众创造良好生产生活环境。我们有理由相信，随着绿色发展、绿色生活的理念深入人心，一定会走出一条绿色发展道路。

三、弘扬三北精神，有利于筑牢祖国北疆绿色生态屏障

三北地区分布着我国的八大沙漠、四大沙地以及广袤的戈壁，形成了东起黑龙江西至新疆的万里风沙线，生态环境十分脆弱。中国科学院数据显示，三北工程区的森林覆盖率比全国平均数低8个百分点，依然是我国最缺林少绿的地区。

目前全国84%的沙化土地面积和67%的水土流失面积分布在三北工程区，水土流失和风沙危害依然十分严重。同时，三北工程区占全国国土面积的45%，但水资源总量只占全国的14%，水资源极度短缺的问题十分突出。就我国特殊的地形地势而言，中西部地区特别是三北地区荒漠化地区的森林植被和三江源地区的多样性生态系统等，往往承担着维护国家整个中东部地区生态安全的屏障功能。如果这些地方的关键性生态体系遭到破坏，会直接导致整个生态环境不断恶化，长久下去必将造成局部甚至全国的生态灾难。

三北工程经过40多年的建设，增加了区域内地表植被覆盖和地表粗糙度，减少了沙尘源，降低了风侵蚀力，沙尘天气对工程区内外沙尘环境的影响明显降低；增加了林草植被覆盖，避免和减缓降雨侵蚀，显著降低土壤侵蚀模数，减少了江河湖海的泥沙量；有效发挥森林土壤和表层覆盖对降水的截留作用，变地表径流为壤中流和地下径流，使工程区主要河流径流量逐步趋于稳定或增加；通过蒸腾作用，增加林内空气湿度，树冠阻隔太阳射线，延缓林内气温、土温散失，气温日、年较差小，降温增湿效应显著。三北工程在抵挡风沙、保持水土、护农促牧方面发挥了重要作用。

良好生态屏障系统的构建需要久久为功的持续努力，构建祖国北疆绿色生态屏障是几代人甚至十几代人付出的心血。一批批有志之士为了祖国的生态安全，凭着顽强的毅力和必胜的信心，扎根大地，为建设绿色长城作出重大贡献。可以说没有千千万万劳动人民的辛勤付出，就没有三北工程的今天。因此，必须弘扬“不畏艰难、艰苦奋斗，锲而不舍、久久为功”的三北精神，认真落实习近平总书记关于“继续推进三北工程建设不仅有利于区域可持续发展，也有利于中华民族永续发展”的重要论述，认识到三北工程建设的重要性和紧迫性，认识到实现三北地区生态环境的根本好转，实现建设祖国北疆绿色生态屏障的任务仍然十分艰巨。但只要我们坚定信念，攻坚克难，一任接着一任干，筑牢祖国北疆绿色生态屏障的愿望一定能够实现。

第三节　三北精神为服务国家发展战略奠定了生态基础

三北工程作为我国北方经济社会发展的重要基础性工程之一，加大了重点地区生态修复的治理力度，加快了区域自然保护与生态修复，扩大了区域生态资源容量，充分发挥出保障重大国家发展战略顺利实施的生态屏障作用。其孕育产生的三北精神作为党革命谱系的重要组成部分，已经深深融入三北人民的血脉和灵魂，不断凝聚力量、释放活力，成为鼓舞和激励三北人民锲而不舍、攻坚克难的强大精神动力，为服务国家发展战略提供了强大支撑。

一、弘扬三北精神，有利于助推实施西部大开发战略

推进实施西部大开发战略，是党中央、国务院从全局出发，顺应中国特色社会主义进入新时代、区域协调发展进入新阶段的新要求，统筹国内、国际两个大局作出的重大决策部署。当前，西部地区发展不平衡不充分问题依然突出，巩固脱贫攻坚任务依然艰巨，与东部地区发展差距依然较大，维护民族团结、社会稳定、国家安全任务依然繁重，仍然是实现社会主义现代化的短板和薄弱环节。新时代继续做好西部大开发工作，对于增强防范化解各类风险能力，促进区域协调发展，开启全面建设社会主义现代化国家新征程，具有重要现实意义和深远历史意义。

西部地区是我国重要的生态安全屏障，是大江大河的发源地，森林、草原、湿地等生态资源的集中分布区和重要的生物多样性聚集区，也是国家重要资源的战略接续地。林业生态建设是西部开发中最根本、最基础、最长期的基本建设。中共中央、国务院《关于新时代推进西部大开发形成新格局的指导意见》中20次提及“生态”，指出，要将美丽西部、修复和治理生态上升至筑牢“国家生态屏障”层面，深入实施重点生态工程，稳步开展重点区域综合治理，加快推进西部地区绿色发展。而西北地区也是三北工程发展潜力最大的地区。在地域上，西部地区和三北地区，有陕西、甘肃、宁夏、青海、新疆和内蒙古6个省份重叠；在

时间上，西部大开发和三北工程有50年的共同实施期，都将阶段性地实施到2050年。可以说，三北地区是西部大开发的主阵地。

扩绿、治沙、固土、保水、护田，生态的改善是西部发展的前提，也是当地群众守望家园的本能渴望，这也是三北工程永恒的动力源泉。西部大开发实施的这些年，恰恰是三北工程建设速度最快、投资增幅最大的时期。在西部大开发的背景下，在当地经济社会发展大量占用耕地和林地的背景下，西部三北工程实施区实现了“绿进沙退”，水土流失减少、耕地和林地面积增加，特色林果业蓬勃发展，森林覆盖率稳步提升的喜人成果。但西部地区仍是我国生态环境最脆弱和生态建设任务最繁重的地区，因此必须弘扬“三北精神”，加快西部地区生态环境建设，从根本上扭转这一地区生态恶化的状况，为西部大开发提供坚实基础和有力保障。

二、弘扬三北精神，有利于助推实施乡村振兴战略

实施乡村振兴战略，是解决人民日益增长的美好生活需要和不平衡不充分的发展之间矛盾的必然要求，是实现“两个一百年”奋斗目标的必然要求，是实现全体人民共同富裕的必然要求。习近平总书记在2021年年底主持召开中共中央政治局常委会会议专题研究“三农”工作时指出，乡村振兴的前提是巩固脱贫攻坚成果，要持续抓紧抓好，让脱贫群众生活更上一层楼。要持续推动同乡村振兴战略有机衔接，确保不发生规模性返贫，切实维护和巩固脱贫攻坚战的伟大成就。《中共中央　国务院关于做好2022年全面推进乡村振兴重点工作的意见》中对林草生态建设也提出新要求，强调要推进农业农村绿色发展，实施生态保护修复重大工程，复苏河湖生态环境，加强天然林保护修复、草原休养生息。科学推进国土绿化，构建以国家公园为主体的自然保护地体系等。

三北地区由于特殊的地理区位，干旱、水土流失和风沙危害严重制约着地区经济和社会可持续发展，曾经全国三分之一的国家级贫困县分布在这里，这就决定了三北地区不仅是我国生态建设的主战场，也是实现乡村振兴的主阵地。40多年来，三北工程建设坚持把生态修复治理同发展地方经济结合起来，大力发展以苹果、红枣、仁用杏、樟子松嫁接红松等特色品种为主的生态经济林，让生态经

济林成为区域农牧民脱贫致富奔小康的绿色产业。同时，坚持生态修复治理与人居环境改善并举，推进山、水、林、田、湖、草、路、居相依的城乡森林生态系统建设，促进乡村绿化美化、改善人居生态环境、提升人民生活质量。营造相互衔接、纵横连亘的农田林网，改善农田小气候，减轻和防御各种农业自然灾害，保障农作物丰产稳产，维护了国家粮食安全，真正实现了农业稳产增产、农民稳步增收、农村稳定安宁。

生态振兴是生态文明的必然要求，是乡村振兴的重要支撑。实现生态振兴，必须坚持习近平总书记“绿水青山就是金山银山”理念的引领，必须遵循“生态优先、绿色发展”的行动指南，大力弘扬“不忘初心、牢记使命；依靠群众、兴林富民”的三北精神，坚持生态产业化和产业生态化发展道路，大力发展绿色生态产业，不断提升农牧民收入，持续改善农牧民生存环境，实现产业兴旺、生态宜居、乡风文明、生活富裕。

三、弘扬三北精神，有利于助推实现黄河流域生态保护和高质量发展战略

黄河是中华民族的母亲河，孕育了古老而伟大的中华文明。黄河流域西接昆仑山、北抵阴山、南倚秦岭、东临渤海，横跨东、中、西部，是我国重要的生态安全屏障，也是人口活动和经济发展的重要区域，在国家发展大局和社会主义现代化建设全局中具有举足轻重的战略地位。党的十八大以来，以习近平同志为核心的党中央将黄河流域生态保护和高质量发展作为事关中华民族伟大复兴的千秋大计，习近平总书记多次深入黄河沿线考察调研黄河流域生态保护和经济社会发展情况，就三江源、祁连山、秦岭、贺兰山等重点区域生态保护建设作出重要指示批示，为各地高质量发展指明方向，推动人民治黄事业进入历史新境界。

2021年中共中央、国务院印发《黄河流域生态保护和高质量发展规划纲要》，规划范围涉及黄河干支流流经的青海、四川、甘肃、宁夏、内蒙古、山西、陕西、河南、山东9个省份，其中6个省份位于三北地区。上游“中华水塔”三江源的水源涵养能力、中游黄土高原的水土保持水平和北方防沙带的防风固沙效果都关系着三北地区的可持续发展，都关系着黄河流域生态保护和高质量发展

的前景和命运。40多年来，三北工程始终将黄河流域水源涵养、水土流失、防风固沙等生态保护和修复作为建设任务的重中之重，重点推进晋西北、晋陕峡谷、泾河渭河流域和湟水河流域水土保持林建设，构建生态经济型防护林体系。经过持续不断的努力，黄河水沙治理取得显著成效，国土绿化水平和水源涵养能力持续提升，山水林田湖草沙保护和修复加快推进，优质生态产品供给能力进一步增强。

当前，实现黄河流域生态保护和高质量发展，要大力弘扬三北精神，坚持生态优先、绿色发展，牢固树立“绿水青山就是金山银山”的理念；坚持顺应自然、尊重规律，调整区域产业布局，优化国土空间开发格局，从过度干预、过度利用向自然修复、休养生息转变，坚定走绿色、可持续的高质量发展道路；要大力发展特色林果业，增加人民收入，提高人民生活水平；要将生物措施和工程措施相结合，大力推进水土保持林和水源涵养林建设，控制水土流失，守护黄河安澜。

四、弘扬三北精神，有利于助推建设丝绸之路经济带

2013年，习近平总书记提出共建丝绸之路经济带和21世纪海上丝绸之路的国际合作倡议，这个新世纪重要倡议正成为培育新经济增长极、促进地区间均衡协调发展、扩大向西、向南国际合作交流的重大机遇。“丝绸之路经济带”上的各国经济发展水平和市场发育程度类似，且民族、宗教和文化交流源远流长，政策沟通有前期基础，地理位置毗邻且地质、地貌和环境气候呈梯度性分布规律，又共同面临着严峻的生态保护问题，为生态保护一体化合作提供了现实基础。

丝绸之路经济带沿线地区生态环境是一个有机的整体，生态背景总体较为脆弱，大气和水环境污染存在跨界传输的通道，是全球气候变化的敏感地区；加上人为原因，局部地区生态环境出现恶化趋势。其中位于西北地区的陕西、甘肃、青海、宁夏、新疆5个省份均处于三北地区，73%的国土属于内陆河区，是戈壁和沙漠地貌的集中区，区域内不可利用土地面积占总面积的一半，生态脆弱区面积占全国生态脆弱区面积50%以上，土地荒漠化和水土流失严重。随着丝绸之路经济带建设战略的实施，沿线地区人类活动将明显加剧，工业化、城镇化对生态

环境的压力将明显增强，部分地区脆弱生态环境所面临的威胁不容忽视。

西北地区是丝绸之路经济带沿线的重点开发区域，也是沙漠戈壁分布比较集中的地区，而这一区域恰好是三北工程建设的重点区域。40多年来，在沙漠边缘建起大型阻沙林带，稳定拓展了人们的生存空间；绿洲内部大力营造农田防护林，森林覆盖率显著提升，人居环境明显改善；利用当地丰富的自然资源，发展林草产业，带动贫困人口脱贫致富。丝路经济带地处西部荒漠地区，严峻的自然条件和恶劣的生态环境是发展的重要限制因素。因此要继续弘扬“不畏艰难、艰苦奋斗，锲而不舍、久久为功”为核心的三北精神，以保护和改善生态环境为切入点，加强沙漠边缘大型防护林体系建设，削弱绿洲内部风沙灾害的侵袭；要加大农田防护林更新改造力度，建设稳定高效的农田防护林体系，保障农牧业稳产高产；要加强现有林草产业优化升级，大力发展经济林，保障农民丰产增收，为西域经济发展提供良好的生态支撑。

第四节 三北精神为实现中华民族永续发展提供了载体和抓手

实施可持续发展，有利于促进生态效益、经济效益和社会效益的统一；有利于促进经济增长方式由粗放型向集约型转变，使经济发展与人口、资源、环境相协调；有利于国民经济持续、稳定、健康发展，提高人民的生活水平和质量；有利于从注重眼前利益、局部利益的发展转向长期利益、整体利益的发展。我国人口多、自然资源短缺、经济基础和科技水平相对落后，只有节约资源、保护环境，才能实现社会和经济的良性循环，使各方面发展能够持续有后劲。

2018年，习近平总书记对三北工程建设作出重要指示强调，“三北工程建设是同我国改革开放一起实施的重大生态工程，是生态文明建设的一个重要标志性工程，继续推进三北工程建设不仅有利于区域可持续发展，也有利于中华民族永续发展”，为三北防护林体系建设指明了方向，提出了新要求。

一、良好的生态环境是中华民族永续发展的根基

生态环境是人类生存和发展的根基。古埃及文明、古巴比伦文明、古印度文明、玛雅文明这些历史上极其兴盛的古代文明，都因生态环境的破坏而走向衰落，甚而毁灭，给后人留下的是无限的遗憾和叹息。古老的中华文明虽然不曾消亡，但由于千百年的人类活动，三北大地满目疮痍。塔克拉玛干沙漠那一个个美丽富饶的绿洲，如今早已被黄沙封存在历史的记忆之中；曾经孕育华夏文明的黄河流域、辽河流域也变得草木稀疏、童山濯濯、风沙弥漫、沟壑纵横；古楼兰是古代丝绸之路的必经之地，中原的商品和文化借着丝绸之路传入楼兰，给楼兰带来了发达的物质文明和精神文明。而今，一度辉煌的楼兰文明，已被埋藏在万顷流沙之下。可以说，生态兴则文明兴，生态衰则文明衰。

党的十八大以来，通过开展一系列根本性、长远性、开创性的生态环境保护修复工作，我国生态环境质量持续好转，出现了稳中向好趋势。特别是三北工程建设，不仅有效遏制了三北地区水土流失、风沙危害、土地沙化荒漠化等生态恶化趋势，为子孙后代留下了一块良好的生存和发展空间，而且在改善区域生态环境、抵御自然灾害、优化农牧业生产条件、改善人居环境、提高人民生活水平和生态意识等方面也发挥了重要作用，推动了区域经济社会可持续发展，为实现中华民族永续发展提供了持久动力。

当前，生态文明建设正处于压力叠加、负重前行的关键期，已进入提供更多优质生态产品以满足人民日益增长的优美生态环境需要的攻坚期，也到了有条件有能力解决生态环境突出问题的窗口期。大力弘扬和传承三北精神，有利于凝聚全社会的磅礴力量，投身生态文明建设伟大实践，有利于引导广大党员干部，树立“功成不必在我”的政绩观，坚持一任接着一任干，一张蓝图干到底，扎扎实实推进生态文明建设，让人民群众享受更多的生态福祉，为子孙后代留下生存发展根基。

二、生态文明建设的成功实践为中华民族永续发展提供了丰富经验

走向生态文明新时代、建设美丽中国，体现了我们党对人类社会发展进程与发展规律的深刻把握、对我国经济社会发展阶段性特征的清醒认识、对当今世界发展潮流的积极顺应。新形势下，只有坚定推进绿色发展，推动自然资本大量增值，让良好生态环境成为人民生活的增长点、成为展示我国良好形象的发力点，才能实现我国经济社会持续健康发展，为中华民族永续发展提供坚实支撑。

党的十八大报告中指出，建设生态文明，是关系人民福祉、关乎民族未来的长远大计。面对资源约束趋紧、环境污染严重、生态系统退化的严峻形势，必须树立尊重自然、顺应自然、保护自然的生态文明理念，把生态文明建设放在突出地位，融入经济建设、政治建设、文化建设、社会建设各方面和全过程，努力建设美丽中国，实现中华民族永续发展。40多年来，三北工程建设坚持因地制宜、科学布局，实行带片网结合，注重人居环境建设与工程建设的有机结合，既整治了国土，又缓解了农林牧用地矛盾；坚持乔灌草、多林种、多树种相结合，坚持资源建设和开发利用相结合，在适宜地区实行林粮、林药、林草间作，既防治了风沙危害和水土流失，又增加了农民收入，实现了生态与经济、兴林与富民的有机统一，走出了一条“生态美、产业兴、百姓富”的路子，为实现中华民族永续发展创造了丰富经验。

当前，我国生态文明建设进入了攻坚克难、爬坡过坎的关键阶段。党中央、国务院定下了到2035年森林覆盖率达26%，形成绿色生产生活方式、碳排放达峰后稳中有降、生态环境根本好转、基本建成美丽中国等战略目标，这不仅是一场攻坚战，更是一场持久战，不可能一蹴而就，不可能毕其功于一役，必须做好长期作战准备，必须久久为功。调动亿万人民群众投身生态治理的积极性，既要弘扬艰苦奋斗、无私奉献精神，也要坚持物质利益驱动原则，在坚持生态优先、保护优先的前提下，大力弘扬三北精神，把生态建设与人民群众增收致富有机统一起来，既打造“绿水青山”，又培育“金山银山”，为中华民族永续发展提供永不衰竭的动力源泉。

三、改善三北地区生态环境为实现中华民族永续发展提供了坚实支撑

三北地区生态环境对永续发展构成了严峻挑战。三北工程区的森林覆盖率比全国低8个百分点，全国84%的沙化土地面积和67%的水土流失面积分布在三北工程区，生态环境、生态状况依然脆弱，治理的工作量极其巨大。经过40多年的建设，剩下的治理面积绝大部分都属于难啃的硬骨头，且治理成本大幅度上升，治理的难度越来越大。三北工程区水资源总量只占全国的14%，随着经济社会的发展，人口的增加，各方面用水的需求大幅度上升，水资源的极度短缺问题十分突出。

保障中华民族和谐发展是三北工程建设的重要使命。三北工程建设之初就是为了从根本上改变三北地区生态面貌，改善人们的生存条件，促进农牧业稳产高产，维护粮食安全，把农田防护林作为工程建设的首要任务，集中力量建设平原农区的防护林体系。工程建设40多年来，把防沙治沙和水土保持作为根本任务，把改善生态环境和满足民生需求作为基本要求，把人工治理和自然修复作为主要手段，凝集各方力量，大力保护和扩大林草植被，努力走出一条生产发展、生活富裕、生态良好的文明发展道路，肩负起保障中华民族和谐发展的重要使命。

弘扬三北精神，持续推进三北工程建设，为推动中华民族永续发展提供保障。我国生态文明建设仍然面临诸多矛盾和挑战，生态环境稳中向好的基础还不稳固，从量变到质变的拐点还没有到来，必须再接再厉、攻坚克难，持续推进三北工程建设。要在以习近平同志为核心的党中央坚强领导下，深入贯彻习近平生态文明思想，胸怀“国之大者”，坚持传承和弘扬三北精神，保持加强生态文明建设的战略定力，锲而不舍，久久为功，促进生态环境持续改善，努力建设人与自然和谐共生的现代化，不断增强人民群众的获得感、幸福感、安全感，实现中华民族永续发展。

第五节　三北精神为新时代推进全球生态治理提供了中国经验

自中华人民共和国恢复联合国合法席位以来，中国与联合国在防治荒漠化、环境保护、生物多样性治理等方面深入合作，成效显著。中国坚持用生态文明理念指导发展，把生态文明建设放在突出地位，融入中国经济社会发展各方面和全过程。中国坚定不移走绿色、低碳、可持续发展之路，将继续引领全球生态环境治理，为保护地球家园做出新的更大贡献。

三北工程取得的巨大成就，不仅让三北工程成为中国生态文明建设的标志性工程，而且使三北工程成为全球生态治理的成功典范，受到习近平总书记的充分肯定和高度评价。在三北精神激励下实施的三北工程，扭转生态恶化的趋势，这是中国人民对维护全球生态安全做出的巨大贡献，必将对全球生态治理产生深远的影响。

一、三北工程建设实践成为“全球生态治理的成功典范”

中国绿色发展理念引发世界共鸣：2013年，联合国环境规划署理事会会议通过推广中国生态文明理念的决定草案；2016年，联合国环境规划署发布《绿水青山就是金山银山：中国生态文明战略与行动》报告；“绿水青山就是金山银山”，成为老挝自然资源与环境部的座右铭。联合国环境规划署亚太区域主任德钦·次仁表示，中国将生态文明建设写入宪法，融入国家发展政策中。“这树立了一个很好的榜样，可以作为指导全球战略方向的典范。”联合国副秘书长阿奇姆·施泰纳评价：“中国在生态文明这个领域中，不仅是给自己，而且给世界一个机会，让我们更好地了解朝着绿色经济的转型。”

中国坚持保护优先、自然恢复为主、与人工修复相结合的方式，加快推进水土流失综合治理、石漠化综合治理、自然保护地体系建设、保护濒危物种、有效维护生物多样性等工程；积极参与《荒漠化公约》土地退化零增长目标设定示范项目，推动全球荒漠化治理交流与合作；积极开展林业应对气候变化，农业绿色发展持续推进，重大生态保护和修复工程进展顺利，森林覆盖率和森林蓄积量持续提高。这一系列目标的实现，三北工程功不可没。

1978年以来，我国实施的三北防护林体系建设工程，规模之大，时间之长，条件之艰难，效果之显著，远远超过美国的“罗斯福大草原工程”、苏联的“斯大林改造大自然计划”和北非五国的“绿色坝工程”，位列世界四大造林工程之首，被誉为世界生态工程之最。追昔抚今，回首四大工程，只有三北工程栉风沐雨，砥砺前行；只有三北工程继往开来，不改初心；只有三北工程岿然不动，昂首屹立于世界东方。而三北工程的建设历程离不开三北精神的支撑。2018年，三北工程被联合国经济与社会理事部授予“联合国森林战略规划优秀实践奖”。时任联合国副秘书长刘振民专门发来贺信指出，三北工程代表了在所有类型森林可持续经营方面的典范，对实现联合国森林战略规划全球森林目标和2030年议程可持续发展目标作出了突出贡献。

二、三北工程建设实践为全球生态治理贡献了中国经验

荒漠化被称为“地球的癌症”，是全球生态领域的热点和难点问题。全球沙漠面积约为3600万平方千米，占全球陆地面积的24.21%，约12亿人受荒漠化的直接威胁。2017年7月，习近平总书记在第六届库布其国际沙漠论坛的贺信中指出，“荒漠化是全球共同面临的严峻挑战。荒漠化防治是人类功在当代、利在千秋的伟大事业。中国历来高度重视荒漠化防治工作，取得了显著成就，为推进美丽中国建设作出了积极贡献，为国际社会治理生态环境提供了中国经验”。在“一带一路”生态治理民间合作国际论坛“生态修复与生态共享”专题论坛上，国家林业和草原局三北局回顾了1978—2018年的40年历程，总结了“实行人工促进与自然修复相结合、统筹生态建设与民生改善协调发展、构筑完备生态防护屏障、完善建设机制和管理机制”的宝贵经验，得到了与会代表的一致认可。

在全球关注的背景下，防沙治沙进入了新的战略机遇期。中国林业科学研究院沙林中心主任、生态所副所长卢琦研究员负责的中国支持“非洲绿色长城”项目，充分借鉴我国大型生态工程在北方土地“增绿”中起到的关键作用，结合防风固沙、以水定绿、水土绿结合的基本原理，利用我国的治沙技术体系、治理模式和系统工程的具体实践，让非洲荒凉大地正焕发生机；中国科学院雷加强研究

员十余年来，带队先后走进利比亚、毛里塔尼亚等国家，并与联合国环境规划署国际生态系统管理伙伴计划组织等携手，研发了适于当地条件的防沙治沙、生态修复技术模式，组织完成了毛里塔尼亚城市防沙工程规划、土库曼斯坦沙漠气田防沙绿化规划。可以说，在推进荒漠化防治的国际合作中，雷加强留下了坚实的足迹……为了全球可持续发展目标，中国支持各国共同保护地球生态环境的主动作为数不胜数。

“迎风坡造林”“气流植树法”“五位一体”“荒漠藻人工结皮综治固沙技术”“沙漠土壤化”……三北工程中，这些治沙名词的不断出现，不仅饱含着三北人实现“沙退人进”的不懈努力，蕴藏着“不忘初心、牢记使命，不畏艰难、艰苦奋斗，依靠群众、兴林富民，锲而不舍、久久为功，科学求实、改革创新，惠及子孙、造福人类”的三北精神内涵，也是中国在防沙治沙中为世界探索出的中国经验。正是这些重要经验，为全球荒漠化防治展示了美好前景。

三、三北工程建设实践推动了全球生态治理合作共赢

习近平主席在出席中华人民共和国恢复联合国合法席位50周年纪念会议并发表重要讲话时指出：“世界各国应该采取实际行动为自然守住安全边界，鼓励绿色复苏、绿色生产、绿色消费，推动形成文明健康生活方式，形成人与自然和谐共生的格局，让良好生态环境成为可持续发展的不竭源头。”随着全球生态危机的加剧，生态问题已经不再是一个国家的事情，而是事关全人类的生存发展。三北工程建设伊始就受到了国内外的广泛关注。特别是20世纪90年代以来，生态环境保护呈现出前所未有的全球化发展态势，保护和改善生态成为国际社会广泛关注的焦点议题。三北工程的国际影响力不断增强，国际间的交流与合作日臻活跃。

1990年，为了配合三北防护林工程的顺利实施，解决科尔沁沙地日益严重的水土流失、肥力下降及当地林产品资源短缺问题，“中国三北地区造林、林业研究、规划与开发”项目即“中国三北009项目”在这里正式启动，获得了一大批适合三北干旱和半干旱地区的杨树新品种；三北局还组织实施了“中国三北地区造林、林业研究、规划与开发项目”“中德合作三北工程监测管理信息系统项

目”和“中国三北地区防护林管理与天牛控制项目”3个国际合作项目。1987年以来，通过国际合作项目的实施，先后有三北防护林建设局、新疆和田等十几个建设单位被联合国环境规划署授予“全球500佳”称号；三北工程获得了“世界上最大的植树造林工程”吉尼斯证书；2000年汉诺威世博会上，三北工程被评为“20世纪全球最具影响的重大项目”，并专门为三北工程建设开辟了专栏。

在2017年“一带一路”国际合作高峰论坛上，习近平主席特别强调要践行绿色发展新理念，倡导绿色、低碳、循环、可持续的生产生活方式，加强生态环保合作，建设生态文明，共同实现2030年可持续发展目标。三北工程已成为实现2030年可持续发展目标的成功典范，为全球旱区生态治理提供了十分宝贵的经验，受到国际社会特别是“一带一路”国家的高度评价。三北防护林体系建设的成功实践，引起了国际社会的普遍关注，先后有100多个国家的大使、政府官员、专家学者前来参观考察。甘肃省治沙所举办了38期有关沙漠治理、防护林建设、生态恢复及产业发展技术国际培训班，共有76个国家的1000多名学员参加了培训。三北工程成为干旱半干旱地区、“丝绸之路经济带”沿线国家和地区生态治理的典范，为全球生态治理体系建设贡献了中国理念。

良好的生态环境是人类共同的民生福祉，生态建设没有国界，共建地球生命共同体，是全人类的共同心愿。中国政府和中国人民大力开展三北防护林体系建设工程等重点生态建设，对人类生态共同体作出了积极贡献，展示了中国政府负责任的大国形象。与此同时，面对日益严峻的全球生态形势，弘扬三北精神，加强与“一带一路”国家的生态治理合作与交流，让更多国家、组织、企业和社会力量参与到“一带一路”生态治理建设中来，与沿线国家一道建设绿水青山、铸造金山银山，可以为完善全球发展模式和全球生态治理，促进“一带一路”绿色发展，构建人类命运共同体，发挥重要作用，做出重要贡献。三北防护林体系建设必须广泛吸收各国先进的理论经验和科技进步成果，也要本着合作共享的原则，充分利用各种国际会议和论坛，展示三北防护林体系建设的成果和经验，提高全人类的生态意识和环保意识，坚定治理信念，开展国际合作与交流，举办国际培训班，介绍三北工程成功的治理模式和技术，为全球生态治理作出中国贡献。

参考文献

安琪. 三北工程四十年——崛起的绿色长城[J]. 国土绿化, 2018(11): 12-17.

毕跃光, 余文兵, 秉浩. 推进西部大开发与民族边疆地区维护团结稳定安全[J]. 北方民族大学学报：哲学社会科学版, 2020(6): 7.

卞文志. 加快国家森林步道建设让生态环境造福于民[J]. 资源与人居环境, 2018(5): 73-75.

常文峰. 毛泽东林业思想及其当代价值研究[D]. 兰州理工大学, 2020. DOI: 10. 27206/d. cnki. ggsgu. 2020. 000914.

陈楠. 黄河流域生态安全与政府治理——评《黄河流域生态环境十年变化评估》[J]. 人民黄河, 2020, 42(4): 2.

陈曙光. 习近平新时代中国特色社会主义思想的重大意义[EB/OL]. [2017-11-24]. http://theory. people. com. cn/n1/2017/1124/c40531-29665418. html.

陈永平 , 林彦. 治沙英雄殷玉珍[J]. 中国林业, 2004(20): 44-46.

丛萍. 三北防护林体系　三十年铸就绿色长城[J]. 绿色中国, 2008(23): 20-23.

杜加一. 强调生态优先发展三北民生经济林业[J]. 中国林业产业, 2016, 155(11): 40-41.

樊宝敏. 从梦想到现实——“三北”工程的谋划与推动[J]. 森林与人类, 2004(1): 14-18.

方世男. 深刻认识生态文明建设在五位一体总体布局中的重要地位[J]. 学习论坛, 2013, 29(1): 47-50.

方世南. 建设人与自然和谐共生的现代化[J]. 理论视野, 2018(2): 5-9.

冯淼. 人与自然和谐发展的哲学思考[D]. 吉林大学, 2006.

葛翁. 那些因生态而衰落的文明[J]. 绿色中国, 2021(4): 8.

关志鸥. 弘扬塞罕坝精神　推进生态文明建设[J]. 绿色中国, 2021(18): 8-13.

国家林业和草原局西北华北东北防护林建设局. 砥砺奋进——三北防护林体系建设40年先进人物[M]. 北京: 中国林业出版社, 2018.

国家林业和草原局西北华北东北防护林建设局. 绿色丰碑——三北防护林体系建设40年治理典范[M]. 北京: 中国林业出版社, 2018.

国务院办公厅. "三北"防护林建设领导小组会议纪要[J]. 中华人民共和国国务院公报[C], 1980(5): 147-154.

何爱平, 安梦天. 习近平新时代中国特色社会主义绿色发展思想的科学内涵与理论创新[J]. 西北大学学报：哲学社会科学版, 2018, 48(5): 10.

贺克斌. 读懂"关键期, 攻坚期, 窗口期"三个关键词[J]. 环境与生活, 2018(7): 2.

洪家宜, 曹前发, 武爱民, 等. 筑起中国北方的"绿色长城"——三北防护林工程建设笔谈[J]. 炎黄春秋, 2020(12): 29-38.

回良玉. 在"三北"防护林四期工程总结表彰暨五期工程启动大会上的讲话 (摘要) [J]. 河北林业, 2012(9): 4-5.

蒋希武. 谁写青翠入画来——记绿化造林模范李振海[J]. 内蒙古林业, 2019(1): 28-32.

乐爱国. "取之有度, 用之有节"生态思想之溯源——论习近平生态文明思想的基本核心[J]. 中共宁波市委党校学报, 2020, 42(3): 6.

黎明, 张文辉. 立足协调发展　建设美丽乡村[J]. 党的建设, 2018(3): 1.

李建蕊. 论保护生态环境就是保护和发展生产力——基于马克思的自然力视角[J]. 改革与开放, 2015(24): 50-52.

李燕, 丁荣. 内蒙古, 从风沙源到生态安全屏障的蝶变[EB/OL]. [2014-11-05]. http://www. greentimes. com/greentimepaper/html/2014-11/05/content_3259039. htm.

李永红, 高照良. 黄土高原地区水土流失的特点、危害及治理[J]. 生态经济, 2011(8): 148-153.

李泽红, 王卷乐, 赵中平, 等. 丝绸之路经济带生态环境格局与生态文明建设模式[J]. 资源科学, 2014(12): 7.

刘东生. 开展精准治沙　推进灌木平茬　努力开创三北工程防沙治沙新局面[J]. 宁夏林业通讯, 2017, (5): 8-13.

刘冠君. 深刻认识中国共产党的初心和使命[EB/OL]. [2018-12-26]. http://theory. people. com. cn/n1/2018/1226/c40531-30487948. html.

刘天资, 冯新舒. 生态惠民生　绿涛谱华章——中阳县生态文明建设综述[EB/OL]. [2019-11-10]. http://www. xinhuanet. com/2019-11/10/c_1125213215. htm.

刘毅, 孙秀艳. 实践: 绿色发展, 走向生态文明新时代——党的十八大以来加强生态文明建设述评[J]. 甘肃林业, 2016(2): 4.

刘颖. "绿化将军"张连印：种出守卫青山的"千军万马"[J]. 时代邮刊, 2021(23): 42-44.

罗大佺. 一位治沙造林人的绿色梦[EB/OL]. [2018-09-27]. http://www. xinhuanet. com/politics/2018-09/27/c_1123492925. html.

绿色中国编辑部. 践行习近平生态文明思想　勇做新时代林草先锋——国家林草局公布12个践行习近平生态文明思想先进单位和个人的先进事迹[J]. 绿色中国, 2020(22): 10-11.

绿色中国编辑部. 三北工程40年　用无边绿色书写中国梦[J]. 绿色中国, 2018(20): 3.

绿文. 三北工程: 践行"两山"理念的生动范例[J]. 国土绿化, 2020(8): 1.

马顺龙. 民勤换来大漠绿[N]. 甘肃日报, 2008-05-03(003). DOI: 10. 28286/n. cnki. ngsrb. 2008. 002474.

潘大为. 造林老汉侯贵的人生下半场[EB/OL]. [2020-08-31]. http://www. greentimes. com/greentimepaper/html/2020-08/31/content_3344506. htm.

潘迎珍, 代德祥, 刘冰. 试论三北防护林在我国防沙治沙中的地位和作用[J]. 防护林科技, 2006(04): 41-43. DOI: 10. 13601/j. issn. 1005-5215. 2006. 04. 015.

齐兴福. 静宁苹果为什么这么红[EB/OL]. [2020-03-23]. http://szb. gansudaily. com. cn/gsrb/202003/23/c181403. html.

士心. 沙漠绿洲——记全球500佳获奖者中卫固沙林场[J]. 环境保护, 1993(6): 5-6.

苏扬. 防治“中国绿色长城”的坍塌——三“顾”“三北”防护林[J]. 中国科技画报, 2004(4): 76-81.

孙阁. 发扬塞罕坝精神, 在新征程上再建功立业[J]. 国土绿化, 2021(9): 4-5.

田新程. 筑就坚不可摧的绿色屏障——我国国家生态安全屏障建设成就综述[J]. 中国林业, 2011(4): 6.

汪中洋, 张修玉, 植江瑜, 等. 绿色发展引领共筑美丽中国梦[J]. 中国生态文明, 2020 (6): 2.

王宝香, 马柳婷. 一个打赢两场战役的战场[EB/OL]. [2017-05-23]. http://www.rmlt. com. cn/2017/0523/475784. shtml.

王凤娟. 马克思主义生态观与中国生态文明建设探析[D]. 成都理工大学, 2015.

王鸿猛. 三北工程防沙治沙40年成效显著[EB/OL]. [2017-10-17]. https: //www.forestry. gov. cn/main/135/index. html.

王占金. 学习贯彻习近平重要论述　加快建设绿水青山新延安——对延安林业生态建设的认识和思考[J]. 延安市人民政府政报, 2019(11): 39-45.

魏林. 绿色发展方式和生活方式的思考[J]. 西部大开发, 2019(11): 4.

夏小非. 在生态文明建设中解决生态问题防止生态危机[D]. 江南大学, 2009.

熊辉, 吴晓. 坚持人与自然和谐共生[EB/OL]. [2018-02-09]. http://opinion.people. com. cn/n1/2018/0209/c1003-29814342. html.

徐龙. 更新观念　创新管理　用科学发展观指导三北防护林工程建设[J]. 北京林业局管理干部学院学报, 2004(04): 17-20+28.

杨红丽, 马爱彬. 崔爱萍: 沙里“淘金”的“铁娘子”[EB/OL]. [2019-03-06]. http://gansu. gansudaily. com. cn/system/2019/03/06/017147767. shtml.

易志坚. 让荒漠变“良田”[J]. 科学大观园, 2021(23): 34-35.

于晓丽. 县林业和草原局“六个精准”实施防沙治沙项目[EB/OL]. [2020-11-05]. http://www. gaotai. gov. cn/yw/bmdt/202011/t20201105_509515. html.

张红梅, 裴京斐. 固原: 探索将生态资源转化为富民之本新路径[EB/OL]. [2019-08-19]. http://www. greentimes. com/greentimepaper/html/2019-08/19/content_3335818. htm.

张文斌, 颜毓洁. 从“美丽中国”的视角论生态文明建设的意义与策略——从党的十八大报告谈起[J]. 生态经济, 2013.

张源润, 蒋齐, 蔡进军, 等. 半干旱退化山区生态经济型防护林体系建设技术研究[J]. 水土保持研究, 2006, 13(6): 298-299.

赵婧. 统筹山水林田湖草一体化保护修复——两部委就《全国重要生态系统保护和修复重大工程总体规划（2021～2035年）》相关问题答记者问[J]. 资源导刊, 2020(13): 2.

赵侠. 陕西植被覆盖面积持续扩大[EB/OL]. [2019-02-15]. http://www. greentimes. com/greentimepaper/html/2019-02/15/content_3330524. htm.

赵雪彬, 更藏措. 沙珠玉农田防护林现状探讨[J]. 青海农林科技, 2008(4): 21-22+25.

赵子夜. 中国“三北”防护林工程建设现状及思考[J]. 南京林业大学学报：人文社会科学版, 2018, 18(3): 11.

郑少忠, 谢振华. “甄傻”治沙（新时代的奋斗者·人民眼·生态系统保护）[EB/OL]. [2018-03-02]. http://society. people. com. cn/n1/2018/0302/c1008-29842727. html.

中共国家林草局三北局党组. 扎实推动三北工程科学绿化[EB/OL]. [2022-01-12]. http://www. forestry. gov. cn/sbj/5070/20211221/122821005106900. html.

中央党校(国家行政学院)党的建设教研部课题组, 张志明, 马丽, 张博. 党的领导视角下的“右玉精神”: 内涵与启示[J]. 前进, 2019(5): 8-12.

周旭, 彭建, 翟紫含. 国土空间生态修复关键技术初探[J]. 中国土地, 2021(8): 30-33.

三北工程建设是同我国改革开放一起实施的重大生态工程，是生态文明建设的一个重要标志性工程。40多年来，勤劳勇敢的三北人民在中国共产党领导下，以建设三北工程为己任，展开了一场重修人与自然关系的伟大实践，谱写了一曲感天动地的英雄壮歌。三北工程不仅取得了巨大的生态、经济、社会效益，而且凝聚形成了感人至深、催人奋进的三北精神。在迈向建设社会主义生态文明新时代的历史征程中，深入研究和广泛宣传三北精神，对于践行习近平生态文明思想，弘扬社会主义核心价值观，传承好党的优良传统，凝聚更广泛的力量投身建设人与自然和谐共生的社会主义现代化国家，都有十分重要的意义。

在建党一百年之际，我们将三北精神列入重大课题进行了全面深入的研究。2020年以来，在贾治邦组长的亲自谋划和指导下，广大参研人员克服时间紧、任务重的实际，精心谋划研究提纲，挖掘提炼三北精神内涵，查阅收集了大量历史文献资料，调研采访了众多英雄模范人物，剖析研究了许多先进治理典型，系统梳理形成了以“不忘初心、牢记使命，不畏艰难、艰苦奋斗，依靠群众、兴林富民，锲而不舍、久久为功，科学求实、改革创新，惠及子孙、造福人类”为内涵的三北精神。

伟大出自平凡，平凡造就伟大。一年多来，在探求追问三北精神丰富内涵的心路历程中，王有德、石光银、牛玉琴、石述柱、殷玉珍……几十年如一日扎根荒漠。他们矢志不移、生命不息、治沙不止的崇高精神让我们感动不已；右玉精神、塞罕坝精神、柯柯牙精神……一个个精神溪流汇聚成气吞山河的三北精神，时时叩击着我们的心灵，他们咬定青山不放松，一任接着一任干，一张蓝图绘到底的战略定力和功成不必在我、功成必定有我的崇高境界，让我们难以忘怀。三

后记

北精神来自亿万人民群众，他们坚信只要有坚定的理想信念、不懈的奋斗精神，脚踏实地把每件平凡的事做好，一切平凡的人都可以获得不平凡的人生，一切平凡的工作都可以创造不平凡的成就。

一切伟大成就都是接续奋斗的结果，一切伟大事业都需要在继往开来中推进。当前，我国进入了开启全面建设社会主义现代化国家新征程、向第二个百年奋斗目标进军的新发展阶段。经过40多年的不懈努力，三北工程建设虽取得巨大生态、经济、社会效益，但三北地区生态依然脆弱。继续推进三北工程建设不仅有利于区域可持续发展，也有利于中华民族永续发展。持续不懈推进三北工程建设，不断提升林草资源总量和质量，巩固和发展祖国北疆绿色生态屏障，任重道远。我们坚信，只要我们在全社会大力弘扬伟大的三北精神，大力宣传英雄模范人物的先进事迹，大力营造崇尚英雄、争做英雄的社会氛围，三北工程这项世纪伟业就一定能够薪火相传，接续奋斗，成为名副其实的“绿色长城”，成为最耀眼的“地球绿飘带”。这也是我们深入研究三北精神的初心和使命。

本书得到了党的精神革命谱系研究课题组、中央党史和文献研究院的指导，以及中国林业出版社的大力支持。在此，对所有为本书做出贡献的专家和同志们，致以衷心感谢！

三北精神研究课题组

2022年11月

↑ 新中国成立初期右玉县右卫古城北城墙外黄沙侵袭（右玉县林草局　供图）

↑ 昔日延安黄土高原沟壑纵横（延安市林草局　供图）

↑ 甘肃省民勤县群众麦草压沙（李玉梅　摄）

↑ 河北省怀来县群众背苗上山造林（怀来县林草局　供图）

↑ 黑龙江省杜尔伯特蒙古族自治县学生义务植树（牟景君　摄）

↑ 新疆维吾尔自治区阿克苏地区驻军造林（俞言琳　摄）

→ 辽宁章古台固沙所研究人员野外科学观测（章古台固沙所　供图）

← 陕西省榆林市飞机播种造林

（赵侠　摄）

← 外国专家调研中国三北009项目建设（三北局　供图）

→ 陕西省淳化县峭壁造林（王玉璋　摄）

↑ 1984年，陕西省吴起县铁边城镇三谷窑村（梁一鸣 摄）

↑ 甘肃省民勤县治理前的青土湖

↑ 甘肃省民勤县压沙草方格沙障后的青土湖

↑ 2012年，陕西省吴起县铁边城镇三谷窑村（吴宗凯　摄）

↑ 甘肃省民勤县栽植梭梭固沙林后的青土湖（民勤县林草局　供图）

↑ 新疆维吾尔自治区吐鲁番沙漠绿洲（晏先　摄）

→ 黑龙江省水源涵养林
（牟景君　摄）

← 河北省塞罕坝秋色风光
（范明祥　摄）

→ 宁夏回族自治区彭阳县
肖掌子流域治理全景
（白云鹏　摄）

← 山西省吕梁山“绿水青山就是金山银山”

（景慎好　摄）

↑ 陕西省宜川县三北防护林黄土高原综合示范黄河沿岸治理（陕西省宜川县林草局　供图）

↑ 宁夏回族自治区中卫市腾格里沙漠草方格治沙（贾建新　摄）

↑ 黑龙江省农田防护林（牟景君　摄）

↑ 黑龙江省拜泉县防护林保护牧场（黑龙江省拜泉县林草局　供图）

↑ 陕西省韩城市花椒丰收（陕西省林业局　供图）

↑ 山西省隰县苹果丰收（山西省林草局　供图）